还原–磨选新技术及其应用

范兴祥　马宏卿　付光强　兰尧中　著

科学出版社

北京

内 容 简 介

本书是一部以介绍还原-磨选法处理难选冶低品位矿物、钛铁精矿、冶炼渣、烟尘、贵金属二次资源为主的技术书籍。为满足资源综合利用的要求，书中介绍还原-磨选法的原理、处理对象的目的及意义，还原-磨选新技术处理含铁资源、有色资源的应用，以及还原-磨选新技术富集贵金属二次资源的应用。重点介绍还原-磨选法处理红土镍矿、贵金属二次资源的研究情况。

本书可作为大中专院校选矿、冶金专业，科技研究人员，以及生产企业的参考书，也可以作为资源综合利用的培训教材。

图书在版编目(CIP)数据

还原-磨选新技术及其应用 / 范兴祥等著. — 北京：科学出版社，2019.5
ISBN 978-7-03-057287-5

Ⅰ.①还… Ⅱ.①范… Ⅲ.①选矿-方法②冶金-技术 Ⅳ.①TD9②TF1

中国版本图书馆 CIP 数据核字（2018）第 085880 号

责任编辑：张 展 叶苏苏 / 责任校对：彭 映
责任印制：罗 科 / 封面设计：墨创文化

科 学 出 版 社 出版

北京东黄城根北街16号
邮政编码：100717
http://www.sciencep.com

成都锦瑞印刷有限责任公司印刷
科学出版社发行 各地新华书店经销

*

2019 年 5 月第 一 版 开本：B5（720×1000）
2019 年 5 月第一次印刷 印张：15 1/2
字数：313 000
定价：119.00 元
（如有印装质量问题，我社负责调换）

前　言

　　人类只有一个地球，各国共处一个世界，要倡导"人类命运共同体"意识。习近平就任总书记后首次会见外国人士就表示，国际社会日益成为一个你中有我、我中有你的"命运共同体"，面对世界经济的复杂形势和全球性问题，任何国家都不可能独善其身。其中，资源短缺已成为全球公认问题之一，特别是随着我国工业化速度提高和经济快速发展，整个社会经济生活的各个方面对资源的依赖性越来越高。

　　改革开放以来，我国经济发展取得了举世瞩目的成就，其中钢铁和有色金属行业得到了前所未有的高速发展。近年来，在钢铁和有色金属中，我国数十种金属产量居全球第一，每年需要大量的铁矿石和有色金属矿石，除部分进口铜、铝、锌、铁等常用金属外，我国还要开采大量矿山获取铜、铝、锌、铁等才能满足现有生产冶炼企业需求。经过近25年大规模开采，富矿资源尤其优质矿产资源已经越来越少，出现矿产资源品位下降及资源枯竭等问题，加之环境问题日益突出，迫使生产企业和广大科研工作者开展低品位、复杂、难选冶的矿产资源以及各种冶炼渣、烟尘、固体废弃物等二次资源的综合回收利用研究，其中还原-磨选新技术在处理这些资源时可起到技术借鉴作用。

　　作者在昆明贵金属研究所和昆明冶金高等专科学校从事矿产资源和二次资源综合回收的科研工作，走访或实地参观经营矿产资源和二次资源回收的生产企业，了解生产及投资回报情况，总结存在的技术路线错误、综合回收率低等共性问题。为此，作者将自己的工作经验和积累的知识，以及同行们发表在国内外各种期刊的相关知识一并收集撰写成此书，以供经营矿产资源和二次资源的生产企业或个体人员借鉴，同时为从事矿产资源和二次资源研究的科研工作者提供参考。

　　作者在研究低品位、复杂、难选冶的矿产资源以及各种冶炼渣、烟尘、固体废弃物等二次资源的综合回收利用过程中得到了昆明贵金属研究所、贵研铂业股份有限公司、云锡元江镍业股份有限公司、云南锡业集团(控股)有限责任公司等的大力支持，在此表示感谢。同时感谢云南省贵金属新材料控股集团有限公司陈家林副总经理，昆明冶金研究院汪云华副院长，贵研铂业股份有限公司吴跃东工程师、童伟锋工程师和赵家春高级工程师，昆明贵金属研究所冶金研究室董海刚主任，云锡元江镍业股份有限公司董宝生总经理等在红土镍矿项目实施过程中给予的大力支持与帮助。感谢付光强硕士出色完成了国家重点基础研究发展计划

(973 子课题)：铂族金属二次资源高效利用基础研究(课题编号：2012CB724201)。

　　本书共 5 章，本人负责了第 1、2、3、4 章和第 5 章中 5.11 节及后记的撰写。其中山东临沂大学马宏卿博士负责第 2～4 章的图文修改及参考文献梳理工作，付光强负责第 5 章的编撰工作。书中引用了大量国内外学者的研究成果，在此表示衷心感谢，同时对未列出的作者表示深深的歉意。

　　由于本书内容涉及选冶交叉学科，作者的知识结构和水平有限，书中疏漏在所难免，敬请读者批评指正。

范兴祥

2019 年 4 月 20 日

目　　录

第1章 绪　　论

1.1　还原-磨选法概念

还原-磨选法是指在物料中配入还原剂，在还原气氛和一定温度条件下，使物料中非磁性或弱磁性含铁物相转化为磁性含铁物相，再经破碎、磨矿、磁选或重选，达到分离的目的。还原-磨选法处理的对象为非磁性或弱磁性含铁物相，磨选包括磨矿、磁选和重选。

1.2　还　　原

从还原温度上，还原分为低温还原(400～800℃)、高温还原(1100～1250℃)。其中低温还原处理对象为非磁性或弱磁性含铁物料，非磁性或弱磁性含铁物相在低温还原时转化为磁性含铁物相，便于后续磨选；高温还原处理对象分为含铁和不含铁两种，前者适合钛铁矿、钒钛磁铁矿、铁精矿，经高温还原，再磨选获得还原铁粉及钛物料，后者适合配入铁精矿等含铁物料，经高温还原，使铁与物料中金属元素生成微合金，再磨选便于后续处理。

从还原方式上，还原分为静态还原和动态还原。其中静态还原包括隧道窑还原；动态还原包括沸腾还原、回转窑还原、竖炉还原。隧道窑还原温度可在400～1200℃；沸腾还原温度可在400～800℃，回转窑还原温度可在400～1300℃。

从气氛控制难易程度看，隧道窑、沸腾炉、竖炉易控制，回转窑难控制。

1.3　磁　　选

文献[1]全面介绍了磁选基本原理、矿物磁性、磁选机类型等，详细情况如下：磁选是利用各种矿物的磁性差别，在非均匀磁场中实现分选的一种选矿方法。磁选广泛用于黑色金属矿石的选别，有色和稀有金属矿石的精选，以及一些非金属矿石的分选。随着高梯度磁选、磁流体选矿、超导强磁选等发展，磁选的应用已扩大到化工、医药、环保等领域。

1.3.1 磁选的基本原理

1.磁选过程

磁选是在磁选机中进行的，如图 1-1 所示，当矿浆进入分选空间后，磁性矿粒在非均匀磁场作用下被磁化，从而受磁力的作用，使其吸附在圆筒上，并随之被转筒带至排矿端排出成为磁性产品。非磁性矿粒所受的磁力很小，仍残留在矿浆中，排出后成为非磁性产品，这就是磁选分离过程。

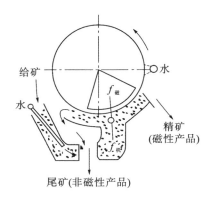

图 1-1　磁选过程示意图

矿粒通过磁选机磁场时，同时受到磁力和机械力(重力、离心力、介质阻力、摩擦力等)的作用。磁性较强的矿粒所受磁力大于其所受的机械力，合力以磁力为主，而非磁性矿粒所受磁力很小，合力以机械力为主。作用在各种矿粒上的磁力和机械力的合力不同，使它们的运动轨迹也不同，从而实现分选。

分离出磁性矿粒的必要条件：磁性矿粒所受磁力大于与它方向相反的机械力的合力，即

$$f_磁 > \sum f_机 \tag{1-1}$$

式中，$f_磁$ 为磁性矿粒所受的磁力；$\sum f_机$ 为磁性矿粒所受的与磁力方向相反的机械力的合力。

2.磁选机的磁场

磁体周围空间存在着磁场。磁场的基本性质是它对放入其中的磁体产生磁力作用。因此，在磁选机中能使磁体产生磁力作用的空间，称为磁选机的磁场。磁

场可分为均匀磁场和非均匀磁场，如图 1-2 所示。

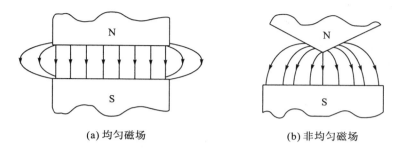

(a) 均匀磁场   (b) 非均匀磁场

图 1-2 磁场类型

均匀磁场中各点的磁场强度大小相等，方向一致。非均匀磁场中各点的磁场强度大小和方向都是变化的。磁场的非均匀性用磁场梯度来表示。磁场强度随空间位移的变化率称磁场梯度，用符号 $\dfrac{\mathrm{d}\boldsymbol{H}}{\mathrm{d}x}$ 或 $\mathrm{grad}\,\boldsymbol{H}$ 表示。磁场梯度为矢量，其方向为磁场强度变化最大的方向且指向 $\boldsymbol{H}$ 增大的一方。对于均匀磁场

$$\frac{\mathrm{d}\boldsymbol{H}}{\mathrm{d}x}=0 \tag{1-2}$$

对于非均匀磁场

$$\frac{\mathrm{d}\boldsymbol{H}}{\mathrm{d}x}\neq 0 \tag{1-3}$$

矿粒在均匀磁场中只受转矩的作用，使它的长轴平行于磁场方向。在非均匀磁场中，矿粒不仅受转矩的作用，还受磁力的作用。结果使它既发生转动，又向磁场梯度增大的方向移动，最后被吸附在磁极外表面上。这样，磁性不同的矿粒得以分离，因此磁选只能在非均匀磁场中实现。

3.磁化、磁化强度、磁化系数

受磁场作用能产生磁性的物质称为磁选物质。物质由分子组成，分子由原子组成。原子核外的电子不停地做轨道运动与自旋运动，以及原子核的自旋，这就形成微观电流。每个微观电流相当于一个微小的载流线圈，因而具有一定的磁矩。大多数物质原子核的磁矩比电子磁矩小得多，可以忽略不计。故物质的磁性是电子的磁矩，尤其是它的自旋磁矩起主要作用。物质的磁性本质常以原子或分子的等效磁矩和磁化强度来说明。磁性矿粒在磁场中能显示出磁性，这种现象称为磁化[2]。

由于组成宏观物体的原子具有一定的磁性，因此宏观物体都具有某种程度的磁性。但在无外加磁场作用时，由于分子的强烈运动，原子或分子磁矩按不同方向排

列，其磁矩矢量和等于零，因而物体不显示磁性。当物体在外磁场作用下时，物体内的原子或分子磁矩部分或全部地顺外磁场方向排列，其磁矩矢量和不等于零，因而物体显示磁性。我们把在外磁场作用下，使物体显示磁性的过程称为磁化。

为了衡量物体被磁化的程度，引入磁化强度矢量的概念。磁化强度在数值上是单位体积被磁化物体的磁矩，用 J 表示，即

$$J = \frac{M}{V} \tag{1-4}$$

式中，J 为物体的磁化强度，A/m；M 为物体的磁矩，A·m^2；V 为物体的体积，m^3。研究表明，物体的磁化强度 J 与外磁场强度 H 成正比，即

$$J = \kappa_0 H \tag{1-5}$$

式中，H 为外磁场强度，A/m；κ_0 为比例系数，称为物体的体积磁化系数，无因次。

κ_0 的物理意义是单位体积物体在单位磁场强度的外磁场中磁化时所产生的磁矩。它的数值大小表明了磁化的难易程度。

物体的体积磁化系数与其密度的比值称为物体的比磁化系数，用 χ_0 表示，即

$$\chi_0 = \frac{\kappa_0}{\delta} \tag{1-6}$$

式中，χ_0 为物体的比磁化系数，m^3/kg；δ 为物体的密度，kg/m^3。

χ_0 的物理意义是单位质量物体在单位磁场强度的外磁场中磁化时所产生的磁矩。

4. 在非均匀磁场中磁性矿粒所受的磁力

一个长度为 L 的磁性矿粒在非均匀磁场中被磁化后成为一个磁偶极子，其长轴平行于磁场方向，两端呈现出 S、N 两个磁极，其磁极强度分别为 $+q_{磁}$ 和 $-q_{磁}$。由电磁学知，某一磁极在磁场中某点所受磁力的大小为

$$f_{磁} = \mu_0 q_{磁} H \tag{1-7}$$

进而可得出作用在该磁性矿粒上的磁力为

$$f_{磁} = \mu_0 \left[q_{磁} \cdot H - q_{磁} \cdot \left(H - \frac{\mathrm{d}H}{\mathrm{d}l} \cdot L \right) \right]$$

$$= \mu_0 q_{磁} \cdot L \cdot \frac{\mathrm{d}H}{\mathrm{d}l} = \mu_0 M \frac{\mathrm{d}H}{\mathrm{d}l} \tag{1-8}$$

式中，$f_{磁}$ 为矿粒在磁场中所受的磁力，N；μ_0 为真空磁导率，$\mu_0 = 4\pi \times 10^{-7} \text{Wb}/(\text{A}\cdot\text{m})$；$q_{磁}$ 为磁极强度，A·m；H 为矿粒在近磁极端处的磁场强度，A/m；$\frac{\mathrm{d}H}{\mathrm{d}l}$ 为磁场梯度，A/m^2；V 为矿粒的体积，m^3；L 为矿粒的长度，m。

由前可知，$M = JV = \kappa_0 H \cdot V$，将磁矩 M 之值代入式(1-8)，即得出

$$f_{磁} = \mu_0 \kappa_0 HV \frac{\mathrm{d}H}{\mathrm{d}l} \tag{1-9}$$

作用在单位质量矿粒上的磁力称为比磁力，即

$$F_{磁} = \frac{f_{磁}}{m} = \frac{\mu_0 \kappa_0 VH \dfrac{\mathrm{d}H}{\mathrm{d}l}}{V \delta} = \mu_0 \chi_0 H = \frac{\mathrm{d}H}{\mathrm{d}l} \tag{1-10}$$
$$= \mu_0 \chi_0 H \mathrm{grad}H$$

式中，$F_{磁}$ 为矿粒在磁场中所受的比磁力，N/kg；m 为矿粒的质量，kg；δ 为矿粒的密度，kg/m^3。式中 $H\dfrac{\mathrm{d}H}{\mathrm{d}l}$（或 $H\mathrm{grad}H$）通常称为磁场力，它是说明磁场特性的。

由上式可知，作用在矿粒上的比磁力大小取决于反映矿粒磁性的比磁化系数 χ_0 和反映磁场特性的磁场力 $H\mathrm{grad}H$。由此，当分选强磁性矿物时，因为矿物的 χ_0 很大，则所需磁场力 $H\mathrm{grad}H$ 可相应减小。当分选弱磁性矿物时，因为矿物的 χ_0 很小，则所需磁场力 $H\mathrm{grad}H$ 可相应增大。为得到较高的 $H\mathrm{grad}H$ 值，既可以采用高场强（H），也可以采用高梯度（$\mathrm{grad}H$）来表达。

应当指出，应用式(1-10)计算矿粒所受的比磁力时，一般采用矿粒中心点处的磁场强度，因此，只在 $\mathrm{grad}H$ 等于常数时上式才是准确的。但实际上磁选设备的 $\mathrm{grad}H$ 不为常数，故矿粒越小，引起的误差越小，矿粒越大误差越大。必须注意该公式有一定的应用条件和局限性。

1.3.2 弱磁性矿物的磁性特点

本书主要针对弱磁性矿物或物料等，因此主要介绍弱磁性矿物的磁性特点。

大部分弱磁性矿物属顺磁性物质。弱磁性矿物的比磁化系数 χ_0 为 $(600\sim3000) \times 10^{-6}\mathrm{cm}^3/\mathrm{g}$。在磁场强度 H 为 $480000\sim1600000\mathrm{A/m}$ 的磁选机中可以选出。弱磁性铁矿物有赤铁矿、镜铁矿、褐铁矿、菱铁矿、黄铁矿、铬铁矿、黑钨矿、软锰矿、菱锰矿等。这些矿利用磁化焙烧方法提高它们的磁性，通过球磨和磁选方法可使弱磁性矿物得到有效利用。事实上，弱磁性矿物的磁化焙烧是物相重构过程。

弱磁性铁矿物（α-赤铁矿、褐铁矿、菱铁矿、黄铁矿、镜铁矿）可以通过磁化焙烧方法人为地提高它们的磁性。焙烧后它们变成了 Fe_3O_4 或 γ-Fe_2O_3，其磁性特点与天然强磁性矿物基本相同，所以也称其为人工强磁性矿物。只是人工磁铁矿比天然磁铁矿剩磁大、矫顽力大，而比磁化系数小。所以它们在选矿过程中磁团聚现象严重，致使精矿质量和回收率都比天然磁铁矿低。

磁化焙烧按其原理可分为还原焙烧、中性焙烧和深度还原。

(1)还原焙烧。还原焙烧用于赤铁矿和褐铁矿。它们在适量的还原剂(C、Co、H_2 等)作用下，焙烧至 570℃ 左右时，可被还原成磁铁矿，其化学反应式如下：

$$3Fe_2O_3 + C \xrightarrow{\sim 570℃} 2Fe_3O_4 + CO \tag{1-11}$$

$$3Fe_2O_3 + CO \xrightarrow{\sim 570℃} 2Fe_3O_4 + CO_2 \tag{1-12}$$

$$3Fe_2O_3 + H_2 \xrightarrow{\sim 570℃} 2Fe_3O_4 + H_2O \tag{1-13}$$

褐铁矿($2Fe_2O_3 \cdot 3H_2O$)在加热过程中首先排出化合水,变成不含水的赤铁矿,然后按上述反应被还原成磁铁矿。

(2)中性焙烧。中性焙烧用于菱铁矿。菱铁矿在不通空气或通入少量空气的情况下加热到 300～400℃时,被分解变成磁铁矿,其化学反应式如下:

$$3FeCO_3 \xrightarrow{300\sim400℃} Fe_3O_4 + 2CO_2 + CO \text{(不通空气)} \tag{1-14}$$

$$2FeCO_3 + \frac{1}{2}O_2 \xrightarrow{300\sim400℃} Fe_2O_3 + 2CO_2 \text{(通少量空气)} \tag{1-15}$$

$$3Fe_2O_3 + CO \xrightarrow{300\sim400℃} 2Fe_3O_4 + CO_2 \tag{1-16}$$

(3)深度还原。深度还原温度在 1150～1250℃,主要利用超级铁精矿、钛铁矿、钒钛磁铁矿生产还原铁粉等,生产设备有隧道窑、竖炉、转底炉等,其化学反应式如下:

$$Fe_3O_4 + 4C \xrightarrow{1150\sim1250℃} 3Fe + 4CO \tag{1-17}$$

$$FeTiO_3 + C \xrightarrow{1150\sim1250℃} Fe + TiO_2 + CO \tag{1-18}$$

1.3.3 磁选设备

磁选设备包括磁选机、磁力脱水槽、磁分析器、预磁器及脱磁器等。而磁选机则是主要的磁选设备[2]。

磁选机的类型很多,分类的方法也很多。常常根据磁场强度的强弱把磁选机分成弱磁场磁选机(磁极表面磁场强度 H_0 为 72～136kA/m)和强磁场磁选机(磁极表面磁场强度 H_0 为 480～1600kA/m)两大类(注:$1A/m = 4\pi \times 10^{-3}Oe^{①}$)。

1.强磁场磁选机与弱磁场磁选机的磁系结构区别

磁系是组成磁选机的主要部分。磁选机的性能不仅与磁系材料及磁场特性有关,而且与磁系结构有很大的关系[2]。

弱磁场磁选机一般都设计为开放磁系,如图 1-3 所示,闭合磁系见图 1-4。

磁选机由永磁磁块粘接叠合而成的磁极 1 和底板 2 以及磁轭 3 组成。这是一个三极磁系,磁系包角为 α,相邻磁极的距离为 L。由图 1-3 可见,磁力线自 N 极出发要通过较大的空气隙到达 S 极,由于空气的磁阻较大,所以形成的磁场属于弱磁场,故适于选别强磁性矿物。

---

① Oe,单位名称奥斯特,磁场强度的非法定单位。

图 1-4 为闭合磁系，它由磁极头 1、铁心 2、线圈 3、磁轭 4 和圆盘 5 组成。由于磁极间的空气隙小容易产生强磁场，所以选别弱磁性矿物的强磁场磁选机都设计为闭合磁系。为进一步提高闭合磁系的磁场力，可以缩小空气隙来减小磁阻。但是会使选别空间减小，使设备处理能力降低，所以目前多从改进磁极对的形式和几何尺寸来提高磁场力，以及在两磁极间放置导磁系数很高的聚磁介质来提高磁场力。如在两磁极间放置一个整体的具有一定形状的感应介质(转辊、转锥或转盘)构成磁路，还可在原磁极之间放置多个具有一定形状的感应介质(齿板、球、柱或网等)构成磁路。

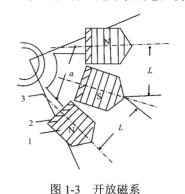 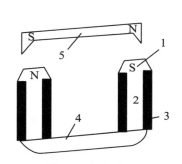

图 1-3　开放磁系　　　　　　　　图 1-4　闭合磁系

1—磁极；2—底板；3—磁轭　　　1—磁极头；2—铁心；3—线圈；4—磁轭；5—圆盘

2.弱磁场磁选设备

1) 磁力脱水槽

磁力脱水槽是一种磁力和重力联合作用的选别设备。目前应用的有永磁脱水槽和电磁脱水槽两种。这里介绍的是底部永磁磁系脱水槽，其结构见图 1-5。

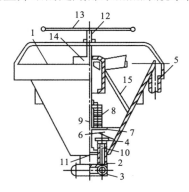

图 1-5　底部永磁磁系脱水槽结构示意图

1—槽体；2—上升水管；3—水圈；4—迎水槽；5—溢流槽；6—支架；7—磁导板；8—磁系；9—硬质塑料管；
10—排矿胶砣；11—排矿口胶垫；12—丝杆；13—手轮；14—给矿管；15—支架

脱水槽包括槽体、给矿浆装置、给冲洗和分散水装置以及磁系等部分。在磁力脱水槽中，矿粒受重力作用而向槽底沉降，磁性矿粒还受磁力作用且指向磁场强度高的地方，同时还受上升水流产生的上冲力的作用，阻碍矿粒沉降，使非磁性细粒脉石和矿泥进入溢流口，使磁聚成链的磁性矿粒群松散，使夹杂磁链中的脉石被冲洗掉，从而使精矿品位提高。

其分选过程：矿浆由上部拢矿筒中心给入后，磁性矿粒在磁力与重力的作用下，克服上升水流的向上作用力沉降到槽体底部，从排矿口排出；非磁性细粒脉石和矿泥在上升水流的作用下，克服重力等作用随上升水流进到溢流中。

脱水槽具有结构简单、无运转部件、维护方便、操作简单、处理能力大等优点。但缺点是不能排掉粗粒脉石。它一般用于选分细粒磁铁矿石和过滤前浓缩磁铁精矿。

2) 永磁圆筒式磁选机

永磁圆筒式磁选机是磁选厂普遍应用的一种磁选设备。根据分选底箱结构的不同，分为顺流型、逆流型和半逆流型三种。目前以半逆流型应用最多。

半逆流型永磁圆筒式磁选机结构如图 1-6 所示。它由分选圆筒、磁系和底箱等主要部分组成。圆筒由非导磁不锈钢板制成，表面覆盖一层耐磨材料（橡胶或铜线），以防圆筒磨损，并有利于磁性矿物的附着。磁系通常由 3~5 个磁极组成。每个磁极由永磁块和磁导板组成。磁系固定在圆筒轴上，工作时不旋转。磁极沿圆周方向极性交变，沿轴向不变。磁系包角为 106°~117°，整个磁系偏向精矿排出端。磁系偏角（磁系中线与垂直线的夹角）为 15°~20°，可以调节。底箱用非导磁材料或硬质塑料板制成。底箱下部是给矿区，其中有吹散水管 4，用来调节矿浆浓度，同时把矿浆吹散成松散悬浮状态，有利于提高分选指标。底箱上部有底板，板上开有矩形孔，用以流出尾矿。

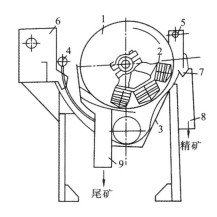

图 1-6 半逆流型永磁圆筒式磁选机结构示意图

1—圆筒；2—磁系；3—底箱；4—吹散水管；5—冲洗水管；6—给矿箱；7—接矿板；8—精矿槽；9—尾矿管

　　圆筒式磁选机的磁场强度分布规律：磁场强度随着距磁极表面距离增大而减小。在圆筒表面上，磁极边缘处的磁场强度高于磁极面中心和极间隙中心处的磁场强度；距离筒表面 20mm 以后，圆筒表面上方各点的磁场强度相近。圆筒表面上平均磁场强度为 120kA/m 左右。

　　分选过程：经湿法球磨的矿浆通过矿浆泵打入给矿箱中再流进磁选机槽体中，在分散水管给水的水流作用下，使矿粒呈松散悬浮状态进入箱底的给矿区。由于磁场的作用，磁性矿粒发生磁聚而形成"磁团"或"磁链"，并克服重力等机械力向磁极运动。此时，由于磁系的极性交替，产生磁搅拌作用，使夹杂在磁链中的脉石被清洗出来，从而提高精矿品位。磁性矿粒被旋转圆筒带至磁系外区时，因磁场逐渐减弱，被冲洗水冲下进入精矿槽中。非磁性矿粒和弱磁性矿粒在槽体内矿浆流作用下，从底板上的尾矿孔流入尾矿管中。这种磁选机可以得到较高的精矿品位和金属回收率。该型机适用于粒度为 0～0.2mm 的细粒强磁性矿石的粗选和精选作业。

　　图 1-7 为 CYT-600mm×1800mm 半逆流型永磁圆筒式磁选机的磁场特性。

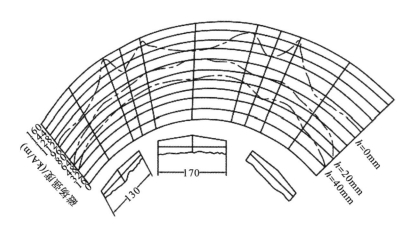

图 1-7　CYT-600mm×1800mm 半逆流型永磁圆筒式磁选机的磁场特性[2]

h—离筒表面的距离

　　由图 1-7 可见，沿径向的磁场强度分布呈马鞍形，距离筒表面越远，磁场强度越小。在圆筒表面上，磁极边缘处磁场强度高于极面中心与极间中心的磁场强度，距圆筒表面 20mm 以外，除了磁极最外边的两点外，其余各点的磁场强度相近。圆筒表面的平均磁场强度约为 200kA/m。

3.影响永磁圆筒式磁选机选别的因素[2]

永磁圆筒式磁选机选别受较多因素影响，除底箱结构型式、磁系结构、磁场特性外，磁系偏角、工作间隙、分选浓度和圆筒转速等对选别影响较大。

1) 磁系偏角对选别的影响

磁系弧面中心线与圆筒中心垂直线的夹角称为磁系偏角。在选别过程中需要细心调整，否则影响选别指标。如果磁系偏后势必造成选别尾矿品位低，但大偏后时，由于精矿不能提高到精矿端脱落，会使尾矿品位升高，选矿回收率降低。因此，选别时需要调整磁系偏角到合适的位置。

2) 工作间隙对选别的影响

工作间隙是指粗选区圆筒表面到底箱底板之间的距离。选别过程中，工作间隙对选别效果影响明显，工作间隙越大，矿浆的流量越大，有利于提高处理量，但由于离圆筒表面较远，磁场强度较低，所以会使尾矿品位升高，降低金属回收率。反之，若工作间隙小，则磁场力增大，使精矿品位降低，但金属回收率较高。若工作间隙太小，矿浆流速过快，使矿粒来不及吸附到圆筒表面就被矿浆流带到尾矿，将造成尾矿品位升高，甚至会使尾矿排出困难，导致"满槽"现象。因此，在磁选机的安装与维修时要注意保证合适的工作间隙。

3) 分选浓度对选别的影响

分选浓度的高低决定一定矿量的矿浆流速，影响矿粒的分选时间。分选浓度高，流速慢，阻力大，精矿中易夹杂脉石，降低精矿质量。但由于选别时间较长，对金属回收率有利。反之，若分选浓度低，精矿品位相对较高，尾矿品位也随之增高，使金属回收率降低。在选矿过程中需要控制合适的分选浓度，方可得到满意的精矿品位和金属回收率。

4) 圆筒转速对选别的影响

圆筒转速的大小对选别也有影响，转速低，精矿产量低。转速高，矿粒所受离心力大，单位时间内磁翻作用增加，精矿品位与处理能力都高，而金属回收率则降低。

在实际操作中，调节给矿的吹散水与精矿的冲洗水很重要。吹散水太大，矿浆流速过快，使尾矿品位增高，选矿金属回收率降低。反之，吹散水小，矿粒不能充分松散而影响分选效果，使尾矿品位升高，精矿品位降低。

精矿冲洗水主要用于从筒皮上卸下精矿，冲洗水的大小应能保证卸落精矿即可。

1.4 重 选

重力选矿(重选)是主要的选矿方法,历史悠久,在我国汉代就知道用重选法处理锡矿石。重选法按其原理可分为分级、螺旋洗矿、摇床选矿、跳汰选矿、溜槽选矿和重介质选矿。其中前两类主要为选别前的准备作业,即进行粒度分级;后四类为选别作业。从还原-磨选生产实践效果看,物料经过 1150～1180℃深度还原,可以得到颗粒较大的铁晶粒,经球磨、分级、磁选、重选联合,可生产出高品质的还原铁粉。本书主要介绍摇床选矿在磨选中的应用。

1.4.1 概述

摇床是选别细粒物料应用最广的重选设备之一,它最适宜的入选粒度范围为 2～0.010mm,按入选粒度分粗砂床、细砂床、刻槽床和微细粒床四种,选别 2～0.074mm 粒级的为粗砂床,选别 0.16～0.037mm 粒级的为细砂床,选别 0.074～0.019mm 粒级的为刻槽床,选别 0.037～0.010mm 粒级的为微细粒床。

摇床选矿的基本过程[1]:给水槽给入的冲洗水铺满横向倾斜的床面,形成均匀的斜面薄层水流。当矿浆给入往复摇动的床面(其上覆有格条或刻槽)时,矿粒在重力、水流冲力、床面摇动产生的惯性以及摩擦力等综合作用下,按密度松散分层。同时,不同密度(或粒度)的矿粒以不同的速度沿床面纵向和横向运动,因此它们的合速度偏离摇动方向的角度也不同。最终,不同密度的矿粒在床面上呈扇形分布,从而达到分离,见图 1-8。矿粒的粒度也影响按密度分选的精确性。

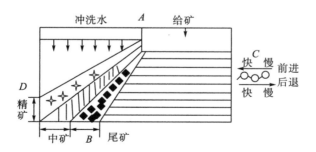

图 1-8 摇床上矿粒分带情况示意图

A—给矿端;*B*—尾矿端;*C*—传动端;*D*—精矿端

摇床选矿分带清晰,易于操作,工作可靠,分选效率高。摇床选矿用于粗选、扫选,作业回收率可达 80%以上,可一次获得最终精矿和尾矿。其主要缺点:单位面积处理量低，占地面积大。其入选粒度一般小于 2mm，对 1～0.04mm 细粒物料特别有效。在我国，摇床选矿广泛用于选别钨、锡、铌、钽和其他稀有金属以及贵金属矿石，也用于选别铁矿石的联合流程中。

为进一步提高摇床的生产能力和分选效率，国内外研发了多层摇床、离心摇床等设备。

1.4.2 摇床选矿的基本原理

摇床选矿过程中，物料的松散分层及运输分带受床面的纵向摇动作用及横向水流冲洗作用支配。

矿粒在摇床条间的沟槽内形成多层分布：最上层为粗而轻的矿粒，其次为细而轻的矿粒，再次为重而粗的矿粒，最下层为密度大而粒度小的矿粒，这种分层主要为斜面水流的动力作用和摇床往复横向摇动作用下离析的结果。离析分层为摇床选别的重要特点。另外，当水流通过摇床条间的沟槽时形成涡流，造成了水流的脉动，使矿粒呈松散状态并按沉降速度分层。再者，形成的涡流对于冲洗出在大密度矿层内的小密度矿粒也是有利的。因此，在摇床条间的矿粒的分布主要是沉降分层和离析分层的联合结果，见图1-9。

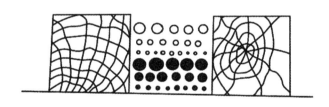

图 1-9   摇床上分层结果示意图

矿粒在床面上横向运动，遵循矿粒在斜面水流中的运动规律。离析分层的结果，有利于增大不同密度矿粒的横向运动速度差，即小密度矿粒横向移动速度比大密度矿粒更大。

矿粒在床面摇动方向(即纵向)，主要受到床面给予的惯性力及矿粒与床面间的摩擦力作用。只有当矿粒获得的惯性力大于矿粒与床面的摩擦力时，才有可能使矿粒在纵向对床面做相对运动。即

$$ma_{床} \geqslant G_0 f \tag{1-19}$$

式中，m 为矿粒的质量；$a_{床}$ 为床面的瞬时加速度；G_0 为矿粒在水中的重力；f 为矿粒与床面间的摩擦系数。

使矿粒对床面产生纵向移动的最小加速度称为临界加速度，以 $a_{临}$ 表示。由

式(1-19)可得

$$a_{临} = \frac{G_0 f}{m} \tag{1-20}$$

对于球形矿粒

$$G_0 = \frac{\pi}{6} d^3 (\delta - \varDelta) g$$

$$m = \frac{\pi}{6} d^3 \delta$$

所以

$$a_{临} = \frac{\delta - \varDelta}{\delta} g \cdot f = g_0 \cdot f \tag{1-21}$$

式中，d 为矿粒直径；$\varDelta$ 为水的密度；δ 为矿粒的密度；g_0 为矿粒在介质中的重力加速度；g 为重力加速度，其值为 $9.8 \mathrm{m/s^2}$。

由式(1-21)可见，临界加速度与矿粒的密度和摩擦系数有关。

在满足 $a_{临}$ 要求的基础上，只有床面做不对称往复摇动，即床面的负加速度大于正加速度时，矿粒才可能沿纵向运搬。不同性质的矿粒 $a_{临}$ 不同，从往复摇动总体讲，大密度矿粒其纵向运搬速度比小密度矿粒大。

床面上扇形分带是不同性质矿粒横向运动和纵向运动的综合结果。大密度矿粒具有较大的纵向移动速度和较小的横向移动速度，其合速度偏离摇动方向的倾角小，趋向于精矿端；小密度矿粒具有较大的横向移动速度和较小的纵向移动速度，其合速度偏离摇动方向的倾角大，趋于尾矿端。大密度细粒及小密度粗粒则界于上述两者之间。不同性质矿粒在床面上的运动及分离情况见图1-10。

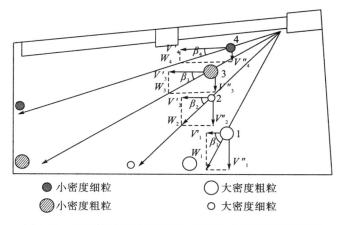

图 1-10　不同性质矿粒在床面上的运动及分离情况示意图

床面上的床条(或刻槽)不仅能形成沟槽增强水流脉动，增加床层松散，利于矿粒分层和析离，而且所引起的涡流能清洗出混杂在大密度矿层内的小密度矿粒，改善分选效果。床条高度由传动端向精矿端逐渐降低，使分层矿粒依次受到横向水流的冲洗。最先受到冲洗的是处于上层粗而轻的矿粒；重矿粒则沿沟槽被继续向精矿端运搬。这些特性对摇床的分选起很大作用。

综上可见，摇床选矿的特点是：

(1)床面的强烈摇动使松散分层和运搬分离得到加强，分选过程中，析离分层占主导，使按密度分选更加完善；

(2)它是斜面薄层水流选矿的一种，等降的矿粒可因其移动速度不同而达到按密度分选；

(3)不同性质矿粒的分离，不单纯取决于纵向和横向的移动速度，而主要取决于它们合速度偏离摇动方向的角度。

1.4.3　摇床结构及分类

平面摇床的种类很多，最主要的是按处理物料粒度分。处理大于 0.2mm 物料者为矿砂摇床，处理 0.2～0.074mm 物料者为矿泥摇床。

摇床(图 1-11)主要由床面、机架及床头等部分组成。摇床的床面是一缓倾(<10°)的平板，常见为梯形、矩形和菱形。纵向传动端至精矿端向上倾斜 1°～2°。床面上铺有耐磨层(如生漆灰、橡皮等)，沿纵向并钉有床条(或刻槽)。床面连接座经连杆与床头相连，并由其带动沿纵向做不对称往复运动。床面上装有给矿槽和给水槽，槽内菱形小木块用以调节水量，床面横向坡度借调坡机构调节。

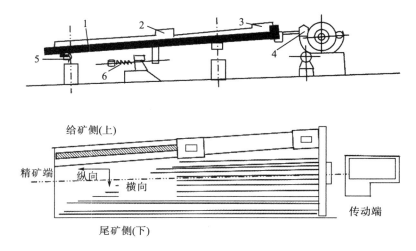

图 1-11　摇床示意图

1—床面；2—给水槽；3—给矿槽；4—床头；5—滑动支承；6—弹簧

床头是获得不对称往复运动的传动装置。常用的传动装置有：偏心肘板式摇动机构，其冲程调节范围对矿砂摇床为 10～20mm，对矿泥摇床为 4～20mm；凸轮杠杆式摇动机构，其冲程调节范围为 9～22mm；偏心弹式摇动机构，其冲程调节范围为 7～25mm。

图 1-12 为偏心肘板式摇动机构的示意图。偏心轮带动连杆 6 做上下运动。当连杆向下运动时，肘板推动环形轭向后移，使拉杆 2 后退，且压缩弹簧 8；连杆向上运动时，借助弹簧伸张，使拉杆 2 前进。拉杆的不对称往复运动，通过床面连接座传给摇床，借助螺丝 3 将滑块 4 上下移动，可改变肘板 5 和 7 的夹角，从而调节摇床冲程。摇床的冲次通过选择电动机的皮带轮来改变。

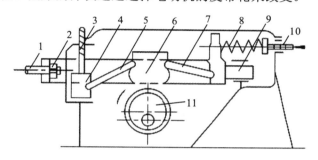

图 1-12 偏心肘板式摇动机构

1—床面拉杆；2—双拉杆；3—螺丝；4—滑块；5—肘板；6—连杆；7—活动肘板；8—弹簧；9—直行轴；

10—紧弹簧用的螺丝；11—偏心轮

1.4.4 影响摇床选矿过程的因素

影响摇床选矿过程的因素很多，但其主要工艺因素对选别的影响可归纳为如下几个主要问题。

1. 摇床运动的不对称性

它对矿粒沿纵向的选择性运搬及床层的松散影响很大。适宜的不对称性要求既能保证较好的选择性运搬性能，又能保证床层的充分松散。对较难松散和较易运搬的粗粒物料，不对称性可小些；对较易松散但较难移动的细粒物料，不对称性应大些。

2. 冲程和冲次

冲程和冲次决定床面运动的速度和加速度大小。因此，对床层的松散分层和选择性运搬也有很大影响。最佳的冲程和冲次应使床层析离分层好，选择性运搬能力强。对粗粒物料、精选作业及负荷较大的情况，采用大冲程小冲次，一般冲程为 16～30mm，冲次为 200～250 次/min。对细粒物料、粗选作业及负荷较小的情况，采用小冲程大冲次，一般冲程为 8～10mm，冲次为 250～300 次/min。

冲程和冲次可用下列经验公式计算

$$S=18\sqrt[4]{d_{最大}} \tag{1-22}$$

$$n=250 \tag{1-23}$$

式中，S 为摇床的冲程，mm；n 为摇床的冲次，次/min；$d_{最大}$ 为入选物料的最大粒度，mm。

适宜的冲程和冲次，最好通过实验或参考同类现场经验确定。

3.水量和坡度

二者都影响床面上横向水流速度和水层厚度，决定了横向运搬矿粒的速度和清洗作用的大小，因此是操作中经常调节的因素。增大坡度可减少水量，反之亦然。增大水量和减小坡度可使水层变厚，操作中水量和坡度必须很好配合。对粗粒物料、难选物料和精选作业的情况，要求较大的流速和较厚的水层，应采用小坡大水制度；对细粒物料、易选物料或粗选作业，则要求较大流速和较薄水层，应采用大坡小水制度。倾角一般在 0°～10°；水量为 20～50L/min。

4.给矿体积和给矿浓度

二者都影响分层和运搬速度。过大的给矿体积会使床层过厚，分层变坏，运搬速度增大，从而使尾矿品位升高，回收率下降；过小的给矿体积会使处理量大大降低。浓度过大会出现砂堆；浓度过小则可能出现拉沟现象。给矿体积与浓度应很好配合，原则是在允许的给矿体积负荷范围内，选择最佳的给矿浓度。一般给矿浓度为 15%～25%，粗粒取高值，细粒取低值。处理粒度为 0.2mm 以上砂矿时，生产能力为 0.7～2.3t/台时；处理粒度为 0.2mm 以下细粒物料时，生产能力为 0.2～0.5t/台时。

5.给矿粒度和形状

二者影响按密度分选的精确性。因此，入选前的分级、脱泥和脱粗十分必要。浑圆形过粗重矿粒，不仅干扰细粒的分选，还易流失于尾矿中。若粗、圆者为脉石时，则有利于分选。微细矿泥不易沉降，亦易流失于尾矿中。经分级的物料粒度均匀，操作和调整方便，粗细摇床负荷分配合理，有利于生产能力的提高。

1.4.5 多层摇床及离心摇床的简介

摇床的多层化及离心化是发挥其设备优点和克服其缺点的一个发展方向。我国研制的 5YC 双联三层摇床、云锡六层矿泥摇床及湘西双层摇床等是摇床多层化的实例。它们由若干床面重叠配置而成，占地面积减小，台时处理能力成倍增加。

国外多层摇床发展很快，美国、瑞典、加拿大、马来西亚等国将其用于处理重晶石、白钨矿、铌钽铁矿、赤铁矿等，处理能力较普通摇床提高 2～2.5 倍。其共同特点：用结构轻巧并减振的新型床头、床面和床头悬挂装置，无笨重的基础，降低设备高度；使用轻质耐磨材料（如铝合金、玻璃钢）减轻机重和振动。

离心摇床是在普通摇床基础上，引入离心力场发展而成。它也由床头和床身组成。其特点：床面为曲面（整机为 3～4 块刻槽床面），保证横向倾角在离心运动时恒定；床面运动既做不对称往复摇动，又做回转运动；离心力使床层松散分层强化，提高分选效率和处理能力；采用更高的冲程、冲次，适应床层更好的松散和运搬的需要。

离心摇床是一种单位面积处理能力大、选别效率高的细粒重选设备。它适用于密度差小、产率大的铁矿石选矿。其分选粒度下限可达 30μm；相同条件下，处理能力为普通摇床的 5～10 倍，回收率高达 10%。

目前，离心摇床仍处于工业实验阶段，存在结构复杂、振动大、噪声大、事故多等问题，有待进一步改进。

红河锦山耐磨防腐设备制造有限公司研发生产的台套摇床，经过多点多次的工业性实验，效果良好，对粗粒、细粒矿石均有特佳的选别效果，特别对 100～400 网目的超微细粒矿石，选别回收率高达 60%～70%，比现有的常规摇床回收率高 15% 以上。该成果于 2008 年获得国家发明专利，通过"云南省机械设备产品质量监督监测站"对该台套产品的 9 项检测，各项检测结果均优于技术标准，设备见图 1-13，技术参数见表 1-1。该摇床面具有耐磨、适应性强、在温差变化较大（-25～30℃）的情况下不变形等特点。床头具有结构简单、密封性能好、寿命长等特点。

图 1-13　红河锦山耐磨防腐设备制造有限公司研发的台套摇床

表 1-1　技术参数

床面类型	横向坡度 /(°)	冲程 /mm	冲次 /(次/min)	给矿浓度 /%	用水量 /[t/(台·日)]	生产能力 /[t/(台·日)]	配套功率 /kW
粗	2.5～4.5	16～22	260～320	20～25	30～70	15～20	0.75
细	1.5～3.5	11～16	290～350	15～25	15～30	10～15	0.75
刻槽	1～2	8～14	320～360	25～30	10～20	8～10	0.75
细微粒	0.5～1	6～8	360～390	25～35	10～15	4～7	0.75

1.5　本章小结

　　本章主要介绍了磁选基本原理及其设备，重选的原理、摇床的结构及影响摇床选矿过程的因素。一般采用球磨生产高品位还原铁粉，先磁选去除大量杂质获得磁选精矿，再重选获得还原铁粉。磁化焙烧生产铁精矿，采用磁选即可得到含铁大于55%的特精矿。

参 考 文 献

[1]张强. 选矿概论[M]. 北京: 冶金工业出版社, 2006.

[2]杨顺梁, 林任英. 选矿知识问答[M].2版.北京: 冶金工业出版社, 1993.

第 2 章　还原-磨选新技术适宜
处理的物料

2.1　难处理铁矿资源

2.1.1　复杂铁矿资源

1.贫赤铁矿[1-6]

我国具有丰富的铁矿资源，已探明储量近 500 亿 t，可供开发利用的约 260 亿 t，其中 96%为贫矿，平均铁品位为 32.6%，因复杂难选，其利用率不到 7%。随着钢铁工业的快速发展，铁矿资源消耗速度加快，富矿越来越少，已不能满足钢铁生产的需要，国内多数大型钢铁企业不得不利用大量外汇高价购买澳大利亚、巴西等国的进口矿进行高炉冶炼。自 2003 年以来，我国对进口铁矿石的依赖程度已达 55%以上，比较分散的中小型钢铁企业则只能使用较低品位的铁矿。

赤铁矿的化学成分为 Fe_2O_3，其晶体属三方晶系的氧化物矿物，与等轴晶系的磁铁矿成同质多象。单晶体常呈菱面体和板状，集合体形态多样，有片状、鳞片状(显晶质)、粒状、鲕状、肾状、土状、致密块状等。显晶质呈铁黑至钢灰色，隐晶质呈暗红色，条痕樱红色，金属光泽至半金属光泽，莫氏硬度为 5.5～6.5，无解理，密度为 5.0～5.3g/cm³。呈铁黑色、金属光泽的片状赤铁矿集合体称为镜铁矿；呈灰色、金属光泽的鳞片状赤铁矿集合体称为云母赤铁矿；呈红褐色、光泽暗淡的称为赭石；呈鲕状或肾状的赤铁矿称为鲕状或肾状赤铁矿。

赤铁矿是自然界分布极广的铁矿物，是重要的炼铁原料，也可用作红色颜料。多数重要的赤铁矿矿床是变质成因的，也有一些是热液形成的，或大型水盆地中风化和胶体沉淀形成的。世界著名的铁矿床有美国的苏必利尔湖和克林顿、俄国的克里沃伊洛格和巴西的迈那斯格瑞斯，我国著名的产地有辽宁鞍山、甘肃镜铁山、湖北大冶、湖南宁乡和河北宣化。

鲕状赤铁矿岩常形成大型铁矿，如法国的洛林铁矿、美国的克林顿铁矿以及我国北方的宣龙式铁矿、南方的宁乡式铁矿。矿石主要由赤铁矿鲕粒组成，形成于滨海环境。但是极少见到鲕状赤铁矿选矿富集和分离回收的报道。

"褐铁矿"一词并不是矿物的种名，通常是针铁矿、水针铁矿的统称。因为这些矿物颗粒细小，难以区分，故统称为"褐铁矿"。由于它属于含铁矿物的风化产物（$Fe_2O_3 \cdot nH_2O$），成分不纯，水的含量变化也很大，通常颜色为黄褐至褐黑色，条痕呈半金属光泽，形状呈块状、钟乳状、葡萄状、疏松多孔状或粉末状，也呈结核状或黄铁矿晶形的假象出现。其硬度随矿物形态而异，无磁性。褐铁矿是氧化条件下极为普遍的次生物质，在硫化矿床氧化带中常构成红色的"铁帽"，可作为找矿标志。

褐铁矿的含铁量虽低于磁铁矿和赤铁矿，但因它较松软，易于冶炼，是重要的铁矿石。世界著名矿产地是法国的洛林、德国的巴伐利亚、瑞典等地。

近年来，由于铁矿资源短缺，鄂西北和河北、河南、云南等地区出现了大量开发赤铁矿的状况。这类赤铁矿资源含铁品位低于 50%，SiO_2 和 Al_2O_3 含量高，往往 P 含量也较高，由于晶粒微细，难以分选。面对我国铁矿资源严重短缺的情况，如何合理开发利用这类矿产资源已成为一个重大的课题[2]。

湖南某贫赤铁矿石原矿化学多元素分析结果见表 2-1。

表 2-1　贫赤铁矿石化学成分

元素	TFe[①]	FeO	SiO_2	CaO	MgO	Al_2O_3	S	P	K_2O	LOI[②]
含量/%	28.83	1.79	45.18	1.36	1.53	5.97	0.025	0.08	0.87	2.71

岩相分析表明：矿石结构较致密，但很脆，并不坚实。矿石中主要是赤铁矿和石英这两种矿物，赤铁矿含量为 26.35%，石英含量为 61.27%，其次还有少量的 Al_2O_3、MgO、CaO 等。铁矿物主要以赤铁矿形式存在，并以微细粒（3～5μm）嵌布在脉石中，分布比较均匀。赤铁矿中含有少量的脉石和杂质，且以浸染状与脉石矿物混杂交生，局部可过渡为稠密浸染状。石英颗粒大小不一，尺寸大多为 10～30μm。因此，该矿石具有铁质板岩的特征，极难分选，即使将矿石磨至全部小于 10μm，绝大部分赤铁矿仍将与石英呈连生体产出，这就导致采用传统的选矿工艺无法实现赤铁矿和石英的有效分离。

鲕状赤铁矿是赤铁矿的一个亚种，常呈隐晶质致密块状、鲕状、豆状、肾状、粉末状等集合体形态，是我国分布最广、储量最多的沉积型铁矿石。鲕粒主要呈球形至椭球形的卵石形，典型的鲕粒结构多为褐铁矿内核被 5～10μm 厚的棕色物质包裹而成，因结构复杂、铁矿物嵌布粒度极细、易泥化而难以分选。鄂西某地的鲕状赤铁矿，矿样的多元素化学成分分析结果为 TFe 为 49.02%、FeO 为 5.17%、Fe_2O_3 为 64.34%、SiO_2 为 6.52%、Al_2O_3 为 11.03%、CaO 为 7.53%、S 为 0.06%、P

---

① 全铁（total iron，TFe），指岩碱矿石样品经化学分析确定的铁元素的总含量，以质量分数表示。
② 烧失量（loss on ignition，LOI），指经过 105～110℃温度范围内烘干失去外在水分的原料，在一定的高温条件下灼烧足够长的时间后失去的质量占原始样品质量的百分比。

为 1.18%、Mn 为 0.22%、烧失量为 2.71%。该矿试样铁物相见表 2-2。

表 2-2 鲕状赤铁矿铁物相分析结果

物相	磁铁矿	赤铁矿/褐铁矿	碳酸铁	硅酸铁	硫化矿	TFe
铁质量分数/%	0.06	44.66	1.69	2.55	0.06	49.02
分布比例/%	0.12	91.11	3.45	5.20	0.12	100.00

由表 2-2 可知，该试样中的铁以赤铁矿、碳酸铁和硅酸铁等形式存在，以赤铁矿为主，赤铁矿中的铁占 TFe 的 91.23%，磁铁矿、碳酸铁、硅酸铁中的铁各占 TFe 的 0.12%、3.45%、5.20%。可回收的铁主要为磁铁矿和赤铁矿中的铁，理论回收率可达 91.34%，而以鲕绿泥石形式存在的硅酸铁无法回收。

2.菱铁矿[7-9]

我国菱铁矿资源丰富，位居世界前列，已探明储量 18.34 亿 t，占铁矿石探明总储量的 14%，主要分布于云南、陕西、甘肃、青海和新疆等几个省。在这些地区，菱铁矿资源一般占全省铁矿总储量的一半以上，具有矿床地质时代长、含矿层位多、分布面积广和储量大等特点。其中新疆、青海、甘肃、陕西和云南等 5 个省的菱铁矿矿床储量都超过 1 亿 t，陕西柞水县大西沟菱铁矿矿床储量超过 3 亿 t。

菱铁矿受热分解，首先生成 Fe_3O_4，然后 Fe_3O_4 氧化成 γ-Fe_2O_3，当温度升高时，γ-Fe_2O_3 转化为 α-Fe_2O_3。由于菱铁矿的内外层物质所处的物理化学条件不同，外层生成的 Fe_3O_4 处于氧化环境，一旦生成便被氧化成 γ-Fe_2O_3，内层生成的 Fe_3O_4 由于处在缺氧的环境中，可以在一定的温度范围内稳定存在。菱铁矿在空气环境下氧化分解的最终产物是 α-Fe_2O_3，磁铁矿和磁赤铁矿作为中间产物可以在一定温度范围内稳定存在。由菱铁矿的分解特性可以看出，可以通过磁化焙烧提高其磁性。

由于菱铁矿的理论铁品位较低，且经常与钙、镁、锰呈类质同象共生，采用普通选矿方法铁精矿品位很难达到 45% 以上。比较经济的选矿方法是重选、强磁选，但难以有效地降低铁精矿中的杂质含量。其资源的采、选、冶均比较困难，目前已用于冶炼钢铁的部分富矿不足菱铁矿总储量的 10%，贫矿未得到开采，在其他方面的应用也基本是空白。已利用的部分多为与磁铁矿和赤铁矿共生的混合矿，典型含菱铁矿的资源基本特征与可选性见表 2-3。

表 2-3 典型含菱铁矿的资源基本特征与可选性

矿山名称	矿床类型	矿石性质	可选性*
韩钢大西沟铁矿	沉积变质菱铁矿	菱铁矿为主，条带状构造	中等

续表

矿山名称	矿床类型	矿石性质	可选性*
武钢大冶铁矿	中温热液接触交代	含铜矽卡岩型混合矿，残余交代结构	较好
酒钢镜铁山铁矿	沉积变质矿床	含菱铁矿的铁质碧玉型，条带状浸染构造	较难
昆钢王家滩铁矿	中低温热液裂隙充填	石英菱铁矿类型，可剥块状和致密块状	中等
宣钢庞家堡铁矿	浅海相沉积	赤铁矿型混合矿，鲕状块状构造	难选
太钢峨口铁矿	鞍山式沉积	变质磁铁矿型混合矿，块状条带状构造	较好
水钢观音山铁矿	风化淋滤矿床	淋滤成褐铁矿，不规则多种构造	难选

注：*指整个矿床资源的可选性。

李吉利[10]对大西沟铁矿进行了研究，该矿集低品位、微细粒嵌布及矿种复杂等多种难分选特征于一身，是我国低品位复杂难选铁矿的典型代表。矿石的多元素分析结果、铁的化学物相分析结果分别见表 2-4 和表 2-5。

表 2-4　矿石的多元素化学分析结果

元素	TFe(全铁)	FeO	SiO_2	Al_2O_3	CaO	MgO
含量/%	26.82	20.12	30.71	8.59	0.42	1.62
元素	MnO	K_2O	Na_2O	S	P	LOI
含量/%	0.74	1.64	0.070	0.19	0.061	17.18

表 2-5　铁的化学物相分析结果

铁物相	含量/%	分布率/%
碳酸铁	13.86	51.68
磁性铁	1.44	5.37
赤褐铁	10.41	38.81
硫化铁	0.16	0.60
硅酸铁	0.95	3.54
全铁	26.82	100.00

3. 褐铁矿[11-14]

我国有多达 10 亿 t 的低品位难选褐铁矿石资源待开发，其开发利用难点主要体现在磨矿过程中易泥化、铁矿物比磁化系数低、难与共生的脉石分离等方面。因此，开展低品位难选褐铁矿的高效选矿技术研究，对提高国内铁矿石资源利用率、促进钢铁企业稳定发展具有现实意义。

褐铁矿中富含结晶水，理论铁品位较低，采用物理选矿方法很难获得铁品位达 60%的铁精矿。

云南某地褐铁矿呈微细粒嵌布，绝大多数与脉石共生，且共生关系密切，部分呈细针状、纤细状或集合体存在，磁铁矿含量极低；脉石矿物主要为石英和其他黏土类矿物，主要化学成分分析结果见表 2-6，铁物相分析结果见表 2-7。

表 2-6　褐铁矿的化学成分

元素	Fe	Na$_2$O	SiO$_2$	CaO	MgO	Al$_2$O$_3$	S	P	K$_2$O	C
含量/%	36.57	0.24	15.62	2.38	1.53	4.06	0.089	0.30	0.87	0.96

表 2-7　铁物相分析结果

铁相态	含量/%	分布率/%
褐铁矿中的铁	35.55	97.21
碳酸盐矿物中的铁	0.13	0.36
磁铁矿中的铁	0.89	2.43
全铁	36.57	100.00

由表 2-6 和表 2-7 可见，试样中有回收价值的元素为铁，主要以褐铁矿形式存在，占全铁量的 97.21%。

2007 年，我国铁矿石累计保有储量为 431.158 亿 t，其中褐铁矿约占 8%。褐铁矿长期未能得到有效利用是因为直接分选精矿品位低、回收率低，产品在烧结过程中因脱水造成烧结矿强度不高等问题。自然界中褐铁矿绝大部分以针铁矿系列矿物（2Fe$_2$O$_3$·3H$_2$O）的形态存在，呈非晶质、隐晶质或胶状体，与脉石矿物紧密共生，外表颜色呈黄褐色、暗褐至褐黑色，弱磁至中磁性。褐铁矿一般疏松多孔、还原性好、熔化温度低、易同化以及堆比重小。国内褐铁矿富矿很少，含铁品位较低时必须进行选矿处理，目前国内外主要用重力选矿磁化焙烧-磁选联合法、磁选-浮选联合法等处理褐铁矿。磁化焙烧是处理常规选矿难以分选的低品位铁矿石的有效方法，这对于用其他选矿方法不能得到较好经济技术指标的矿石来说尤为重要。

4. 钒钛磁铁矿[15-17]

钒钛磁铁矿是一种重要的矿产资源，世界范围内的分布较为广泛，主要集中在俄罗斯、南非、中国、美国、加拿大、挪威、芬兰、印度和瑞典等国。据 1993 年报道，其统计矿产储量达 400 亿 t。目前矿石中的铁、钛、钒已基本得到利用，而其含有的其他有益元素铬、钴、镍、铜、钪和铂也有相当的应用前景，使得钒钛磁铁矿已成为综合应用前景十分广阔的矿产资源。

攀西地区铁矿石资源极为丰富，是我国重要的铁矿石基地之一，其矿石储量居我国铁矿石储量第二位，占全国总储量 15 % 左右。我国铁矿石主要分布在我国的攀西、承德和马鞍山地区，其中攀西地区的保有储量达 100 亿 t 以上。攀枝花、红格、太和及白马四大矿床都属于大型或特大型矿床，均产于基性及超基性岩体中，是我国最大的钒钛磁铁矿矿床，具有很高的综合利用价值。多年大量研究表明，钒钛磁铁矿含有丰富的钒、钛、镓、钴、镍、钪、硫等多种有用伴生成分。

从世界范围看，目前已开采并经选别的钒钛磁铁精矿，依据其矿种特性的不同，主要有三种用途：①用作高炉炼铁的原料，回收铁和钒，如中国攀钢集团有限公司和承德钢铁集团有限公司、苏联下塔吉尔钢厂等；②用作回转窑直接还原的原料，后步经电炉熔化还原回收铁和钒，如南非 Highveld 和新西兰钢铁公司等；③精矿中 TiO₂ 含量很高，用作电炉冶炼高钛渣的原料，主要目的是回收钛，铁作为副产品回收，如加拿大 QIT 等。无论是哪种用途，都没有实现钒钛磁铁矿中铁、钒、钛的同时回收利用，从而造成资源浪费。因此，研究钒钛磁铁矿的铁、钒、钛同时回收利用技术，实现资源的深度开发与充分利用具有重要意义。

攀西地区的钒钛磁铁矿原矿化学成分见表 2-8，矿石中主要金属矿物为钛磁铁矿、钛铁矿，另有少量的磁赤铁矿、褐铁矿、针铁矿及次生磁铁矿；硫化物以磁黄铁矿为主，另有少量的钴镍黄铁矿、黄铁矿、硫钴矿、硫镍钴矿、黄铜矿及墨铜矿。

脉石矿物以钛普通辉石、斜长石为主，其次为橄榄石、钛闪石，另有少量的绿泥石、蛇纹石、绢云母、伊丁石、葡萄石、榍石、透闪石、绿帘石、黝帘石、黑云母、柘榴石、磷灰石、方解石等。原矿主要矿物及质量含量见表 2-9。

表 2-8　原矿化学成分

成分	TFe	FeO	Fe₂O₃	TiO₂	V₂O₅	Cr₂O₃	SiO₂	Al₂O₃
含量/%	31.55	23.85	17.32	10.58	0.31	0.03	23.01	7.85

成分	MgO	MnO	P₂O₅	S	Co	Ni	Cu	GaO
含量/%	6.38	0.28	0.07	0.70	0.016	0.015	0.024	6.85

表 2-9　矿物主要物相含量

物相	钛磁铁矿	钛铁矿	硫化物	钛普通辉石	斜长石
含量/%	43～45	8.5～9.5	1.5～2.5	27.5～29.5	19～20

2.1.2　含铁渣资源

1. 冶炼铜渣[18-23]

铜渣是铜冶炼过程中产生的固体废弃物，其炉渣属于 FeO-CaO-SiO₂ 系，三者之和占渣量 75%～85%，还含有少量金属及非金属氧化物。我国每年新增铜渣量达 1000 万 t 左右，累计堆积量已达到 1.2 亿 t。铜渣的简单堆存不仅占用土地、污染周边环境,而且造成资源的浪费。由于铜矿石的性质、选铜工艺及铜冶炼工艺不同,铜渣的成分也各不相同,但普遍含有 Fe、Mo、Cu、Zn、Co 和 Ni 等金属及其氧化物,其中铁含量往往较高,在 40%左右,具有较高的综合回收价值,但因铁主要以铁橄榄石(Fe_2SiO_4)和极微细粒磁铁矿(Fe_3O_4)形式存在,渣中 SiO_2 含量较高使其无法直接用于传统的高炉流程中,又因矿物嵌合紧密,采用传统的矿物加工工艺难以有效回收。目前,铜渣除少量用作水泥混凝土原料和防锈磨料外,主要从铜渣中回收 Cu、Zn、Pb 和 Co 等有色金属,尽管铜渣中铁元素含量较高,但是很少回收利用铁元素。

国内外学者对铜渣中铁组分的回收进行过大量的研究工作,尤其对铜渣进行了阶段磨矿、阶段弱磁分选工艺研究。结果表明:由于磁性铁含量低且粒度微细,所得精矿铁品位和铁回收率指标不理想;采用高温熔融氧化法将 Fe_2SiO_4 转化为 Fe_3O_4,再磁选富集,所得弱磁选产品指标也不理想;对铜渣进行了熔融还原炼铁工艺研究,得到了高品质的液态铁;对铜渣进行直接还原提铁工艺研究,最终得到优质海绵铁。

国内某炼铜厂自然冷却的熔融铜渣经破碎、磨矿、浮选回收铜后的二次尾渣,烘干后为浅褐色粉末,粒度为 0~100μm。铜尾渣主要化学成分分析结果见表 2-10,X 射线衍射(XRD)分析结果见图 2-1。

表 2-10　铜尾渣主要化学成分分析结果

成分	Fe	SiO$_2$	Al$_2$O$_3$	MgO	CaO	Cu	S	P
含量/%	41.47	34.85	3.80	3.58	1.59	0.31	0.16	0.04

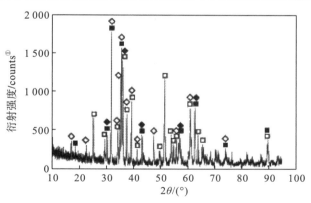

图 2-1　铜尾渣的 XRD 图谱

□—铁橄榄石;　■—磁铁矿;　◇—铁镁橄榄石;　◆—镁铁矿

由表 2-10 可以看出,该铜尾渣中 Fe 和 SiO$_2$ 含量较高,Fe 含量为 41.47%,SiO$_2$ 含量为 34.85%,Cu 以及有害元素 P、S 含量均较低,碱度为 0.13,为酸性渣。

---

① 计数。

由图 2-1 可以看出，铜尾渣中的铁主要以铁橄榄石、铁镁橄榄石、磁铁矿、镁铁矿相存在。

2.冶炼镍渣[24-28]

镍渣是闪速炉或富氧顶吹炉冶炼镍的过程中副产的渣，中国金川集团股份有限公司每年在金属镍生产过程中副产的镍渣量约 160 万 t，逐年累积堆存于渣场，自 1963 年冶炼系统投产以来，累积堆存量已超过 3300 万 t，初步估算，这些炉渣中共含有铁 1394 万 t、镍 4.9 万 t、铜 14.5 万 t，按金属价格估算，镍渣的静态价值约 300 亿元。这些废渣的长期堆弃不仅占用大量土地，还对环境构成污染。因此，开发出能够处理这些镍渣的工艺具有巨大的经济效益和社会效益。

针对镍渣的回收利用，众多学者已经开展了深入研究，如回收硅钙合金、生产微晶玻璃、熔融提铁等利用方式，但是由于技术、生产成本等因素，还没有有效的镍渣处理工艺。镍渣中 TFe 质量分数达 40%以上，同时含有少量的镍、铜、钴等有价金属，由于渣中含有较高的 SiO_2，因此采用熔融还原提铁的方式。为了获得一定碱度需要加入大量的石灰，从而导致渣量大、能耗高等后果，目前未取得实质性进展。

实验原料为闪速炉火法冶炼硫化镍精矿过程中副产的渣和煤粉，渣成分见表 2-11，渣中 TFe 含量为 40.78%，SiO_2 含量比较高，为 34.83%。X 射线分析结果见图 2-2，从图 2-2 可以看出，镍渣中铁与镍的赋存状态主要有磁铁矿(Fe_3O_4)、硅酸铁($FeSiO_3$)、硫化镍铁($FeNiS_2$)和少量金属铁。

表 2-11　镍冶炼渣成分

渣样	TFe	FeO	SiO_2	CaO	MgO	Al_2O_3	S	P	K_2O	Na_2O	NiO
镍渣/%	40.78	51.43	34.83	1.64	6.51	1.72	1.05	0.014	0.294	0.180	0.166

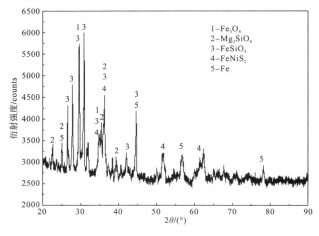

图 2-2　镍冶炼渣 X 射线分析结果

3. 赤泥[29-35]

拜耳法赤泥是用拜耳法生产氧化铝过程中产生的一种固体残渣，属强碱性有害残渣，呈灰色或暗红色粉状物，颜色会随含铁量的不同发生变化，是一种具有较大内表面积的多孔结构。比重 $2840\sim2870g/m^3$；含水量 $86.01\%\sim89.97\%$；饱和度 $94.4\%\sim99.1\%$；持水量 $79.03\%\sim93.23\%$；塑性指数 $17.0\sim30.0$；粒径 d 为 $0.005\sim0.075mm$ 的粒组，含量在 90% 左右；比表面积 $64.09\sim186.9m^2/g$；孔隙比 $2.53\sim2.95$；容重 $700\sim1000kg/m^3$。组成和性质复杂，每生产 1t 氧化铝产出 $1\sim2t$ 赤泥。赤泥主要组分是 SiO_2、CaO、Fe_2O_3、Al_2O_3、Na_2O、TiO_2、K_2O 等，根据矿产地的不同，常含有较为丰富的稀有稀土元素，如钪、钛、钒、铌、镓等。其中钪元素的含量均达到或者超过经济储量的 $2\sim3$ 倍，是一种宝贵的资源。因此，在氧化铝赤泥资源中提取稀土和稀散金属，具有很高的经济价值和战略意义。中国作为世界第四大氧化铝生产国，每年排放的赤泥高达数千万吨。大量的赤泥不能充分有效利用，只能依靠大面积的堆场堆放，既占用大量土地，也对土壤、水源、大气等造成严重的危害，而且存在很大的安全隐患，且造成资源浪费。目前，我国赤泥堆放存量已超过 3 亿 t，且年产出量仍在不断增加，2007～2011 年，赤泥年均产出量增加了 16.1%，仅 2011 年赤泥产出量就已达到 4000 余万吨，2012 年产出量继续增加达到 4700 万 t。我国所有氧化铝厂中，唯有平果铝业公司所产赤泥属纯拜耳法赤泥(以下简称平果赤泥)，并以其高含铁量和富含镓、钪、铌、钽、钛和稀土等稀有金属而独具特色，平果赤泥的化学成分见表 2-12，物相组成见表 2-13。

表 2-12 平果赤泥化学成分

样品	Fe_2O_3	Al_2O_3	SiO_2	CaO	Na_2O	TiO_2	K_2O	MgO	LOI
8 年/%	33.02	17.16	8.51	18.77	2.73	7.14	0.045	0.35	11.40
1 年/%	28.30	17.67	8.34	20.88	2.29	7.34	0.059	0.65	13.88

表 2-13 平果赤泥主要矿物组成分析

样品	$3CaO \cdot Al_2O_3 \cdot mSiO_2 \cdot nH_2O$	$3NaAlSiO_4 \cdot NaOH$	$CaTiCO_3$	Fe_2O_3	$Al_2O_3 \cdot H_2O$	水铝矿	$CaCO_3$
8 年/%	30.7	10.7	12.1	33.0	5.6	1.8	2.0
1 年/%	33.2	8.9	12.5	28.3	7.8	—	4.2

作为国家"九五"科技攻关项目，1997 年开展了"赤泥作新型墙材研究"，研制成功并工业生产出赤泥粉煤灰烧结砖。该产品以赤泥、粉煤灰、煤矸石为原

料，经预混、陈化、混合搅拌、挤出成型、切坯、烘干、烧结等系列工艺，制成烧结砖，实现了制砖不用土、烧砖不用煤，节约了煤炭资源和土地资源，填补了国内废渣综合利用的空白。烧结砖符合优等品的指标要求，但当时由于投入大、经济效益差等因素，该项目没有继续产业化。

近年来，赤泥综合利用工作得到各方面高度重视，在政策引导方面，国家发展和改革委员会、工业和信息化部等相继出台《"十二五"资源综合利用指导意见》《大宗固体废物综合利用实施方案》《大宗工业固体废物综合利用"十二五"专项规划》等，都将赤泥作为重要的组成部分予以阐述，并对赤泥的综合利用工作有针对性地出台了《赤泥综合利用指导意见》。在产业升级方面，通过国家高技术研究发展计划(863 计划)"赤泥低成本处理与资源化关键技术及示范"项目的推广，带动全国氧化铝赤泥综合利用科技进步和产业化应用发展。在财政扶持方面，国家加大了政策扶持力度，对赤泥综合利用的先进单位给予了大力的政策和资金支持。同时，国家在增值税、所得税等方面也给予一定的优惠政策，有力地促进了赤泥综合利用工作的推广。目前，赤泥综合利用率已由 2008 年的 2%提高到 2013 年的 5%。目前，世界上赤泥的利用率为 15%左右，而我国利用率远低于这个水平。

随着对环境保护的要求越来越高，氧化铝厂产出赤泥的利用越来越受到重视，因此对赤泥进行综合利用方面的研究具有重要意义。虽然有学者曾在赤泥参与配比用于生产水泥、制备路面基层材料和新型功能材料等方面做了大量研究，但这些处理方式的经济效益不高且赤泥消耗量低，与巨大的赤泥产生量相比，未能很好地解决赤泥的问题。此外，有研究者通过采用浸出的方法从赤泥中提取 Sc、Ti 等稀有金属，从而获得高附加值的产品，但成本比较高，流程也复杂，推广应用困难。

赤泥的回收与综合利用是一个世界性难题，涉及众多技术领域和学科。长期以来，很多专业工作者进行了大量的研究工作，也取得一些应用成果，赤泥的利用量也较大。目前对赤泥的利用主要集中在低附加值领域，尤其在建材应用领域的大量应用，大多数研究成果目前未能实现工业应用。

2.2   难处理有色金属资源

2.2.1   红土镍矿

镍具有耐腐蚀、熔点高、强磁性等优良性能，是各种特殊钢、耐热合金、抗腐蚀合金、磁性合金、硬质合金生产的重要原料，在钢铁、军工、航天、机械制造、化学工业、通信器材等方面有广泛的用途，是重要的战略资源。镍在地球中含量约 3%, 占第 5 位, 在可开采地壳中其含量仅为 0.008%, 位于第 24 位。世界陆基镍的储量约为 4.7 亿 t, 其中 39.4% 以硫化矿形式存在, 60.6% 以氧化矿形式存在。可开采的矿床主要为硫化镍矿和红土镍矿。随着硫化镍矿的逐渐消耗以及镍需求的不断增长, 开发利用红土镍矿资源显得日益必要[36]。红土型镍资源丰富, 全球约有 4100 万 t 镍金属量, 由含镍橄榄岩在热带或亚热带地区经过大规模的长期风化淋滤变质而成, 红土型镍是由铁、铝、硅等含水氧化物组成的疏松的黏土状矿石。由于铁的氧化矿石呈红色, 所以被称为红土矿 (laterite)。红土镍矿的可采部分一般由 3 层组成: 褐铁矿层、过渡层和腐殖土层。主要分布见表 2-14, 其处理工艺如表 2-15 所示[37, 38]。

表 2-14　世界重要红土矿资源分布状况 (以镍计)

分布地	古巴	新喀里多尼亚	印度尼西亚	澳大利亚	菲律宾	哥伦比亚	委内瑞拉	美国	多米尼加	中国
储量/$\times 10^4$t	2300	1500	1300	1100	1100	110	70	18	900	50

表 2-15　红土镍矿的分布、组成与提取技术

矿层	化学成分/%					特点	提取工艺
	Ni	Co	Fe	Cr_2O_3	MgO		
褐铁矿层	0.8~1.5	0.1~0.2	40~50	2~5	0.5~5	高铁低镁	湿法
过渡层	1.5~1.8	0.02~0.1	25~40	1~2	5~15		湿法/火法
腐殖土层	1.8~3	0.02~0.1	10~25	1~2	15~35	低铁高镁	火法

2.2.2　不锈钢生产粉尘

不锈钢粉尘是指在冶炼过程中电弧炉、AOD/VOD 炉或转炉中的高温液体在强搅动下, 进入烟道并被布袋除尘器或电除尘器收集的金属、渣等成分的混合物。电炉的粉尘量为装炉量的 1%~2%, AOD 炉的粉尘量为装炉量的 0.7%~1%。因为冶炼原料、冶炼温度、吹气量等的不同, 所产的粉尘成分和物相结构随之不同。根据世界钢铁协会的数据, 世界电炉钢产量 1990 年为 2.15 亿 t; 1995 年为 2.45 亿 t; 2000 年为 3 亿 t。即使在不计算 AOD 炉粉尘的情况下, 所产粉尘量也很大。这些粉尘中含有大量的 Ni、Cr、Fe 等有价金属, 另外还含有一些微量元素如 Si、C、Mn、Mg、Pb、Zn 等, 这些金属多以氧化物的形式存在, 其中 Fe 以 Fe_2O_3、Cr 以 CrO、Ni 以 NiO 的形式存在。根据世界钢铁协会的数据, 2010 年世界电炉钢粉尘产量为 400 万~800 万 t。

1988 年美国国家环境保护局 (EPA) 对电弧炉粉尘进行了毒性浸出实验 (TCLP), 其中 Zn、Cr、Pb 等多种重金属未达到环境保护法标准, 因此将该粉尘

定义为有害废物，在国外禁止直接填埋弃置，发展中国家也正逐渐认识到此类粉尘的危害。

因此，如何利用不锈钢粉尘（电弧炉粉尘和 AOD/VOD 粉尘）已成为世界性的研究课题，其中一些钢铁工业发达的国家和地区如美国、日本、加拿大和西欧开发出了许多不锈钢粉尘的处理工艺，少数投入了工业应用，大多数尚处于研究开发或实验室阶段[39, 40]。

2.3　贵金属二次资源

金、银、铂、钯、钌、铑、锇和铱共 8 个称为贵金属的元素，广泛应用于航空航天、军工、电子电器、交通、石油化工等现代科技和工业领域中，有不可替代的作用，具有重要的战略意义。贵金属资源稀少，价格昂贵，其废料的回收利用价值比一般金属高得多，是宝贵的"二次资源"。随着社会经济的快速发展，贵金属的使用量逐年大幅度增加，含贵金属的废料量也随之快速增加。与一次资源相比，二次资源贵金属含量高，组成相对单一，可以通过简单工艺回收处理，实现变废为宝，而产生的"三废"排放量却远远少于原矿开采提取过程。因此，无论从资源持续性角度还是从环保角度，贵金属"二次资源"的回收利用具有极其重要的意义[41]。

工业发达国家把贵金属废料的二次资源与矿物资源都看作贵金属的重要来源，许多国家已将再生回收贵金属废料作为一个独立的新兴工业体系。虽然经过多年的发展，国内已初步形成了一套较为完善的贵金属"二次资源"回收体系，但与发达国家相比，我国贵金属"二次资源"回收起步较晚，技术较为落后，回收率不高，浪费了资源和能源，需要克服的困难还有很多。

贵金属二次资源包括废弃的电子产品、失活工业催化剂、失活的汽车尾气催化剂等。也有归结为废旧生活消费品再生、电极泥和电镀废液中金银再生、照相胶片行业中银再生、废旧电器中贵金属再生、废催化剂中的铂族贵金属再生、功能材料用贵金属再生六个方面。这些二次资源贵金属含量普遍高于现阶段利用的矿石含量，且提取工艺更简单，这引起了人们的广泛重视。数据调查显示，全世界所使用的贵金属中有 85% 以上被回收利用。

贵金属二次资源的主要特点可归纳为品种多、来源广和价值高。通常根据贵金属废料的来源将贵金属废料分为以下 3 种类型：①在生产或制造过程产生的废料，如加工过程中产生的废屑、边角料及生产中的次生、派生的含贵金属物料；②含贵金属的产品经使用后，性能变差或外形损坏，不能继续使用，需要重新加工的贵金属化合物或材料；③分散在众多的消费者手中的、已丧失使用价值的含贵金属制品，如贵金属用具、饰品、家用电器及耐用消费品(如汽车)上的贵金属零件等[42-45]。

对于失效汽车尾气催化剂、石油铂铼催化剂等,采用酸、碱或其他溶剂溶解废催化剂中的载体或贵金属,再经分离、提取贵金属的方法,一般包括预处理、溶浸和提取提纯三个过程。其中预处理是为提高贵金属的浸出率,对废催化剂进行的如细磨、焙烧和溶浸等处理。采用湿法提取后的渣[46](图 2-3),一般含有铂族金属为 $50\sim300g/t$、SiO_2 $30\%\sim50\%$、Al_2O_3 $15\%\sim20\%$、MgO $2\%\sim5\%$,失效石油银催化剂采用湿法提取后的渣(图 2-4)[47, 48],依然含有 Ag $100\sim300g/t$,Al_2O_3 含量大于 96%,这些渣载体主要为 Al_2O_3、SiO_2 和少量 MgO,属于高熔点物质,为典型难处理低品位贵金属二次资源。如果采用火法处理,需要配入大量造渣剂,处理成本较高。目前,典型难处理低品位贵金属二次资源先经过炼铅和炼铜的民营企业炼成粗铅和粗铜,经过电解得到电解铅和电解铜,铂族金属进入阳极泥,再从阳极泥中回收铂族金属。此外,失效有机铑催化剂一般以溶液形式产生,铑含量较低,需要加热浓缩后,采用分阶段焙烧和加面粉、锯末等混合再焙烧,从焙烧产物回收铑,此方法存在铑回收率低等问题。失效有机铑催化剂以及其他复杂低品位贵金属物料也属于典型难处理低品位贵金属二次资源[49]。另外,含氟燃料失效电池(图 2-5)含铂高达 $0.5\%\sim1.0\%$,采用湿法工艺处理,由于燃料含氟,设备腐蚀较严重,因此,含氟燃料属于难处理的贵金属二次资源物料。

铂族金属存量稀少、价格昂贵,随着应用技术水平的提高,含 Pt、Pd、Rh 废料中的贵金属含量呈逐步下降趋势,采用湿法工艺提取形成残渣,含量更低,不管废料还是残渣,提取难度加大,这就需要不断提高低品位物料中贵金属的提取分离水平。低品位贵金属物料提取的难度主要体现在两方面:①贵金属成分从很低品位的物料中有效地富集;②各贵金属元素从多元贵金属混合料中高效分离。采用火法工艺富集贵金属、富料造液后,利用溶剂萃取分离各贵金属成分是当前较先进的低品位贵金属废料的回收方法[50, 51]。

图 2-3 失效汽车尾气催化剂湿法提取铂族金属后的残渣

图 2-4　失效石油银催化剂湿法提取银后的残渣

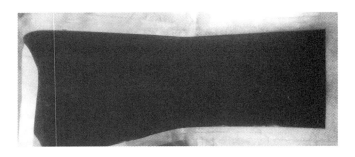

图 2-5　含氟燃料失效电池

2.4　本　章　小　结

本章分析了适用于还原-磨选技术的难处理铁矿资源、各种冶炼渣、红土镍矿、不锈钢粉尘以及贵金属二次资源组成，同时概述了各种矿产资源分布情况。

参　考　文　献

[1]肖永忠, 翟勇, 朱德庆, 等. 超微细贫赤铁矿直接还原磁选实验研究[J]. 金属矿山, 2008(4): 47-49.

[2]童雄, 黎应书, 周庆华, 等. 难选鲕状赤铁矿石的选矿新技术实验研究[J]. 中国工程科学, 2005, 7(增刊): 323-326.

[3]许满兴. 中国鲕状赤铁矿资源的特征与开发利用[J]. 烧结球团, 2011, 36(3): 24-27.

[4]罗立群, 陈敏, 闫浩天, 等. 鲕状赤铁矿磁化焙烧-磁选过程研究[J]. 过程工程学报, 2014, 14(4): 593-598.

[5]袁致涛, 高太, 印万忠, 等. 我国难选铁矿石资源利用的现状及发展方向[J]. 金属矿山, 2007(1): 1-6.

[6]孙炳泉. 近年我国复杂难选铁矿石选矿技术进展[J]. 金属矿山, 2006(3): 11-13.

[7]罗立群. 菱铁矿的选矿开发研究与发展前景[J]. 金属矿山, 2006(1): 68-72.

[8]关中杰, 张良林, 兰尧中. 菱铁矿资源开发及综合应用研究现状[J]. 金属矿山, 2011(1): 54-56.

[9]罗明发, 雷云. 王家滩菱铁矿的选矿实验研究[J]. 矿业快报, 2008(10): 43-45.

[10]李吉利. 大西沟菱铁矿选矿厂工艺改造实践[J]. 矿冶工程, 2009, 29(6): 36-38.

[11]王传龙, 杨慧芬, 蒋蓓萍, 等. 云南某褐铁矿直接还原-弱磁选实验[J]. 金属矿山, 2014(5): 74-77.

[12]朱德庆, 赵强, 邱冠周, 等. 安徽褐铁矿的磁化焙烧-磁选工艺[J]. 北京科技大学学报, 2010, 32(6): 713-716.

[13]张汉泉. 难选赤褐铁矿焙烧-磁选实验研究[J]. 中国矿业, 2006, 15(5): 44-47.

[14]张清岑, 唐玉兴. 低品位铁矿石直接还原新工艺研究[J]. 烧结球团, 1995, 20(5): 13-18.

[15]邓君, 薛逊, 刘功国. 攀钢钒钛磁铁矿资源综合利用现状与发展[J]. 材料与冶金学报, 2007, 6(2): 83-86.

[16]徐丽君, 李亮, 陈六限, 等. 攀西地区钒钛磁铁矿综合回收利用现状及发展方向[J]. 四川有色金属, 2011(1): 1-5.

[17]肖六均. 攀枝花钒钛磁铁矿资源及矿物磁性特征[J]. 金属矿山, 2001(1): 28-29.

[18]王爽, 倪文, 王长龙, 等. 铜尾渣深度还原回收铁工艺研究[J]. 金属矿山, 2014(3): 156-160.

[19]王云, 朱荣, 郭亚光, 等. 铜渣还原磁选工艺实验研究[J]. 有色金属科学与工程, 2014, 5(5): 61-67.

[20]杨慧芬, 景丽丽, 党春阁. 铜渣中铁组分直接还原与磁选回收[J]. 中国有色金属学报, 2011, 21(5): 1165-1170.

[21]李磊, 胡建杭, 王华. 铜渣熔融还原炼铁过程研究[J]. 过程工程学报, 2011, 11(1): 65-71.

[22]王红玉, 李克庆, 倪文, 等. 某高铁二次铜渣深度还原-磁选提铁工艺研究[J]. 金属矿山, 2012(11): 141-144.

[23]王珩. 从炼铜厂炉渣中回收铜铁的研究[J]. 广东有色金属学报, 2003, 13(2): 83-88.

[24]鲁逢霖, 郭玉华, 张颖异, 等. 镍渣直接还原磁选提铁实验[J]. 钢铁, 2014, 49(2): 19-23.

[25]郝文义. 金川冶炼弃渣综合利用研究钢铁冶金部分实验初步小结[J]. 甘肃冶金, 1995(2): 22.

[26]王亚力, 倪文, 马明生, 等. 金川镍渣熔融炼铁及熔渣制备微晶玻璃的研究[J]. 矿产保护与利用, 2008(2): 55.

[27]鲁逢霖. 金川镍渣直接还原磁选提铁实验研究[J]. 酒钢科技, 2014(3): 1-6.

[28]周琦, 南雪丽, 易育强, 等. 镍渣微晶玻璃制备及铁的回收利用[J]. 兰州理工大学学报, 2010, 36(5): 14-18.

[29]白彦贵, 朱果灵, 张柏汀. 金川提镍弃渣提铁基础研究[J]. 钢铁研究学报, 1994, 6(5): 65-72.

[30]乔冠军, 金志浩. 微晶玻璃的发展-组成、性能及应用[J]. 硅酸盐通报, 1994, 13(4): 52-56.

[31]刘述仁, 于站良, 谢刚, 等. 从拜耳法赤泥中回收铁的实验研究[J]. 轻金属, 2014(2): 14-17.

[32]孙建勋. 我国氧化铝赤泥资源的综合利用[J]. 世界有色金属, 2014(6): 28-30.

[33]南相莉, 张廷安, 刘燕, 等. 我国主要赤泥种类及其对环境的影响[J]. 过程工程学报, 2009, 9(增1): 459-460.

[34]朱强, 齐波. 国内赤泥综合利用技术发展及现状[J]. 轻金属, 2009(8): 7-10.

[35]李冬, 潘利祥, 赵良庆, 等. 赤泥综合利用的研究进展[J]. 环境工程, 2013, 31(增刊): 616-618.

[36]李小明, 白涛涛, 赵俊学, 等. 红土镍矿冶炼工艺研究现状及进展[J]. 材料导报, 2014, 28(3): 112-113.

[37]李建华, 程威, 肖志海. 红土镍矿处理工艺综述[J]. 湿法冶金, 2004, 23(4): 191-194.

[38]李艳军, 于海臣, 王德全, 等. 红土镍矿资源现状及加工工艺综述[J]. 金属矿山, 2010(11): 5-8.

[39]宋海琛, 彭兵. 不锈钢粉尘综合利用现状及研究进展[J]. 矿产综合利用, 2004(3): 18-21.

[40] 隋亚飞, 孙国栋, 靳斐, 等. 从不锈钢粉尘中选择性提取 Cr、Ni 和 Zn 重金属[J]. 北京科技大学学报, 2012, 34(10): 1130-1131.

[41] 范传勇. 贵金属二次资源的回收利用与展望[J]. 铜业工程, 2014(3): 28-31.

[42] 周全法, 尚通明. 贵金属二次资源的回收利用现状和无害化处置设想[J]. 稀有金属材料与工程, 2005, 34(1): 7-11.

[43] 朱利霞. 贵金属二次资源化技术进展[J]. 铸造技术, 2009, 30(9): 1184-1187.

[44] 周一康, 李关芳. 我国贵金属二次资源回收技术现状[J]. 稀有金属, 1998, 22(1): 63-66.

[45] 陈锦嫦, 冯晓华. 试论贵金属的二次回收[J]. 科技导报创新, 2014(35): 113.

[46] 范兴祥, 董海刚, 付光强, 等. 还原-磨选法从汽车尾气失效催化剂中富集铂族金属[J]. 稀有金属, 2014, 38(2): 262-268.

[47] 范兴祥, 董海刚, 吴跃东, 等. 硝酸浸出失效催化剂提银的实验研究[J]. 矿冶工程, 2013, 33(2): 78-80.

[48] 付光强, 范兴祥, 董海刚, 等. 贵金属二次资源综合回收技术现状及展望[J]. 贵金属, 2013, 34(3): 73-79.

[49] Fan X X, Liu Y, Dong H G, et al. Research on experimental and application for the high efficient enrichment of the low-grade precious metal materials[J]. Precious Metal, 2012, 33(S1): 11-17.

[50] 曲志平, 邓秋凤. 低品位铂钯铑物料中贵金属的提取分离研究[J]. 中国资源综合利用, 2013, 31(9): 9-11.

[51] 曲志平, 王光辉, 闫丽. 碱焙烧富集汽车尾气净化催化剂中有价金属的研究[J]. 中国资源综合利用, 2010, 30(5): 25-28.

第3章 还原-磨选新技术处理含铁资源的应用

3.1 还原-磨选新技术处理难选铁矿资源的应用

3.1.1 贫赤铁矿

赤铁矿为难选铁矿之一，还原-磨选是处理难选赤铁矿有效的方法之一。目前，广大冶金工作者对赤铁矿进行大量研究，取得重要进展。

1.煤基还原-磨选

张朝英等[1]对云南省召夸镇的细粒嵌布贫赤铁矿石进行了研究，对原矿进行了扫描电镜分析，结果如图 3-1 所示。图 3-1 中亮处为铁矿物，暗处为脉石矿物，亮度越高表明含铁量越高。铁矿物粒度很细，大多数小于 20μm。对原矿进行化学多元素分析，结果如表 3-1 所示。由表 3-1 可知：矿石铁品位较低，仅为 26.78%，SiO_2 含量高达 19.65%，Al_2O_3 含量达到 15.34%，有害元素硫、磷的含量较低，分别为 0.018%和 0.17%。

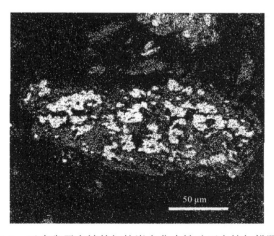

图 3-1 云南省召夸镇的细粒嵌布贫赤铁矿石电镜扫描照片

表 3-1　原矿化学多元素分析结果

元素	TFe	SiO₂	Al₂O₃	MgO	CaO	S	P	MnO	LOI
含量/%	26.78	19.65	15.34	0.35	0.882	0.018	0.17	0.18	25.3

实验方法：①将矿样用颚式破碎机和对辊破碎机破碎至 2mm 以下，并用棒磨机磨至-150 目且含量占 92%；②使流化床反应器中 H_2 与 N_2 的体积比为 1∶4，并调节气速使流化床处于鼓泡床和湍动床状态；③将磨细的矿样置于流化床中，在一定温度下直接还原焙烧一定时间；④还原矿经二段磨矿后，用磁选管磁选分离得到铁精矿和尾矿。

实验主要考察还原温度和还原时间对铁矿石金属化率的影响以及磨矿细度和磁场强度对精矿铁品位和回收率的影响。

实验结论：向流化床中通入 H_2 与 N_2 的体积比为 1∶4 的混合气体，将磨矿细度为-150 目的原矿在还原温度为 700℃、还原时间为 70min 的条件下进行还原焙烧，还原矿细磨至平均粒径为 3.98μm，在磁场强度为 63.66kA/m 的磁选管中选别，获得精矿品位为 73.04%、回收率为 77.28% 的良好指标。

文献[2]报道，尽管赤铁矿通过深度还原工艺处理，嵌布粒度细的赤铁矿等难选铁矿石可得到有效还原，但此类矿石的深度还原熟料中铁产物的粒度相对较细，致使后续选别困难，因此还原熟料需要一定的磨矿使金属铁颗粒与其他物料分离，不同的磨矿细度对分选指标影响很大。适宜的磨矿细度既能保证有用矿物较完全解离，又不至于造成过粉碎而恶化选别效果，如对澳大利亚某大型赤铁矿山进行研究，其矿石的化学多元素分析结果见表 3-2，矿物组成分析结果见表 3-3。

表 3-2　铁矿石化学多元素分析结果

元素	TFe	FeO	SiO₂	Al₂O₃	CaO	MgO	S	P	TiO₂	Mn
含量/%	52.03	0.20	6.42	6.70	0.47	0.23	0.04	0.03	0.35	0.365

表 3-3　矿石矿物组成分析结果

矿物成分	赤铁矿	针铁矿	石英	黑云母
含量/%	67.15	4.60	22.60	5.65

表 3-2 表明，矿石全铁品位为 52.03%，矿石中有用铁矿物以 Fe_2O_3 为主，磁性铁（FeO）含量低。该矿石中铝和硅元素的含量比较高，说明矿石中除石英外，可能有一定量的铝硅酸盐脉石矿物。表 3-3 表明，金属矿物主要为赤铁矿，其次为针铁矿，非金属矿物主要为石英，其次为黑云母。有少量的铁存在于黑云母等硅酸盐晶

体结构中，采用常规的选矿方法不能加以回收和利用。此外，铁物相分析结果表明，此矿石中约有 93.6% 的铁存在于赤铁矿中，另约有 6.4% 的铁存在于针铁矿中。通过单因素实验，确定较适宜的深度还原条件，见表 3-4。实验流程见图 3-2。

表 3-4　适宜的深度还原条件

还原温度/℃	还原时间/min	料层厚度/mm	配煤过剩倍数	还原煤粒度/mm	矿石粒度/mm
1250	50	30	2.0	-2.0	-2.0

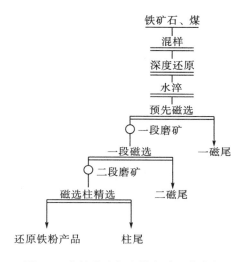

图 3-2　高效分选探索性实验工艺流程

实验结论：

(1)经磨矿-磁选实验研究，确定了还原熟料适宜的磨矿粒度和磁选工艺流程。磨矿阶段选别工艺流程可作为细粒赤铁矿石深度还原熟料高效分选的流程。

(2)预先选别可以有效脱除还原熟料中过剩的还原剂，并使金属铁颗粒和磁性铁矿物得到有效富集。在适宜的磨矿粒度下，采用电磁精选机进行精选可充分抛除夹杂在铁颗粒之间的脉石。

(3)在磨矿细度为 -0.074mm 的一段磨矿占 11%，磨矿细度为 -0.074mm 的二段磨矿占 77% 或 93%，电磁精选磁场强度为 7.3kA/m 条件下分选深度还原熟料，均可获得性能优异的深度还原铁粉产品。其铁回收率和铁品位大于 86%。

李艳军等[3]以某洗精煤为还原剂，采用深度还原-弱磁选工艺对该矿石合理的深度还原工艺参数进行了研究。结果表明：还原温度和还原时间是影响该矿石深度还原效果的主要因素；在配煤过剩倍数为 2.0、还原温度为 1250℃、还原时间为 50min、料层厚度为 30mm 情况下的深度还原熟料，经磨矿(-200 目含量约为

80%)、一次弱磁选（磁场强度为 107kA/m），可获得全铁品位为 78.13%、铁回收率为 98.19%的金属铁粉。因此，深度还原-弱磁选工艺是该矿石开发利用的有效工艺。

针对传统选矿工艺条件下宣龙式鲕状赤铁矿难以富集的问题，李克庆等[4]提出了采用焙烧还原-磁选提铁，然后利用提铁尾矿生产胶凝材料的整体综合利用思路。通过实验研究，确定宣龙式铁矿深度还原提铁的最佳工艺条件：焙烧还原温度 1200℃，还原剂用量 30%，焙烧还原时间 60min，磨矿细度-45μm 且含量占 96.19%，磁场强度 111kA/m。在此条件下得到的铁精矿品位为 92.53%，铁元素的回收率为 90.78%。

沈慧庭等[5]针对难选鲕状赤铁矿，在实验室条件下采用磁化焙烧-磁选工艺制取铁精矿和直接还原工艺制取海绵铁，研究了还原时间、温度、还原剂用量等对两种焙烧过程的影响。研究结果表明：采用无烟煤作还原剂，在 850℃时焙烧 45min 的焙烧矿经过磁选后获得铁精矿品位达到 61.60%，回收率达到 96.65%；采用直接还原在环状装料方式下还原焙烧，利用无烟煤和碳酸钙的混合物作还原剂，在 1050℃时焙烧 5.0h，经过磁选得到的海绵铁的品位、金属化率和回收率可分别达到 89%、90%和 85%。其中，还原焙烧温度对铁精矿各项指标的影响见图 3-3。从图 3-3 可知，还原焙烧温度对铁的回收率影响很显著。在 750℃时，精矿的回收率很低；随着还原温度的升高，在 850℃时精矿的各项指标都达到了最大值；温度再升高，各项指标开始下降。

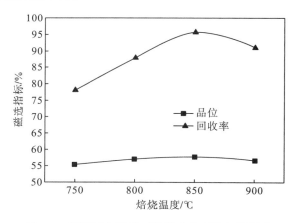

图 3-3　还原焙烧温度对铁精矿各项指标的影响

从图 3-4 可知，温度越高，海绵铁的金属化率和铁的回收率越高，在 900℃时只有极少量铁的氧化物被还原成金属铁，所以铁的回收率不足 10%。这是由于温度和 CO 的浓度不足使铁的氧化物在指定的时间内脱除氧。随着温度的不断升高，对碳的气化反应越有利，CO 浓度增加，氧化铁被还原就越来越充分，铁的金属化率和回收率得到明显提高。

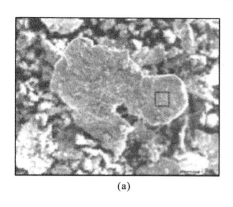
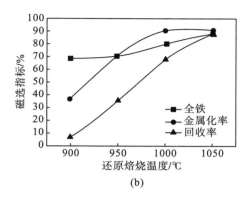

(a)　　　　　　　　　　　　　　　(b)

图 3-4　还原焙烧温度对海绵铁各项指标的影响

　　我国高磷鲕状赤铁矿结构复杂，矿石中赤铁矿嵌布粒度极细，且常与鲕绿泥石、磷灰石等其他矿物共生，互相包裹，选矿极其困难。另外，我国的鲕状赤铁矿铁品位低，含磷高，这无疑加大了选炼矿的难度和成本。因此，我国鲕状赤铁矿要想实现高效利用，关键在于提高铁品位和降低磷质量分数两个方面，为此闫方兴等[6]采用配加脱磷剂还原焙烧和磁选工艺对鲕状赤铁矿进行处理，以期达到提铁降磷的目的。

　　实验所用鲕状赤铁矿主要化学成分见表 3-5。还原剂为某地普通煤粉，粒度为0~3mm，其工业及化学成分分析结果如表 3-6 所示。

表 3-5　原矿中化学成分分析结果

元素	TFe	SiO$_2$	CaO	Al$_2$O$_3$	MgO	V$_2$O$_5$	K$_2$O	P	S
含量/%	50.47	12.12	2.90	6.58	0.22	0.14	0.58	1.1.6	0.06

表 3-6　还原剂工业及化学成分分析结果

成分	灰分	挥发分	固定碳	分析水
含量/%	7.56	37.76	49.44	5.24

　　将试样磨制成光片，采用 DMRX 德国徕卡偏光显微镜和扫描电镜进行矿相观察，观察结果：铁矿物主要为鲕状赤铁矿，脉石为黏土脉石，与鲕状赤铁矿共生在一起，脉石粒度非常细小，其次脉石含有石英和磷灰石，其表面形貌见图 3-5。

　　实验方法：直接还原是在高温箱式电阻炉中进行，实验前先将原矿用颚式破碎机粉碎至 5mm 以下，计算配煤量。

　　取煤粉总量的 2/3（剩余煤粉均分 2 份作铺底和铺顶料）与矿料混合，加入脱磷剂，混匀后按环状装料方式装入带盖耐高温刚玉坩埚，放入马弗炉中焙烧。马弗

炉升温程序参数设定为：预热 1h 由常温升至 500℃，加热升温 4h 由 500℃升温至
1100℃，在 1100℃保温 9h，降温 4h 由 1100℃降至 500℃，冷却 2h 由 500℃冷却
至 100℃，取出自然冷却至室温，实验流程见图 3-6。

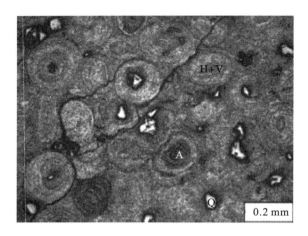

图 3-5　鲕状赤铁矿扫描电镜效果图

反光 H＋V 处为赤铁矿加黏土脉石；Q 处为石英；A 处为磷灰石

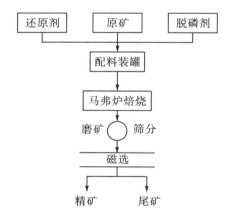

图 3-6　直接还原-磁选实验流程

　　实验中脱磷剂种类与配比对铁精矿质量的影响结果如下：在 1 号脱磷剂和 2
号脱磷剂配比分别为 5%、10%、15% 和 20% 时，还原后的铁矿细磨粒度小于 0.047mm
占 80%，磁选强度 192kA/m 的实验条件下所得精矿铁品位、铁回收率与 P 的质量
分数 $w(P)$ 的关系见图 3-7 和图 3-8。

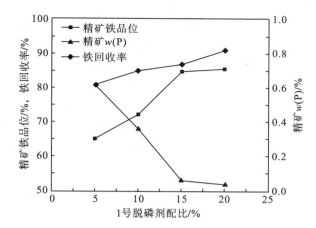

图 3-7 1 号脱磷剂配比对精矿质量的影响

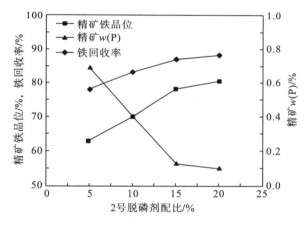

图 3-8 2 号脱磷剂配比对精矿质量的影响

由图 3-7 和图 3-8 可以看出：在其他条件不变的情况下，随着脱磷剂配比的增加，所得精矿铁品位和回收率不断增加，$w(P)$ 不断降低，但是当配比大于 15% 时，增加脱磷剂用量对精矿铁品位、铁回收率和 $w(P)$ 的影响变缓，而 1 号脱磷剂的脱磷效果要高于 2 号脱磷剂，故而选定 1 号脱磷剂，配比为 15%。脱磷剂的主要作用是在焙烧过程中与原矿中的磷发生反应，生成无磁性的化合物，从而在磁选过程中将磷去除，同时还可以降低还原焙烧过程中铁的还原温度，促进铁的还原。另外，通过对还原产物的成分结果分析，对比原矿的 $w(P)$ 可以发现，一部分磷在焙烧过程中以气化脱磷的形式除去。两种脱磷渠道双管齐下，降磷效果极其明显，$w(P)$ 从 0.8% 降到 0.1% 以下。

实验结果如下：①实验所用高磷鲕状赤铁矿结构复杂，铁矿物嵌布粒度细且 $w(P)$ 高，是我国储量丰富的极难选矿种之一；②采用加入脱磷剂还原焙烧-磨矿-磁选工艺处理高磷鲕状赤铁矿，所得精矿铁品位高，铁回收率较高，$w(P)$ 明显降低,初步达到了提铁降磷的目的;③在 1 号脱磷剂配比15%、磨矿粒度小于0.047mm 占 80%、磁场强度 192kA/m 的最佳选矿工艺条件下,得到了铁品位 84.56%、铁回收率 87%、$w(P)$ 为 0.056%的精矿,所得铁精矿三个主要质量指标都有很大的改善,但磷含量仍然稍高,还需要进一步处理。

为强化还原过程,李解等[7]研究以活性炭为还原剂(表 3-7)、氩气为保护气,采用微波还原焙烧的方法,将三种低品位赤铁矿(表 3-8)还原为磁铁矿,并研究微波还原焙烧温度、碳含量、保温时间及微波输出功率对其磁选指标的影响规律。

表 3-7　活性炭成分

成分	固定碳	水	灰分	S	挥发分
质量分数/%	98.00	0.25	1.00	0.25	0.50

表 3-8　低品位铁矿物主要成分(质量分数)　　　　　　(单位：%)

矿样	TFe	FeO	SiO$_2$	P	S	F	Nb$_2$O$_5$	REO	K$_2$O	Na$_2$O	其他
1 号矿	42.00	1.10	7.85	0.44	1.28	5.50	2.76	2.05	0.26	0.98	35.18
2 号矿	30.00	2.30	10.12	0.87	0.89	7.89	0.25	9.90	0.38	0.63	38.77
3 号矿	17.00	1.50	17.67	1.01	2.46	15.45	0.16	5.89	0.46	1.36	37.04

结果发现：对相同质量三种赤铁矿进行微波还原焙烧,随配碳量的增加,其升温速率加快,且三种赤铁矿具有相似的微波还原焙烧规律,即在 570～650℃、理论配碳量相同、微波输出电压 220V 及保温 10min 的条件下,其还原产物弱磁选后的品位和回收率均达到最佳,且磁铁精矿经细磨-二次磁选后,铁品位均能提高到 60%以上。该研究对开发低品位赤铁矿的选冶技术新流程有重要指导意义。

2.气基还原-磨选

上述的还原-磨选为煤基直接还原-磨选法,煤基还原存在还原温度高、能耗高、磁选精矿含碳量高和产生温室气体等缺点。因此,余建文等人[8]开展了鞍山式赤铁矿预选粗精矿悬浮态磁化焙烧-磁选实验研究,因悬浮态焙烧具有传热传质效率高、耗低等突出优点,悬浮态磁化焙烧成为近年来的研究热点。

实验所用原料为东鞍山铁矿磁选预选精矿,试样经混匀、取样、分别进行原矿化学多元素分析、铁物相分析及 XRD 分析,结果见表 3-9、表 3-10 和图 3-9。

表 3-9　原矿化学组成分析

成分	TFe	FeO	SiO$_2$	Al$_2$O$_3$	CaO	MgO	P	S	LOI
质量分数/%	41.65	6.88	35.73	0.69	0.71	0.57	0.03	0.06	2.63

表 3-10　原矿铁物相分析（质量分数）

矿物相	磁铁矿	碳酸铁	赤铁矿	硫化铁	硅酸铁	TFe
质量分数/%	11.74	1.06	28.08	0.39	0.42	41.69
占有率/%	28.16	2.54	67.35	0.94	1.01	100

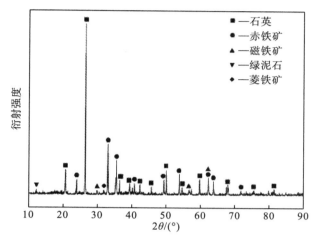

图 3-9　原矿 XRD 分析图谱

据表 3-9、表 3-10 可知：原矿铁品位为 41.65%，且以赤铁矿形式存在为主，占有率为 67.35%；矿石中 SiO_2 质量分数为 35.73%，有害元素 P 和 S 质量分数较低。由图 3-9 可知：该预选精矿主要由石英、赤铁矿和磁铁矿组成，另外含有少量的菱铁矿和绿泥石。

粒度分布分析表明，原料细度小于 0.074mm 的质量分数占 70.31%，铁主要分布于小于 0.038mm 粒级中。

实验设备：实验中所使用的间歇式悬浮焙烧炉是由东北大学与沈阳鑫博工业技术股份有限公司共同研制。该悬浮焙烧装置由给料系统、电加热与温度控制系统、气固分离系统、物料收集系统等组成，其结构示意图如图 3-10 所示。

实验过程中，当温度升至预定值时，首先将 N_2 由炉膛底部引入焙烧炉腔内以排空炉腔内的空气，然后通过调节气体阀门控制和调整一定流量的 N_2 和 H_2 通入焙烧炉内，并将准备好的细粒原料（100g/份）由给料装置给入焙烧炉中进行磁化焙烧，完成焙烧后关闭加热系统并向焙烧炉内通入 N_2 以排空炉内残留的还原性气体 H_2，待焙烧物料冷却至 350℃以下时取出空冷至室温。

焙烧、冷却物料经实验室小型锥形球磨机（XMQ–Ø150×50）磨细至小于 0.038mm 粒级质量分数占 85% 后，缩分出 10.0g 子样本进行戴维斯磁选管（XCGS–50）实验，磁场强度为 80kA/m。磁选精矿和尾矿分别烘干、称量和化验

Fe 质量分数以计算铁回收率。

采用实验室间歇式悬浮态反应炉作为磁化焙烧装置，以高纯 N_2 和 H_2 的混合气体作为还原气体，考察 450~700℃下某鞍山式赤铁矿预选粗精矿磁化焙烧–磁选的影响因素。

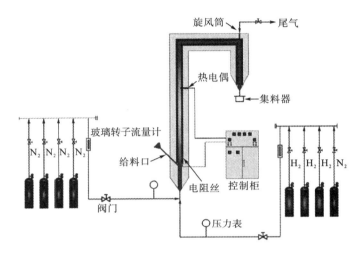

图 3-10　悬浮焙烧炉结构示意图

气体流量对磁化焙烧过程的影响：悬浮态磁化焙烧实验过程中，首先在焙烧温度为 600℃，物料循环次数为 1 次，H_2 体积分数为 20%[还原气体中 H_2 与 N_2 的体积流量比（$Q_{H_2} : Q_{N_2}$）为 1:4]的条件下，分别考察气体流量为 6，8，10，12 和 14m³/h 时对焙烧效果的影响，对不同气体流量下焙烧后的物料进行磁选，结果如图 3-11 所示。

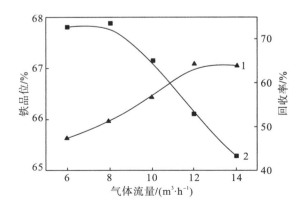

1-铁品位；2-铁回收率

图 3-11　气体流量对磁化焙烧效果的影响

由图 3-11 可知：在气体流量为 6～8m³/h 范围内，磁选精矿铁品位及回收率均随着气体流量的增大而升高；当气体流量为 8m³/h 时，铁回收率达最大值 73.75%；继续增大气体流量至 14m³/h 时，铁回收率则呈现急剧下降的趋势；当气体流量为 14m³/h 时，铁回收率降至 43.12%。磁选精矿铁品位变化规律较简单，随着气体流量的不断增大，品位总体上呈现不断升高的趋势；当气体流量为 12m³/h 时，铁回收率升至最大值 67.09%；进一步增大气体流量至 14m³/h 时铁品位几乎保持不变。这主要是由于气体流量增大，相应的气体表观流速变大，物料在悬浮焙烧炉内停留时间短，磁化反应不完全，回收率逐渐降低。综上分析，适宜的气体流量确定为 8m³/h。

焙烧温度对磁化焙烧过程的影响：实验确定适宜的气体流量为 8m³/h，在物料循环次数为 1 次，H_2 体积分数为 20%（$Q_{H_2}:Q_{N_2}=1:4$）的条件下，分别考察了焙烧温度 450，500，550，600，650 和 700℃对焙烧效果的影响，对不同焙烧温度下焙烧后的物料进行磁选，结果如图 3-12 所示。

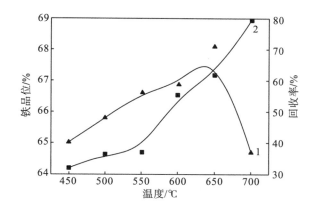

1-铁品位；2-铁回收率

图 3-12　焙烧温度对磁化焙烧效果的影响

由图 3-12 可知：在焙烧温度为 450～650℃范围内，磁选精矿的铁品位及回收率均随着焙烧温度的升高而逐渐增大；当温度为 650℃时，精矿铁品位达最大值 68.07%；继续升高温度至 700℃时，铁品位则急剧下降至 64.69%，铁回收率则进一步提高至 79.59%。这主要是由于温度越高，物料的磁化反应速率越快，赤铁矿等向磁铁矿转化率越高，因而铁回收率逐步提高；但当温度升高至 700℃时，原料中的含铁绿泥石在还原性气氛下可转变为橄榄石包裹型的磁铁矿，在后续磁选过程中进入精矿中从而降低精矿铁品位。因此，确定适宜的焙烧温度为 650℃。

氢气体积分数对磁化焙烧过程的影响：实验确定了适宜的气体流量为 8m³/h，焙烧温度为 650℃，在物料循环次数为 1 次的条件下，分别考察氢气体积分数为

10%，20%，30%，40%和 50%对磁化焙烧效果的影响，对不同氢气体积分数下焙烧后的物料进行磁选，结果如图 3-13 所示。

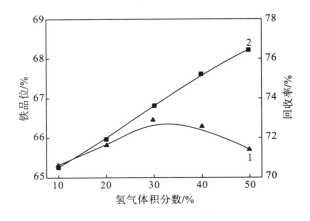

1-铁品位；2-铁回收率

图 3-13   焙烧温度氢气体积对磁化焙烧效果的影响

由图 3-13 可知：在氢气体积分数为 10%～30%范围内，磁选精矿铁品位及回收率均随着氢气体积分数的升高而逐渐增大；当氢气体积分数为 30%时，精矿铁品位为 66.44%，回收率为 73.62%；继续升高氢气体积分数至 40%时，精矿铁品位降低为 66.27%，回收率则提高至 75.21%，进一步升高氢气体积分数至 50%时，精矿铁品位则进一步降为 65.70%，回收率缓慢提高至 76.43%，提高幅度较小。这主要是由于氢气体积分数的提高，促进了还原性气体 H_2 向原料中赤铁矿等含铁矿物颗粒表面的扩散，从而提高了磁化反应效率，相应地磁选铁精矿中铁的回收率逐步提高。因此，确定适宜的氢气体积分数为 40%。

另外，实验在气体流量为 $8m^3/h$、焙烧温度为 650℃及氢气体积分数为 40%的条件下，分别考察物料循环 1 次、2 次、3 次、4 次和 5 次对磁化焙烧效果的影响，对不同物料循环次数下焙烧后的物料进行磁选。结果表明，在物料循环次数为 1～3 次范围内，磁选精矿铁回收率随着循环次数(焙烧时间)的增加而逐渐升高，当物料循环 3 次时，精矿铁回收率达到最佳值 88.10%；磁选精矿铁品位随着物料循环次数的增加而逐渐下降，当物料循环 3 次时，精矿铁品位由循环 1 次时的 66.89% 降低至 65.46%。继续增加循环次数，精矿铁回收率呈现缓慢下降的趋势；当循环 5 次时，精矿铁回收率降至 86.40%，精矿铁品位基本维持在常数 65.0%以上不变。这主要是由于适当地增加物料循环次数(焙烧时间)，原料中赤铁矿等含铁矿物向磁铁矿转化反应越充分，但物料循环次数超过 3 次后，由于物料在焙烧炉内停留时间过长，可能导致新生磁铁矿发生过还原向弱磁性的富士体(FeO)转变，从而降低了铁的回收率。综上分析，适宜的物料循环次数确定为 3 次。此时，所得磁选精矿铁品位为 65.46%，铁回收率达 88.10%。

焙烧物料产品物相及结构分析：为探明焙烧过程中铁矿物的物相转化规律，对最佳焙烧条件下(气体流量为 $8m^3/h$，焙烧温度为 650℃，氢气体积分数为 40% 及物料循环 3 次)的焙烧物料产品进行了 XRD 分析、铁物相分析及光学显微结构分析。

焙烧后物料的 XRD 图谱分析结果表明，经悬浮磁化焙烧后，原料中的赤铁矿已经大部分转化为磁铁矿，但仍残留未反应完全的赤铁矿。对焙烧后的物料铁进行物相分析，结果见表 3-11。从表 3-11 与原料的铁物相分析结果(表 3-10)相比，经悬浮磁化焙烧后物料的铁质量分数由焙烧前的 41.69%提高至 43.57%，相应的赤铁矿的占有率由 67.35%降低至 7.48%、磁铁矿的占有率由 28.16%提高至 90.02%。结果表明：仍有部分残留的赤铁矿未完成向磁铁矿转化，这与焙烧后物料的图谱分析结果是一致的。这可能是由于部分粗粒赤铁矿仅表面发生了磁化反应转变为磁铁矿，但颗粒内部仍保留为赤铁矿的晶格。

表 3-11　焙烧后物料铁物相分析

矿物相	磁铁矿	碳酸铁	赤铁矿	硫化铁	硅酸铁	TFe
质量分数/%	39.22	0.34	3.26	0.24	0.51	43.57
占有率/%	90.02	0.78	7.48	0.55	1.17	100

结论：

(1)东鞍山铁矿预选精矿中铁质量分数为 41.65%，其中铁主要以赤铁矿和磁铁矿的形式存在，部分以菱铁矿的形式存在；主要脉石矿物为石英，绿泥石等。

(2)对于东鞍山铁矿预选精矿，以高纯 H_2 和 N_2 混合气体为还原剂，在适宜的气体流量为 $8m^3/h$、焙烧温度为 650℃、H_2 体积分数为 40% 及物料循环 3 次的工艺条件下，焙烧物料通过磁选可获得铁品位 65.46%、回收率 88.10%的优质铁精矿。

(3)采用"预富集-悬浮态磁化焙烧-磁选"技术处理鞍山式赤铁矿资源是一项全新的尝试，并取得了优异的技术指标，为我国其他类型难选铁矿资源的高效开发利用具有借鉴意义。

在强化还原和提高还原效率方面，吴道洪博士引用公开一种转底炉直接还原-磨选处理高磷鲕状赤铁矿的炼铁方法(专利申请号：2011101390608)，即首先将一定量的煤、铁矿及脱磷剂混合后造球，干燥后将生球布入转底炉加热到 1100～1350℃，保温时间为 25～40min，然后将 600～1100℃的高温还原铁料直接送入水中冷却后进行细磨选别，细磨选别后的铁料用高温失氧废气进行烘干后造块，形成块状铁料。此方法工艺简单、流程短、效率高、不需焦煤、适于处理高磷鲕状赤铁矿。

3.1.2　褐铁矿

我国褐铁矿储量非常大，但由于褐铁矿具有化学成分不固定、含铁量很不稳定、水分含量变化大、碎磨过程中容易过粉碎等特殊性质，属于极难选铁矿石。目前我国褐铁矿资源利用率极低，在铁矿优质开采枯竭的当代，针对褐铁矿研究较多，取得了较多成果，其中还原-磨选方法为研究热点之一，具体情况如下：

王传龙等[9]对云南某难选褐铁矿石的开发利用进行研究，主要铁矿物褐铁矿呈微细粒嵌布，绝大多数与脉石共生，且共生关系密切，部分呈细针状、纤细状或集合体存在，磁铁矿含量极低。脉石矿物主要为石英和其他黏土类矿物。试样直接磨矿，泥化现象严重，分选效果较差。试样主要化学成分分析结果见表3-12，铁物相分析结果见表3-13。

表 3-12　试样主要化学成分分析结果

成分	Fe	P	S	C	SiO_2	Al_2O_3	CaO	MgO	Na_2O	K_2O
含量/%	36.57	0.30	0.089	0.96	15.62	4.02	2.38	4.06	0.33	0.24

表 3-13　试样铁物相分析结果

铁物相	含量/%	分布率/%
褐铁矿中的铁	35.55	97.21
碳酸盐矿物中的铁	0.13	0.36
磁铁矿中的铁	0.89	2.43
全铁	36.57	100.00

由表 3-12 和表 3-13 可见，试样中有回收价值的元素为铁，主要以褐铁矿形式存在，占全铁量的97.21%。

实验方法：将碎至 0～2mm 的试样与粒度为 0～2mm 的褐煤粉及助熔剂按一定比例(均为与试样的质量比)混匀，加入带盖石墨坩埚中，待 CD-1400X 型马弗炉内温度达到设定温度后，将装有反应物的坩埚放入炉内反应一定时间，焙烧产物经水淬冷却后烘干，用 PK/BR 三辊四筒智能棒磨机磨矿、CXG-90A 型磁选管弱磁选，对焙烧产物进行扫描电子显微镜(SEM)观察和 X 线衍射(XRD)分析，对金属铁粉进行主要化学成分分析。

结果表明：在试样、褐煤、CaO 质量比为 100∶20∶15，焙烧温度为 1150℃，焙烧时间为 50min 条件下，焙烧产物的 XRD 和 SEM 分析结果分别见图 3-14 和图 3-15，从图中可以看出，铁矿物被还原成了颗粒饱满、形状规则的单质铁，粒径大多在 50μm 左右，与脉石的界面清晰，为磨矿过程中较好地实现铁颗粒与脉石矿

物的解离创造了条件；一段磨矿细度-0.045mm 占 86.66%、一段弱磁选磁场强度为
199.04kA/m、二段磨矿细度-0.045mm 占 99.73%、二段弱磁选磁场强度为 111.46kA/m
条件下，可获得铁品位为 93.17%、铁回收率为 88.43%的金属铁粉，金属铁粉主要
化学成分分析结果见表 3-14，该金属铁粉杂质含量低，满足炼钢质量要求。

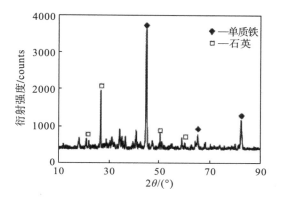

图 3-14　焙烧产物的 XRD 图谱

图 3-15　焙烧产物的 SEM 照片

表 3-14　金属铁粉主要化学成分分析结果

成分	TFe	C	P	S	SiO_2	Al_2O_3	CaO	MgO	Na_2O	K_2O
含量/%	93.17	0.16	0.04	0.05	1.18	1.17	1.42	1.35	0.089	0.038

　　高照国等[10]采用直接还原-焙烧-磁选工艺，对湖南某地难选褐铁矿进行实验
研究，实验样品：矿石样品中的金属矿物主要有赤铁矿、褐铁矿、针铁矿、磁铁
矿、锂硬锰矿等。脉石矿物主要有高岭石、伊利石、绢云母等。矿石的结构以隐
晶质胶状结构为主，也有结晶鳞片状结构等。样品化学分析结果见表 3-15。

表 3-15   样品化学分析结果

成分	TFe	Mn	FeO	SiO₂	Al₂O₃	CaO	MgO	P	S	LOI
含量/%	40.94	4.38	0.10	2.02	11.64	0.11	0.28	0.016	0.040	9.56

采用无烟煤作还原剂,使用前先经过干燥、混匀、磨细至-0.38mm 粒级占98%。其成分分析结果见表 3-16。添加剂 $CaCO_3$ 为分析纯试剂。

表 3-16   无烟煤成分分析结果

成分	灰分/%	挥发分/%	S 含量/%	发热量/kJ	水分/%
含量	10~15	8~12	0.62	27.3~29.4	8

实验方法:将细度为-2mm 的原矿样品与还原剂煤粉以及添加剂混合造球,球团粒径 10~15mm,制得的球团在 105℃下烘干。焙烧实验采用石墨坩埚装料在高温箱式炉中进行,为保证炉内充分的还原气氛,盖煤量为球团质量的 33%。在选定的温度下保温一段时间后,焙烧矿进行水淬处理,球团经棒磨机磨细后,通过鼓式湿式磁选机进行磁选实验。以焙烧后样品的铁金属化率考察焙烧效果,以磁选精矿品位以及回收率考察磁选效果。

通过焙烧条件实验和磁选条件实验结果,制定出的最优工艺流程如图 3-16 所示。

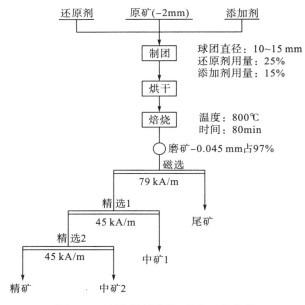

图 3-16   直接还原焙烧-磁选工艺流程

通过对矿样的直接还原焙烧条件实验以及磁选条件实验研究，确定最佳焙烧及磁选工艺参数：原料粒度-2mm，焙烧温度 1150℃，$CaCO_3$ 用量为矿量的 15%，煤添加量为矿量的 25%，盖煤量为球团质量的 33%，保温时间 2h，一段磨矿粒度-0.045mm 粒级占 97%，一次粗选场强 79kA/m，两次精选场强 45kA/m。

在此条件下，矿物焙烧金属化率 95.24%，得到的铁精矿产品铁品位 80.61%，回收率 88.58%，获得的铁精矿成分见表 3-17，显微镜下观察，精矿中的金属铁呈球状、海绵状存在，有的金属铁粒度在 5μm 以下，且和其他矿物形成夹杂状态，难以有效解离，制约了精矿品位的提高。

表 3-17　铁精矿多项分析结果

成分	TFe	P	Mn	SiO$_2$	Al$_2$O$_3$	MgO	CaO	S
含量/%	80.61	0.15	2.41	10.12	3.85	0.10	2.41	0.30

张茂等[11]针对云南某褐铁矿开展磁化焙烧-磁选工艺实验，经工艺矿物学研究，云南某地褐铁矿石主要铁矿物为褐铁矿，褐铁矿多呈不规则状集合体产出，由其构成的基底中常嵌布粒度细小的石英、绢云母等脉石矿物形成"水磨石"式的交生关系，其中部分随着杂质矿物的减少可过渡为致密状集合体。对矿样加入含量为 5%，在焙烧温度 900℃、焙烧时间 40min 条件下取得焙烧矿，采用连续磨矿，磨至-0.074mm 粒级占 60%左右，经弱磁一次粗选和两次精选简单流程选别，取得精矿产率 52.56%（对原矿）、精矿 TFe 品位 62.19%、回收率 86.99%的指标。

氯化钠、氯化钙等氯化物盐类作为还原过程中的一种添加剂，得到广泛研究应用。王在谦等[12]针对该类难选高铝硅褐铁矿（化学成分见表 3-18、主要矿物含量见表 3-19），在常规选矿工艺无法获得理想选矿指标的情况下，以还原焙烧为基础，采用氯化离析焙烧-磁选工艺得到较好的选矿指标（工艺流程见图 3-17）。

在氯化剂用量 10%、还原剂用量 20%、焙烧温度 1000℃、焙烧时间 60min、磨矿粒度-0.038mm 粒级占 97%、磁场强度 133.33kA/m 条件下，可获得全铁含量 70.41%、回收率 75.72%、Al_2O_3 含量 4.26%、SiO_2 含量 7.89%的 H65Ⅱ类铁精矿。高温条件下，氯化剂依靠褐铁矿高温分解出的水蒸气水解为高活性 HCl 气体，HCl

表 3-18　难选高铝硅原矿化学成分

成分	TFe	SiO$_2$	Al$_2$O$_3$	S	P	CaO	MgO	碱性系数
含量/%	34.73	13.88	26.1	0.092	0.48	0.56	0.94	0.04

表 3-19　原矿中主要矿物及其含量

矿物	褐铁矿	赤铁矿	高岭石	蒙脱石	勃姆石	叶腊石	石英	石膏	伊利石
含量/%	62.26	8.31	14.27	4.36	3.12	2.86	2.83	1.15	0.84

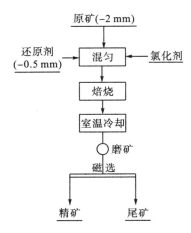

图 3-17　氯化离析焙烧选实验流程

气体与矿石中金属氧化物发生反应，快速生成挥发性金属氯化物 $MeCl_x$，金属氯化物 $MeCl_x$ 受碳质还原剂强烈吸附，在还原气氛中离析并覆盖在还原剂表面。此外，氯化剂(碱金属盐)能使铁氧化物的点阵发生畸变，产生微孔，还原气氛可以通过缺陷扩散到反应界面，使还原作用更充分，这样不仅可以有效地将非磁性褐铁矿还原为强磁性磁铁矿，而且在金属氧化物离析过程中，改变各矿物间的嵌布关系，有利于后续有用矿物的磁选富集。

　　为强化还原，陈斌等[13]以褐煤为还原剂，采用微波加热的方法对印尼某褐铁矿进行磁化焙烧，然后对焙烧产品进行弱磁选，得到较好的实验结果，实验原料见表 3-20，实验流程见图 3-18。

表 3-20　原矿化学多元素分析结果

成分	TFe	Al$_2$O$_3$	SiO$_2$	MnO	P	S	Ig
含量/%	48.92	8.16	4.24	0.77	0.048	0.11	11.33

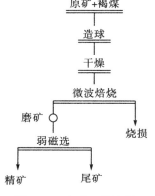

图 3-18　实验工艺流程

实验结果表明:

(1)印尼某褐铁矿微波磁化焙烧-弱磁选的适宜工艺条件为义马褐煤配加量 5.4%、微波功率 1kW、焙烧时间 45min(终点温度 840℃)、焙烧矿磨矿细度-200 目占 97.17%(-325 目占 82.03%、-400 目占 64.15%)、磁场强度 150kA/m。在此条件下,所得精矿的铁品位为 57.28%,铁回收率为 83.95%。

(2)由于微波加热可在矿物内部形成裂纹,因此只需很短的时间就可将焙烧矿磨得很细,这对降低磨矿费用十分有利。

(3)实验所获铁精矿的铁品位偏低,其原因可能是微波加热焙烧的升温速度快,反应产物来不及结晶完全和长大,从而影响了分选效果。如果能通过采取某种措施使物料在合适的温度下保温一段时间,有可能获得更好的磁选指标。

3.1.3 菱铁矿

刘先军[14]对新疆鄯善梧桐沟菱铁矿进行研究,原矿化学多元素分析结果见表 3-21,原矿矿物组成见表 3-22。

表 3-21 鄯善菱铁矿化学多元素分析

元素	TFe	S	FeO	SiO$_2$	CaO	MgO	MnO	Al$_2$O$_3$	P	K$_2$O	Na$_2$O	BaO	Ig
含量/%	41.09	0.391	27.15	4.07	3.52	3.42	2.53	<0.05	0.009	0.043	0.048	<0.05	32.54

表 3-22 原矿矿物组成

矿物名称	菱铁矿	磁铁矿	赤铁矿	黄铁矿、黄铜矿	褐铁矿	铁白云石	脉石矿物(石英、绿泥石、方解石等)
含量/%	81.6	8.0	0.4	0.2	少量	2.0	7.8

鄯善梧桐沟菱铁矿主要铁矿物为菱铁矿,其次为磁铁矿,另有少量的赤铁矿和褐铁矿。脉石矿物含量较少,主要为石英、绿泥石等,在菱铁矿颗粒中伴生有少量的铁白云石。

为确定最佳焙烧温度和焙烧时间,对鄯善梧桐沟菱铁矿进行实验室焙烧温度、焙烧时间条件实验,实验结果表明,650℃和 80min 是该矿的最佳焙烧工艺条件。通过磁化焙烧,大部分菱铁矿变为磁铁矿,经过两次弱磁选流程可获得铁精矿品位 60.37%、精矿产率 80.28%、铁回收率 88.47%的铁精矿。磁化焙烧后硫从 0.572%降至 0.25%,满足入炉要求。

陕西大西沟铁矿是我国已探明的储量最大的菱铁矿矿床,储量约 3 亿 t。20 世纪 70 年代,长沙矿冶研究院等科研单位开始对该矿矿石进行选矿实验研究,大量的实验结果表明，焙烧-磁选是大西沟菱铁矿唯一可行的选矿工艺。2004 年进行的回转窑焙烧磁选中间实验取得重大进展，2006 年陕西大西沟矿业有限公司采用回转窑焙烧-磁选-反浮选工艺，建成了 2 条菱铁矿焙烧生产线，其主要设备为 Φ 4m×50m 回转窑，燃料为煤，菱铁矿入炉粒度要求小于 20mm。在实际生产过程中，由于菱铁矿开采和破碎时产生的-1mm 的粉矿量平均在 10%以上，甚至高达 30%以上，因此容易引起回转窑结圈、除尘系统堵塞等问题，严重影响回转窑的产能、作业率和焙烧矿质量，导致铁精矿生产成本升高，同时也造成焙烧系统的工作环境十分恶劣。针对存在的问题，刘小银等[15]探索采用闪速磁化焙烧-磁选工艺处理大西沟铁矿-1mm 粉矿的可行性。长沙矿冶研究院利用自行开发的规模为 600kg/h 的闪速磁化焙烧中试装置，对该粉矿进行两批实验。实验矿样的 TFe 品位为 21.21%，FeO 含量为 12.79%，粒度分布如表 3-23 所示。

表 3-23　试样粒度组成

粒级/mm	产率/%	
	个别	累计
-1.0+0.27	22.93	22.93
-0.27+0.15	13.62	36.55
-0.15+0.106	6.47	43.02
-0.106+0.075	6.07	49.09
-0.075+0.042	28.19	77.28
-0.042+0.038	14.97	92.25
-0.038	7.75	100.00
合计	100.00	

按表 3-24 所列焙烧条件对-1mm 粉矿进行闪速磁化焙烧，将获得的焙烧矿磨至-0.074mm 占 92.5%的细度后，在 119.43kA/m 磁场强度下用 50mm 磁选管进行弱磁选，弱磁选实验结果如表 3-25 所示。

表 3-24　闪速磁化焙烧实验条件

实验编号	反应炉			预热器		
	进气量/(m³/h)	进气 CO 含量/%	温度/℃	进口压力/Pa	出口压力/Pa	出口温度/℃
623-D1	600	2.3	957	-340	-2229	315
623-D2	567	0	948	-320	-2289	318
623-D3	607	0	919	-400	-2360	303
625-D1	510	2.9	979	-290	-1840	266
625-D2	511	0	947	-280	-1740	265
625-D3	513	0	894	-360	-2258	259

表 3-25　焙烧矿弱磁选实验结果

实验编号	产品	产率/%	铁品位/%	铁回收率/%
623-D1	精矿	40.04	56.41	82.50
	尾矿	59.96	7.99	17.50
	给矿	100.00	27.38	100.00
623-D2	精矿	36.40	55.37	80.07
	尾矿	63.60	7.89	19.93
	给矿	100.00	25.17	100.00
623-D3	精矿	38.55	55.72	81.89
	尾矿	61.45	7.73	18.11
	给矿	100.00	26.23	100.00
625-D1	精矿	38.38	55.83	82.85
	尾矿	61.62	7.20	17.15
	给矿	100.00	25.87	100.00
625-D2	精矿	38.18	56.41	80.74
	尾矿	61.82	8.31	19.26
	给矿	100.00	26.68	100.00
625-D3	精矿	39.48	56.78	81.05
	尾矿	60.52	8.66	18.95
	给矿	100.00	27.66	100.00

　　表 3-25 结果表明,大西沟铁矿-1mm 菱铁矿粉矿经闪速磁化焙烧后进行弱磁选,可以获得产率为 38%～40%、铁精矿品位大于 56%、金属回收率大于 80%的铁精矿,实验指标良好。

　　此外,闪速磁化焙烧技术具有以下优点:①采用细粒物料入炉焙烧,物料比表面积大,在气流中悬浮分散,每个颗粒受热均匀,磁化过程极快;②焙烧矿质量好而均匀,不存在过烧或欠烧的缺陷,其选别性能优于回转窑和竖炉焙烧矿;③闪速磁化焙烧过程允许较宽的温度、气氛、固气比范围,操作方便;④焙烧系统自动化程度高,运行稳定;⑤燃烧和磁化反应分别在独立的区域中进行;⑥避免了回转窑焙烧过程中因燃料燃烧区域局部温度过高而引起的结圈问题,可有效提高焙烧设备的作业率。探索实验证明闪速磁化焙烧-磁选新工艺完全能满足大西沟铁矿处理菱铁矿粉矿的要求,该工艺为菱铁矿等弱磁性铁矿石的高效利用开辟了新途径。

　　磁化焙烧-磁选分离的技术路线,是解决菱铁矿含量较高的大冶铁矿尾矿中低品位难选红铁矿[w(TFe)=34%左右]的有效工艺。张汉泉等[16]对大冶铁矿强磁选精矿磁化焙烧进行热力学研究,认为焙烧工艺参数对工艺效率影响较大,依靠碳酸铁的自身分解产物 CO 和还原气氛，大冶低品位含菱铁矿弱磁性铁矿能在弱还原气氛条件下，在 10～60s 完成整个磁化焙烧过程。磁化焙烧后，弱磁选精矿铁品位大大提高[w(TFe)>60%]。对武钢大冶铁矿尾矿难选红铁矿（铁品位 34.20%）进行磁化焙烧，获得了含铁 60%左右、铁回收率为 84%～86%的铁精矿，焙烧时间只需 10～60s，证实了弱磁性氧化铁矿在弱还原气氛中数十秒钟实现磁化焙烧的可能性及理论基础。也进一步证明"磁化焙烧-磁选"新工艺流程提高武钢大冶铁矿尾矿资源利用率在技术上的可行性，为工业化奠定了基础。

罗明发等[17]根据王家滩菱铁矿的性质，在大量实验研究的基础上，确定出浮选铜硫-磁化焙烧-磁选的工艺流程，可获得品位 57.23%、回收率 62.94%、含硫 0.18%的铁精矿和品位 16.08%、回收率 82.92%的铜精矿，最大限度地利用铜和硫资源。此外，铁选别效果与焙烧炉型密切相关，扩大对比实验表明：传统的回转窑具有运行稳定、成熟、便于操作的特点，但所需的焙烧时间长，焙烧效果较差。采用新式扩大型闪速炉，不仅焙烧效果好、获得的选别指标高，还具有系统运行稳定、所需焙烧时间短、处理能力大、效率高的优势。

冯志力等[18]对王家滩菱铁矿在流态化状态下的磁化焙烧温度和焙烧气氛条件分别进行实验研究。实验所用矿样由昆明钢铁集团有限责任公司提供。王家滩菱铁矿原矿主要由菱铁矿、石英、绢云母和绿泥石组成，经广义中磁机预选后的粗精矿粉碎至 0.2mm，试样的多元素化学分析结果见表 3-26，铁物相分析结果见表 3-27。

表 3-26　王家滩菱铁矿试样多元素化学分析结果

元素	TFe	FeO	Fe_2O_3	Mn	SiO_2	CaO
含量/%	34.59	39.38	5.69	1.17	14.26	0.94
元素	MgO	Al_2O_3	S	P	LOI	
含量/%	7.88	1.26	1.27	0.01	27.78	

从表 3-26 可知，实验原矿属镁锰菱铁矿，因类质同象的缘由，MgO 无法用物理选矿方法排除，故预计铁精矿中铁品位理论值只能在 60%左右。另外，原矿样烧失率达 27.78%，通过高温焙烧，产品铁的含量将会明显提高。

表 3-27　铁物相分析结果

铁物相	磁铁矿	碳酸铁	赤、褐铁矿	硫化铁	硅酸铁	全铁
含量/%	0.22	29.83	2.27	1.08	1.19	34.59
占有率/%	0.64	86.24	6.56	3.12	3.44	100.00

为研究菱铁矿粉在高温且含有 CO 或 O_2 气氛的流态化状态下磁化焙烧的效果，特制一流态化快速焙烧热态实验装置，如图 3-19 所示。该热态装置由风机、

燃烧炉、反应炉、电加热器和分离器及测量控制仪器仪表组成，能实现温度和 CO/O_2 气氛调节。燃烧炉提供含 CO/O_2 高温气体，通过布风板使炉中菱铁矿粉悬浮，菱铁矿粉经流态化焙烧分解成氧化铁。焙烧矿粉由高压惰性气体压出，经水淬快冷而获得。

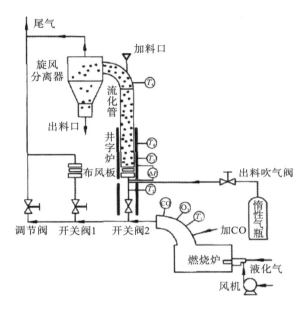

图 3-19　流态化快速还原焙烧小型实验装置

　　燃烧炉用于产生高温气体，气体中 CO/O_2 浓度通过调节燃料/空气比实现，必要时可外加 CO 以获得较高的 CO 浓度。高温气氛中 CO 和 O_2 浓度由气体分析仪在线检测。反应炉为沸腾炉，可耐 1400℃高温，炉腔为直径 50mm 的圆柱形筒体，高度为 2000mm，底部装有风帽型布风板。炉膛外设有"井"字形电加热炉，电加热炉所形成的加热带位于炉外中下部，包括布风板。电加热带高度为 1200mm，与高温气体一起保证焙烧反应所需的温度。燃烧炉与反应炉连通的管道上设有一个调节阀和两个开关阀，调节阀用于控制布风板上下的压力差，以实现矿粉在炉膛内的流态化。两个开关阀完全相同，但实验过程中两者开/关状态相反，以保证反应炉内气体流量的稳定。矿粉在开关阀 2 关闭时由特制的加料器加入，随后开启开关阀 2 并控制其开启时间，以实现矿粉的流态化焙烧。一旦完成焙烧，立即关闭开关阀 2，由高压惰性气体将焙烧矿粉吹出反应炉。反应炉出口设置分离器，实现气固分离。分离器的下部设有水淬接料器，以防焙烧后的粉矿被空气氧化。反应炉上部、中部和下部及燃烧炉出口设有热电偶，用于测量反应炉入口气体温度、炉腔温度、尾气温度及燃烧炉出口烟气温度。焙烧温度采用炉腔热电偶温度值，以保证所测温度为矿粉的真实温度，其温度控制误差为±5℃；反应炉底布风板设有压差测量仪，以控制粉矿流态化气速；燃料管线上设有流量计以检测液化气流量。

实验条件：实验测得王家滩粒度为 0.2mm 菱铁矿的堆密度为 1685kg/m³，真密度为 3580kg/m³。由冷态实验确定的菱铁矿粉悬浮所需参数为在全粒级物料完全沸腾时，布风板压差为 920～1140Pa，气体表观速度为 0.5～0.6m/s。给料量为 60g 时，沸腾状态稳定，沸腾高度在 135mm 左右。

热态实验分别针对焙烧温度和焙烧气氛两项单因素条件进行，焙烧时间均在 10s 以内。焙烧矿粉经水淬、球磨、弱磁选得到精矿和尾矿，对精矿和尾矿分别进行铁含量分析。

实验结果表明：①菱铁矿矿样中碳酸铁的热解率大于 94.5%，而铁的磁性转化率为 89.94%，流态化焙烧可获得良好的磁性转化率；②在弱还原性气氛 CO 含量为 1.5%、1000℃温度条件下，王家滩菱铁矿的磁化焙烧效果较好，可获得铁品位大于 57%、铁回收率大于 95%的良好指标；③在弱还原性气氛中，适宜的 CO 浓度为 0～1.5%；④在氧化性气氛中，O_2 浓度为 0～1.85%较为适宜。菱铁矿适宜的气氛从弱氧化性至弱还原性，工业上易于调节控制。

为更有效地回收矿石中的铁，本实验以煤为还原剂对该种铁矿石进行直接还原，将矿石中的铁矿物直接还原为金属铁，然后用弱磁选回收，取得了较好的结果[19]。实验用矿石为嘉峪关某地菱铁矿，用颚式破碎机和对辊破碎机破碎至-4mm。岩矿分析表明，该矿石为较典型的变质沉积铁矿石，矿石硬度较高，矿石的结构以条带状浸染结构为主。铁的主要矿物形式是菱铁矿，多呈不等粒集合体与脉石矿物胶结共生。原矿多元素化学分析结果见表 3-28。从该表可知，原矿中主要有用元素为铁，品位为 33.57%。主要杂质元素为硅、铝、镁、锰等，其中镁、锰的含量较高，有害元素磷的含量不高，但硫的含量较高。

表 3-28 原矿多元素化学分析结果

成分	Fe	SiO_2	Al_2O_3	CaO	MgO
含量/%	33.57	17.58	2.35	0.91	4.13
成分	K_2O	Na_2O	MnO	S	P
含量/%	0.4	2.5	1.5	0.84	0.019

实验流程见图 3-20，主要考察的因素包括还原剂用量、还原焙烧温度和时间、助熔剂用量、磨矿细度等。以直接还原焙烧-磁选所得最终产品中铁的品位大于 90%、铁回收率大于 85%为目标，为避免同常规的铁精矿相混淆，将该产品命名为还原铁产品。用还原铁产品中铁的绝对金属量与焙烧前原矿中的绝对金属量的比值来计算回收率。哈密煤、助熔剂的用量指与矿石质量的比值，均用质量百分数表示。

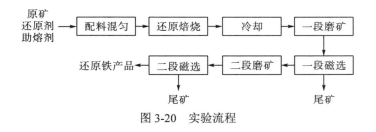

图 3-20　实验流程

结论：

(1)嘉峪关某地铁矿石主要铁矿物是菱铁矿，呈条块状和不等粒集合体与脉石胶结共生。脉石矿物主要为石英和绿泥石。矿石中有较多镁(锰)元素与菱铁矿中的铁元素形成类质同象，且混入类质同象元素的菱铁矿粒度非常细，有的只有几微米。

(2)采用直接还原焙烧-磁选工艺可以得到良好的指标。在煤用量 15%、助熔剂用量 5%、焙烧温度 1200℃、焙烧时间 60min 的条件下，采用两段磨矿，一段磨矿细度为-0.074mm，其含量为 72.96%，二段磨矿细度为-0.043mm，其含量为 95.89%，两段磁选场强均为 17.59A/m 时，可以得到品位为 94.70%、回收率为 90.28% 的还原铁产品。

(3)煤用量对提高铁的回收率影响较大，磨矿细度对提高还原铁产品的品位影响较大。提高温度有利于提高还原铁产品品位，但温度过高，烧结严重而且能耗也高，焙烧温度应控制在 1200℃。延长焙烧时间有利于还原过程中微细金属铁颗粒的长大，但金属铁颗粒并不是随时间延长而无限长大。二段磨矿能够实现微细金属铁颗粒的单体解离。

(4)煤和助熔剂都有助于提高铁的回收率，因助熔剂成本较低，实际生产中应考虑添加助熔剂。

文献[20]利用固定床罐式法煤基还原贫菱铁矿，研究矿石粒度、还原温度、还原时间以及矿石结构等对还原矿石金属化率的影响。并通过测试球磨、磁选探索分离海绵铁的可行性，为我国贫菱铁矿资源的综合利用提供理论依据。

采用坩埚法做温度系列、粒度系列、还原时间系列实验，分析还原矿金属化率变化情况，实验装置如图 3-21 所示。采用罐式法做扩大性还原实验，实验装置如图 3-22 所示，实验采用的矿石为凌源市沟门子乡低品位矿，其成分见表 3-29，还原煤选用的是四川宜宾煤，其成分见表 3-30。

经大量的基础实验和扩大性实验证明：采用煤基罐式法还原贫菱铁矿能够得到 TFe 含量为 55%、金属化率大于 90% 的还原矿，经球磨-磁选能够得到 TFe 含量大于 80%、SiO$_2$ 含量为 6% 左右的海绵铁，为我国开采利用贫菱铁矿资源提供了理论依据。

文献[21]以新疆某菱铁矿块矿为原料，以过量褐煤为还原剂，开展回转窑煤基直接还原制备还原铁粉，为高效利用菱铁矿资源提供一条新途径。

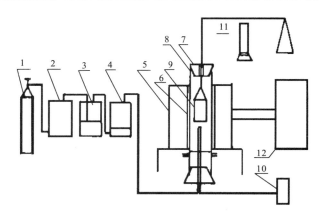

图 3-21　坩埚法固相还原装置

1—N₂气瓶；2—稳压瓶；3—洗气瓶；4—干燥瓶；5—炉座；6—硅碳管；7—炉盖；8—刚玉管；9—坩埚；
10—热电偶；11—热天平；12—温度控制柜

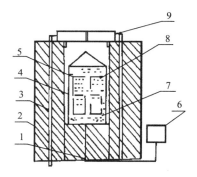

图 3-22　菱铁矿固相还原扩大性实验装置示意图

1—热电偶；2—还原炉；3—硅碳棒；4—铁桶；5—石墨坩埚；6—测温仪表；7—煤粒；
8—菱铁矿与煤粒；9—炉盖

表 3-29　贫菱铁矿成分

元素	TFe	FeO	H₂O	SiO₂
含量/%	36.44	23.76	3.11	15.86

表 3-30　还原煤成分

元素	C	A	V	W
含量/%	51.74	31.0	15.0	2.26

注：A—空气干燥基灰分；V—空气干燥基挥发分；W—煤内水。

　　实验所用铁矿石为新疆某菱铁矿块矿，其化学多元素分析和矿物组成分析见表 3-31～表 3-33。原矿中铁品位为 35.43%，主要杂质为硅钙，有害元素磷含量较低，硫含量为 0.24%，烧失量高达 28.89%。

表 3-31 菱铁矿化学多元素分析结果

元素	TFe	FeO	Fe₂O₃	SiO₂	Al₂O₃	CaO	MgO
含量/%	35.43	39.35	5.79	10.75	2.66	4.91	1.38
元素	MnO	K₂O	Na₂O	P	S	LOI	
含量/%	2.36	0.66	0.12	0.033	0.24	28.89	

表 3-32 菱铁矿矿物组成

成分	菱铁矿	赤铁矿	方解石	石英	白云石	含锰铁矿	氧化铝
含量/%	60.26	6.12	11.78	12.18	4.41	2.75	2.30

表 3-33 菱铁矿中铁的物相组成

铁相	磁铁矿中铁	赤(褐)铁矿中铁	碳酸盐中铁	硫化物中铁	硅酸盐中铁	合计
含量/%	1.17	4.01	29.45	0.10	0.70	35.43
分布率/%	3.30	11.32	83.12	0.28	1.98	100.00

实验的流程见图 3-23。实验结论：①某菱铁块矿铁品位低，含硅、钙等主要杂质和有害元素硫，矿石中菱铁矿与石英、白云石、方解石伴生，嵌布粒度细，菱铁矿中铁与钙、镁、锰呈类质同象共生，常规选矿富集难度大。②煤基回转窑直接还原焙烧-磁选能够有效利用菱铁矿，通过工艺参数优化，确定回转窑直接还

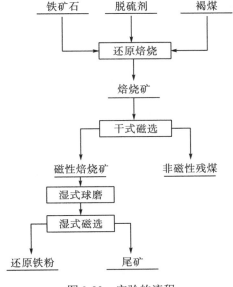

图 3-23 实验的流程

原磁选最佳工艺为焙烧温度 1050℃、焙烧时间 40min、C/Fe 为 1.86、硫剂用量 3%、湿式球磨细度-0.074μm 占 85.92%、湿式磁选磁场强度 1000Gs。可获得铁品位为 92.06%、金属化率 92.52%、硫含量 0.16% 的还原铁粉，全流程铁回收率 85.94%。③产品成分分析和微观结构分析表明精矿中 Ca、Mg、Mn、S 等杂质元素呈微细粒嵌布，被金属铁包裹紧密伴生，增加磨矿细度无法进一步脱除。

3.1.4 钒钛磁铁矿

我国钒钛磁铁矿资源十分丰富，仅四川攀西地区的钒钛磁铁矿储量就达 100 亿 t 以上，其中铁、钒、钛储量分别占全国总储量的 20%、63% 和 93%。钒、钛是世界公认的重要战略资源，是国民经济发展和国家安全的重要物质保障，广泛应用于冶金化工、航空航天、国防军事等领域。因此，钒钛磁铁矿资源的开发利用受到广泛关注。

尽管钒钛磁铁矿资源总储量很大，但是钒钛磁铁矿具有"贫""细""散""杂"等特点，国外专家一直将其称为"呆矿"而不能利用。我国冶金工作者通过长期不懈的努力成功将其应用于高炉生产，但铁、钒、钛的回收率低，同时高炉冶炼钒钛磁铁矿产生的高炉渣中含有 20% 的 TiO_2，不能利用堆积在金沙江湖畔的炉渣造成严重的生态压力和环境问题。近年来，针对钒钛磁铁矿的综合利用出现了不少创新性的学术进展，但是相关的科研成果和工艺难以达成工业化，无法有效地解决钒、钛、磁铁矿中铁钒钛的有效分离和有价元素利用率低等关键问题[22]。

针对钒钛磁铁矿综合利用的难题，出现了还原-磨选处理钒钛磁铁矿的技术，研究情况如下：

文献[22]提出金属化还原-选分-电热熔分新工艺，旨在实现钒钛磁铁矿中铁、钒、钛等有价元素的高效分离和提高有价元素回收率。该工艺通过对磁场强度、还原温度、还原时间、配碳比、还原煤粒度等工艺条件进行单因素实验，得出最佳的工艺参数，在此条件下对钒钛磁铁矿进行金属化还原-选分实验，得到含铁量高的磁性物质和含钛量高的非磁性物质。进一步对非磁性物质进行电热炉熔分分离钒渣实验，实现铁、钒、钛等有价组元的高效分离，获得了铁、钒、钛等有价组元的高回收率。

实验用原料（质量分数）：攀枝花钒钛磁铁矿的铁品位为 53.91%，钒为 0.521%，钛为 13.03%；还原烟煤的固定碳为 62.12%，灰分为 4.29%，挥发分为 33.64%，硫为 0.16%。

实验用钒钛磁铁矿的 XRD 分析如图 3-24 所示，结果表明：钒钛磁铁矿主要由钛磁铁矿、钛铁矿组成。含 Fe 物相主要为钛磁铁矿，Ti 则主要以钛铁矿（$FeTiO_3$）形式存在，其次以钛磁铁矿形式存在；V 以 V^{3+} 的形态固溶于磁铁矿晶格内形成钒尖晶石（$FeO \cdot V_2O_3$）。

钒钛磁铁矿金属化还原-选分-电热熔分实验设备为单向高温加热炉 DTCXG-ZN50 型磁选管。金属化还原-选分-电热熔分新工艺：①将煤粉和钒钛磁铁矿加入石墨坩埚中充分混匀后，在高温加热炉中进行金属化还原实验；②金属化还原后，迅速取出坩埚埋入煤粉中冷却，待温度降至 50℃以下，取出还原产物测其全铁品位和金属铁品位并计算还原产物的金属化率；③将还原产物按一定条件粉碎制样，称取 10g 磨碎试样在磁选管中进行磁选分离，得到磁性物质和非磁性物质并进行化验分析和物相分析。为进一步提高钒钛磁铁矿中铁和钒的利用率，实验采用高温电阻炉进行低配碳电热熔分，选取高纯石墨坩埚为反应器。在 1550℃条件下，通过配入的碳粉与物料中的 FeO 发生反应，分离出高品位生铁块和含钒渣。

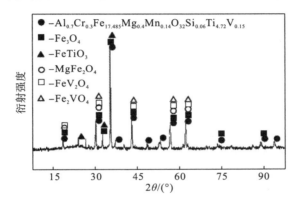

图 3-24　钒钛磁铁矿 XRD 分析

金属化还原-选分-电热熔分新工艺可以高效地实现钒钛磁铁矿中铁、钒、钛元素的综合利用，获得高品位的含钒铁粉和富钛渣。当配碳比为 1.0、还原煤粒度为-75μm、还原温度为 1350℃、还原时间为 60min、磁场强度为 50mT 时，可获得较优的工艺指标：磁性物质中铁品位 86.56%、金属化率 96.18%、铁的回收率 97.48%、钒的回收率 75.68%；非磁性物质中 TiO_2 的品位 55.39%、TiO_2 的回收率 80.08%；新工艺得到的磁性物质，在低配碳电热炉熔分后可获得优质铁块和含钒渣，实现了铁与钒的有效分离，整个工艺过程中铁、钒、钛的收得率分别达到 95.07%、71.6% 和 80.08%。

文献[23]采用微波辐射加热和常规加热对钒钛磁铁精矿进行固态下碳还原研究，实验使用的钒钛磁铁矿来自我国四川攀西地区，经过选矿提纯（原剂采用焦炭），其成分见表 3-34。

表 3-34　钒钛磁铁精矿主要成分

元素	TFe	V_2O_5	TiO_2	SiO_2	Al_2O_3	CaO	MgO
含量/%	69.17	0.58	11.95	4.95	4.71	1.49	3.42

　　实验装置：微波辐射加热还原炉(功率为 750W、频率为 2450MHz)、常规加热还原马弗炉。

　　铁精矿 100g，内配焦炭粉 15g，添加剂 A 为 5g、B 为 3g[①]，将上述原料制备复合球团；外配焦炭粉 40g 置于加热炉中进行还原。

　　使用焦炭还原钒钛磁铁矿的实验结果见表 3-35。

表 3-35　微波辐射加热磁铁矿得到还原铁粉品位

样品	还原温度/℃	品位/%		
		还原时间		
		60min	90min	180min
磁铁矿	1080~1120	86.53	85.90	85.10
	1130~1170	86.58	86.28	85.98
	1200~1250	91.27	90.10	89.56

　　常规加热钒钛磁铁矿的还原铁粉品位结果见表 3-36。

表 3-36　常规加热钒钛磁铁矿的还原铁粉品位结果

样品	还原温度/℃	品位/%		
		还原时间		
		90min	135min	180min
磁铁矿	1230	87.71	91.14	92.87

　　实验结果表明：微波辐射加热还原可以降低还原温度，缩短还原时间。微波辐射碳还原磁铁矿球团实验结果见图 3-25，常规加热碳还原磁铁矿球团实验结果见图 3-26。

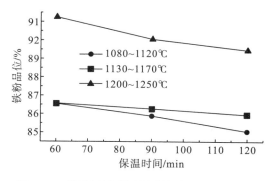

图 3-25　微波辐射碳还原磁铁矿球团实验结果

① 注：A—氯化钠；B—硫酸钠。

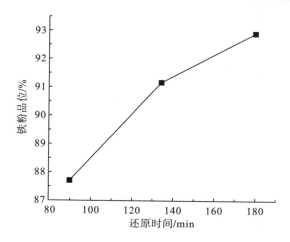

图 3-26　常规加热碳还原磁铁矿球团实验结果

由图 3-25 可知，在较低的还原温度（低于 1170℃）下铁粉的品位比较低。当温度在 1200～1250℃时，才达到理想的效果。在微波辐射加热的条件下，随着保温时间的延长，铁粉品位有所降低。为了得到较好的收率，还原温度确定在 1200～1250℃，保温时间为 120min。

在常规加热中还原时间是影响还原效果的重要参数，由图 3-26 可知，随着还原时间的延长，还原效果在改善，当还原时间为 180min 时，效果较好，达到了微波加热 90min 的还原效果。

在微波辐射加热的条件下，随着保温时间的延长，铁粉品位有所降低，为得到较好的回收率，还原温度确定为 1200～1250℃，保温时间为 120min。常规加热温度为 1230℃，加热时间为 180min。微波辐射还原比常规加热还原时间更短，铁粉表面有更发达的海绵体以及更大的比表面积。

汪云华[24]针对攀西地区某钒钛磁铁矿的矿物特点，提出利用内配碳-电炉固态还原-球磨-强磁选-尾矿酸化氧化浸出五氧化二钒综合处理钒钛磁铁矿，生产化工铁粉、五氧化二钒及钛精矿的新工艺流程，实验研究了内配碳工艺对综合利用该复杂多金属矿的影响因素。其中实验原料见表 3-37。

表 3-37　钒钛磁铁矿的主要化学成分

元素	Fe₂O₃	TiO₂	V₂O₅	SiO₂	MgO	Al₂O₃	CaO	Na₂O	P₂O₅
含量/%	46.25	12.33	0.41	11.25	13.69	13.01	2.01	0.37	0.53

实验方法及工艺流程：将钒钛磁铁矿与还原剂（无烟煤）按照一定配比在混料机中混匀，采用造球机造球，并在马弗炉中焙烧还原，待冷却后取出在球磨机中磨至-74μm 粒级含量大于 90%，用强磁选机磁选，得到铁精矿及尾矿。铁精矿金

属铁品位约 90%，经管式氢还原炉氢还原后金属铁品位大于 96%，达到化工铁粉质量级别。磁选尾矿主要为含钛、钒、硅、镁等非磁性物，将该磁选尾矿在一定硫酸浓度下氧化浸出，液固分离后溶液为含钒的钒酸盐，浸出渣为含钛的钛精矿。工艺流程如图 3-27 所示。

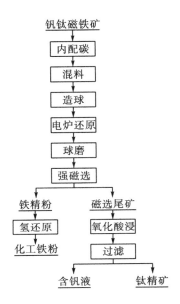

图 3-27 钒钛磁铁矿综合利用工艺流程

初步确定最佳工艺条件：有机黏结剂含量为 2%；还原剂采用无烟煤，用量为矿量的 30%；还原时间 60min；还原反应温度 1200℃；磁选场强 0.12T；磁选尾渣浸出硫酸浓度为 25%；液固比 4∶1；氧化剂为氯酸钠，用量为尾矿质量的 5%；浸出温度为常温；浸出时间 180min。此条件下，磁选铁精矿经 800℃氢还原 30min后，铁粉金属铁品位大于 96%，达到化工铁粉质量要求。磁选尾渣经氧化浸出后，溶液中 V_2O_5 的浸出率大于 76%，浸出渣即钛精矿品位大于 37%。此工艺为钒钛磁铁矿的综合利用开辟了新的途径。

薛向欣等[25]发明了一种钒钛磁铁矿固相强化还原-磁选分离的方法。该发明方法是将钒钛磁铁矿与无烟煤粉配料，加入添加剂 CaF_2、Na_2CO_3 或 Fe_2O_3，混匀后加入黏结剂，模压成圆柱状样品，将圆柱状样品于 1100～1400℃还原 30～120min，得到还原铁粉，将还原铁粉水淬冷却或自然冷却至室温，磨细后再磁选，得到回收率为 94%～97%的铁粉。本发明操作简单，用无烟煤取代焦炭，降低能耗，节约成本。加入 CaF_2、Fe_2O_3、Na_2CO_3 后促进铁晶粒的长大，提高金属化率，同时有利于渣铁分离，还原后水淬能防止还原出来的金属铁及低价铁氧化物再氧化成高价铁氧化物，使得金属化率为 86%～98%，铁回收率达到 94%～97%。

汪云华等[26]申请一种用隧道窑还原含碳钒钛铁精矿球团生产铁粉及联产钛渣和 V_2O_5 的方法。钒钛铁精矿经破碎、润磨制成球团，置于隧道窑中还原，再进行破碎、湿磨后进行磁选和重选得到铁粉和尾矿。尾矿用钛白废酸浸出，除去残余的镁和铁，经过滤、烘干，得到的物料加入钠盐进行钠化焙烧，然后采用水浸出后分别得到钛渣和钒酸钠溶液，最后对钒酸钠溶液采用铵盐沉钒和煅烧脱氨，便得到 V_2O_5 产品。本发明摒弃了电炉熔炼能耗高、钒钛分离效果差、钒钛走向难控制以及转炉吹炼铁水提钒钛收率低等缺陷，具有钒、钛、铁回收率高，资源利用率高等优点，为钒钛铁精矿综合利用开辟了一条可行的新途径。

张启龙等[27, 28]发明公开了一种以钒钛磁铁矿为原料来制铁粉的生产工艺，包括如下步骤：①将钒钛磁铁矿精矿、固体还原剂和催化剂按照质量比为 100：（4～7）：（15～20）混匀后，压制成两种内径不同的空心圆铁柱；②将所述两种空心圆铁柱在隧道窑中进行第一次还原；③将所述海绵铁进行湿法磨选后，进行第二次还原；④二次铁粉经破碎、筛分、合批制得成品。采用上述工艺以钒钛磁铁矿为原料来制铁粉，极大改进了第一次还原时的工艺，且提升了铁粉的金属化率，生产出高质量的铁粉。由于生产出的铁粉含有多种有益金属元素，是各种高密度、高强度粉末冶金零件制作的优质原料，此方法提高了经济效益。

汪云华等[29]发明一种用无罐隧道窑还原钒钛磁铁矿生产金属化球团的方法。具体为钒钛磁铁矿破碎后加入碳质还原剂、黏结剂润磨，制成球团后于无罐隧道窑中还原。还原后可得到金属化率在 90%以上的球团。本发明方法克服了回转窑还原结圈、转底炉进出料困难、传统隧道窑还原装罐不便和传热困难等缺陷，具有金属化率高、操作简单、设备运行稳定、设备维修费用低等优点，为还原钒钛磁铁矿生产金属化球团开辟了一条可行的新途径。

姜涛等[30]研究了配碳量、还原温度、保温时间、添加剂对承德钒钛磁铁矿固相还原过程的影响，考察了磁选强度对铁回收率以及 V 和 Ti 走势的影响。结果表明：在 C/O 为 1.2、还原温度为 1350℃、保温为 60min 的条件下，还原效果最好，金属化率达到 91.04%；在上述最佳条件下加入添加剂 3%CaF₂、3%Fe₂O₃、3%Na₂CO₃ 后金属化率能提高 0.6%～1.8%；在磁选强度为 240kA/m 时，铁的回收率能达到 94.99%。

梁建昂等[31]申请一种外热式竖炉还原磨选钒钛铁精矿制备微合金铁粉的新工艺。发明人应用隧道窑还原磨选法从钒钛磁铁矿中综合利用铁、钛、钒的工艺技术和方法，将外热式竖炉移植其中替代隧道窑，发挥隧道窑还原质量高、稳定、竖炉单位面积处理量大、耐火材料消耗低的优点。经实验室型外热式竖炉还原实验及其还原料磨选分离铁、钛、钒实验解决了合理选配炉管材质与尺寸、控制还原气氛质量、预留炉料受热膨胀空间、高密度压制成略小于炉管内径的圆锭、炉料移动不与炉管直接接触等技术问题，确保炉料在还原过程中运行顺畅，还原料质量高、稳定、不碎裂、不粘壁、不结瘤，获得性价比高的微合金铁粉。

安登气[32]针对广东岚霞钒钛资源进行综合回收研究。原矿多元素分析结果见表 3-38，铁、钛化学物相分析结果见表 3-39 和表 3-40。

表 3-38　矿石化学成分分析结果

成分	TFe	FeO	Fe₂O₃	TiO₂	V₂O₅	SiO₂	Al₂O₃	CaO
含量/%	20.20	4.17	24.25	5.03	0.19	28.38	21.43	0.68
成分	MgO	MnO	Na₂O	K₂O	As	S	P	Ig
含量/%	0.73	0.22	0.47	0.16	0.0015	0.045	0.037	11.6

表 3-39　矿石中铁的化学物相分析结果　　　　　　　　（单位：%）

铁相	含量	分布率
钛磁铁矿中铁	7.35	36.39
赤(褐)铁矿中铁	9.66	47.82
钛铁矿中铁	1.52	7.52
碳酸盐中铁	0.03	0.15
硫化物中铁	0.04	0.20
硅酸盐中铁	1.60	7.92
合计	20.20	100.00

表 3-40　矿石中钛的化学物相分析结果　　　　　　　　（单位：%）

钛相	含量	分布率
钛铁矿中 TiO₂	2.29	45.53
钛磁铁矿中 TiO₂	1.98	39.36
硅酸盐中 TiO₂	0.76	15.11
合计	5.03	100.00

从表 3-38～表 3-40 可知，矿石中可供选矿回收的组分主要是铁和钛，二者品位分别为 20.20%和 5.03%；V₂O₅ 含量为 0.19%，可作为综合利用的对象。

通过磨矿-弱磁选-强磁选工艺可以获得钒钛磁铁精矿和粗钛精矿，两种产品的成分分析结果见表 3-41。产品可直接用作隧道窑直接还原磨选的原料。

表 3-41　产品多元素分析结果　　　　　　　　　　　　（单位：%）

产品名称	TFe	TiO₂	V₂O₅	SiO₂	Al₂O₃	CaO	MgO	Cr₂O₃
钒钛铁精矿	59.36	12.29	0.99	0.91	2.28	0.60	0.24	0.028
粗钛精矿	39.95	34.22	0.32	6.24	2.68	0.34	0.30	—

以磨矿-弱磁选-强磁选半工业实验获得的钒钛铁精矿、粗钛精矿产品为原料，进行隧道窑直接还原-磨矿磁选-钠法提钒半工业实验研究，工艺流程如图 3-28 所示。实验指标见表 3-42。

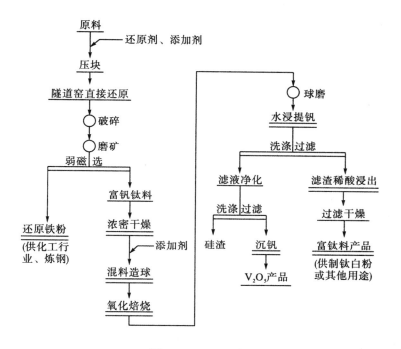

图 3-28 工艺流程

表 3-42 直接还原-磨矿磁选-钠法提钒半工业实验研究结果

处理原料	产品名称	产率/%	品位/%			回收率/%		
			TFe	TiO$_2$	V$_2$O$_5$	Fe	TiO$_2$	V$_2$O$_5$
钒钛铁精矿	直接还原铁	58.15	96.28	0.86	0.069	94.28	4.00	4.15
	富钛料	21.54	10.08	55.47	0.18	3.66	95.51	4.00
	V$_2$O$_5$	0.87	0.036	—	98.80	—	—	88.61
	烧损、机械损失	19.44	—	—	—	2.06	0.49	3.24
	钒钛铁精矿	100.0	59.39	12.51	0.97	100.0	100.0	100.0
粗钛精矿	直接还原铁	45.38	92.27	3.25	0.043	93.74	4.41	4.92
	中矿	1.39	70.51	20.09	0.32	2.19	0.83	1.12
	富钛料	53.23	3.41	59.56	0.70	4.07	94.76	93.96
	还原料	100.00	44.67	33.46	0.40	100.00	100.00	100.00
	粗钛精矿	—	39.95	34.22	0.32	—	—	—

采用磨矿-弱磁选-强磁选工艺得到钒钛磁铁矿精矿和粗钛精矿，经隧道窑还原磨选-钠法浸钒获得钒钛磁铁精矿，再通过隧道窑还原磨选-钠法提钒工艺，可获得还原铁 TFe 品位 96.28%、TFe 回收率 94.28%，富钛料 TiO$_2$ 品位 55.47%、TiO$_2$ 回收率 95.51%，V$_2$O$_5$ 品位 98.80%、V$_2$O$_5$ 回收率 88.61%。粗钛精矿经隧道窑还原磨选-钠法提钒工艺，可获得直接还原铁 TFe 品位 92.27%、TFe 回收率 93.74%，富钛料 TiO$_2$ 品位 59.56%、TiO$_2$ 回收率 94.76%。整个工艺钛、钒的总回收率分别达到 73.93%和 53.49%，使得传统工艺不能利用的钒钛磁铁精矿中的钛资源得到综合利用，大幅提高钛、钒的综合利用率。

文献[33]针对铁品位较低的选铁尾矿和钛精矿，探索了直接还原-磁选回收铁的工艺。综合考察配碳量、焙烧温度、保温时间和冷却方式对直接还原金属化率的影响，找出了实验最优指标。通过 XRD 和化学分析讨论不同焙烧温度下还原过程中物相的变化，结果表明：选铁尾矿中二价铁物相(Fe，Mg)(Ti，Fe)O$_3$ 在 1300℃下被还原为金属铁。钛精矿中三价铁物相 Fe$_2$TiO$_5$ 在 1300℃下还原为金属铁。在配碳量为 6.29%、焙烧温度 1300℃、保温时间 1.0h 的最优条件下，选铁尾矿铁回收率达到 80%，铁品位 58%；在配碳量为 10.36%、焙烧温度 1300℃、保温时间 1h 条件下，钛精矿铁回收率达到 95%，铁品位 78%。随着温度的增加，选铁尾矿和钛精矿的金属化率都有增加的趋势。配碳量选铁尾矿在超过 5%，钛精矿超过 10%后就已过剩存在。不同的冷却方式对直接还原结果未见有明显的影响。

于春晓等[34]以印尼某海滨钛磁铁矿为原料(多元素分析结果见表 3-43，XRD 分析如图 3-29 所示)，煤泥作还原剂，研究煤泥种类及用量、添加剂用量和直接还原焙烧过程中的焙烧时间、焙烧温度等对铁产品 TFe 品位、回收率、TiO$_2$ 含量的影响。结果表明：煤泥可代替煤粉作还原剂；通过煤泥与添加剂的共同作用，能够达到降低还原铁中钛含量的目的。在煤泥 TJ(成分见表 3-44)用量 18%、添加剂 YSE(纯度 80%)用量 8%、YHG 用量 3%、温度为 1250℃下焙烧 60min，得到的焙烧产物经过两段磨矿两段磁选，最终铁产品中全铁品位达 92.72%，回收率达91.93%，TiO$_2$ 含量降至 0.72%。此工艺为海滨钛磁铁矿的开发以及煤泥的利用都提供了新的途径。

表 3-43 原矿多元素分析结果

元素	Fe	SiO$_2$	TiO$_2$	Al$_2$O$_3$	MgO	CaO	SO$_3$	MnO
含量/%	51.85	14.43	11.33	6.86	3.64	1.09	0.58	0.49
元素	Na$_2$O	P$_2$O$_5$	Cr$_2$O$_3$	K$_2$O	ZnO	Cl	ZrO$_2$	
含量/%	0.42	0.14	0.13	0.1	0.07	0.04	0.01	

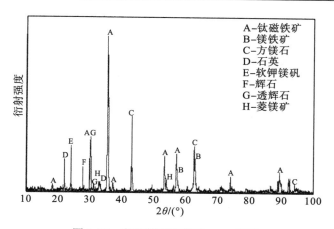

图 3-29　印尼某海滨砂矿 XRD 图谱

表 3-44　实验用煤泥 TJ 煤质分析

成分	水分	灰分	挥发分	固定碳	全硫
含量/%	1.42	29.73	26.75	43.52	0.58

通过研究钛铁矿的还原热力学可知，钛铁矿的还原难度大于普通铁矿。动力学研究表明，通过粉体细化可以加速钛铁矿的还原速度；用碳还原钛铁矿的最佳温度应选择在 900～1000℃。金属铁的渗碳有利于铁的晶粒长大，铁中的渗碳量越高，越有利于金属铁的聚集。外场对铁晶粒长大有明显作用，为金属铁与钛渣的充分分离提供了最佳条件。利用晶粒长大技术将还原后的细微铁晶粒长大到一定粒度，通过简单破碎和磁选即可得到钛渣和铁产品。开发的钛铁矿高效利用新技术具有反应温度低、无须高温熔分等特点，从而实现高效率、低能耗及低成本生产钛渣和铁产品[35]。赵沛等[36]开发出一种低温快速还原钛铁矿生产高钛渣的新工艺，该工艺将钛铁矿和碳质还原剂(如煤粉)粉体的粒度磨细到 10μm 左右时，可在 600℃左右实现快速还原反应将铁还原出来，冷却后通过磁选分离方式得到高钛渣和铁粉。该工艺具有冶炼温度低、能耗小、污染少等特点。同时开发出一种高效球磨机，可将钛铁矿粉体的平均粒度磨细到 2～10μm，能耗低于 100kW·h/t，产量有望达到 5～10t/h。

刘云龙等[37]通过热重分析方法研究固态条件下高杂质钛铁矿的催化碳热还原机理。结果表明：杂质会阻碍钛铁矿还原，无催化剂时还原率较低，加入少量催化剂可以获得较高的还原率和较快的还原速度。不同催化剂的阴离子基团对反应有着不同的影响。在钠离子摩尔浓度相同的情况下，催化效果：四硼酸钠 ($Na_2B_4O_7$) ＞氟化钠 (NaF) ＞氯化钠 (NaCl) ＞硅酸钠 (Na_2SiO_3)。在温度 860～1100℃范围内，钛铁矿碳热还原反应的主要控速环节是界面化学反应。无催化剂反应的表观活化能为 260.976kJ/mol，添加四硼酸钠的一组表观活化能降低最多，其值为 226.182kJ/mol。

在钒钛磁铁矿综合回收利用方面，昆钢粉末冶金厂实现了钒钛磁铁矿的隧道窑直接还原工业化生产，经过磨选获得天然微合金铁粉、钛渣。

3.2 还原-磨选新技术处理冶炼渣的应用

3.2.1 铜冶炼渣

我国是世界主要产铜国，每年的铜渣排放量高达 1000 万 t 以上，普遍含 Fe、Cu、Zn、Pb、Co、Ni、Au、Ag 等金属及贵金属，Fe 含量明显高出我国铁矿石可采品位(TFe>27%)，但我国铜渣利用率却很低，大部分堆存在渣场，既占用土地又污染环境，同时还造成资源的巨大浪费。目前，铜渣中铁资源的回收方法主要有两种：①高温还原-常温磁选技术，该技术的不足之处在于高温还原反应后期，由于渣的黏度和熔点升高，阻碍反应的继续进行，影响磁铁矿相的聚集和长大，最终导致铁回收率偏低；②将铜渣中的铁磁选富集后，再作为炼铁原料进行还原处理，该技术的缺点是处理流程复杂，且铜渣中磁性铁含量较少，铁硅酸盐矿物在磁选过程中进入尾矿导致铁回收率偏低，一般不到 60%。因此，王红玉等[38]以某铜渣为对象，采用深度还原-磁选工艺进行了铜渣提铁实验。

实验试样为某炼铜渣经慢冷、破碎、磨矿、浮选提铜后的二次尾渣，-200 目占 95%，主要化学成分分析结果见表 3-45，XRD 图谱见图 3-30，SEM 扫描分析结果见图 3-31。

表 3-45　试样主要化学成分分析结果

成分	TFe	Fe_3O_4	Cu	SiO_2	Al_2O_3	MgO	CaO
含量/%	41.07	13.17	0.31	34.85	3.80	3.58	1.59
成分	Na_2O	K_2O	S	TiO_2	P_2O_5	MnO	烧失率
含量/%	0.29	0.82	0.16	0.17	0.095	0.036	0.03

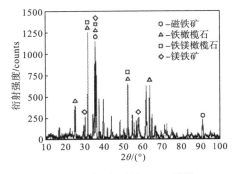

图 3-30　铜渣原料 XRD 图谱

图 3-31　铜渣原料 SEM 扫描分析结果

　　由表 3-45 可以看出，试样铁含量较高，有害元素 P、S 含量较低，铁为唯一可回收有价成分。由图 3-30 可以看出，试样中的铁主要以磁铁矿和铁橄榄石的形式存在，其次为镁铁矿和铁镁橄榄石，因此很难直接用物理方法分离、富集试样中的铁。由图 3-31 可以看出，试样中未发现结晶形貌良好的结晶体和磁铁矿颗粒。

　　实验方法：将还原剂褐煤磨至细度为-0.074mm 且含量占 90%，还原实验用料按比例混匀后置入石墨坩埚中，将石墨坩埚置于全自动硅钼棒高温马弗炉中进行深度还原，达到预定的还原时间后取出坩埚进行水冷，对还原产品再湿磨、一次弱磁选得磁选铁粉。

　　对该试样进行深度还原–磁选提铁研究，在褐煤用量为 20%、添加剂氧化钙用量为 8.9%、还原温度为 1250℃、还原时间为 3h、深度还原产物磨矿细度为-0.074mm 且含量占 70%、弱磁选磁场强度为 60.8kA/m 条件下，最终获得铁品位为 93.64%、回收率为 88.08%的磁选铁粉。深度还原产物的 XRD 图谱(图 3-32)中，还原产物以金属相的铁和石英为主，试样中的磁铁矿、铁橄榄石、镁铁矿和铁镁橄榄石等均还原成了金属铁；对磁选铁粉化学成分分析及 SEM 图谱(图 3-33)分析，结果表明：铁粉的主要物相是金属铁，杂质含量很少，可作为炼钢的优质原料。

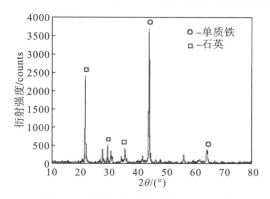

图 3-32　深度还原产物的 XRD 图谱

图 3-33   磁选铁粉 SEM 图谱

王爽等[39]以国内某铜渣磨矿-浮选选铜尾矿为原料,尾矿为冷却的熔融铜渣磨浮回收铜后的尾渣,呈酸性,铁含量高,硫磷含量低,铁以铁橄榄石、铁镁橄榄石、磁铁矿、镁铁矿相存在;实验以焦粉为还原剂、氧化钙为添加剂,以含铁硅酸盐还原成金属铁为目标,以还原产物磨矿-弱磁选精矿指标为评价依据,进行还原焙烧工艺条件研究。在铜尾渣深度还原的四个主要影响因素中,还原温度和还原时间对金属铁粉指标的影响最显著。实验结果表明:①还原温度和还原时间对还原效果影响显著;②在氧化钙用量为 6%、焦粉用量为 14%、还原温度为 1300℃、还原时间为 2h 情况下,获得的金属铁粉的铁品位为 92.96%、铁回收率为 93.49%,且杂质硫磷含量低,属优质炼钢辅料。铜尾渣深度还原产物的 SEM 表明,还原产物中金属铁颗粒粒度较均匀,形状较规则,嵌布关系较简单,无明显夹杂其他渣相的现象,这为后续磨选作业实现铁颗粒的解离和获得分选指标创造了条件。

文献[40]报道了大冶有色公司反射炉熔炼水碎渣铜铁含量高,铜主要以硫化物(冰铜相)存在,铁主要以铁橄榄石和磁铁矿存在,铜、铁、硅矿物紧密共生,相互交织,解离困难。在铜熔炼反射炉渣中铜铁赋存状态分析基础上,采用火法贫化和磁选技术对炉渣进行综合利用探索。此反射炉渣含 1.06%Cu 和 36.41%Fe,其中 32.5%的 Fe 以 Fe_3O_4 形式存在,53.5%的 Fe 以 $2FeO \cdot SiO_2$ 形式存在,铜、铁、硅矿物紧密共生,相互交织。研究结果表明:转炉渣返回贫化作业会导致反射炉渣含铜较高,添加一定量黄铁矿精矿,采用火法贫化工艺能有效降低渣含铜。将贫化后铜渣脱硅缓冷、磁选,所得铁精矿品位为 62%,回收率达 70.2%,实现了反射炉熔炼渣的综合利用,可用作炼铁原料。

曹洪杨等[41]通过改变铜冶炼熔渣的化学性质,使分散在渣中多种矿物相里的铁组分富集到磁铁矿相,然后促进磁铁矿相选择性地长大与粗化,最后通过磁选法分离出磁铁矿相。结果表明:改性渣中磁铁矿相的粒度达到 40μm 以上。在添加油酸钠 0.001mL/g 条件下,磨矿粒度为 45.8μm、激磁电流强度为 2.5A

时，经磨矿、磁选分离，铁精矿中 TFe 的品位达到 54%左右、回收率达到 90%以上。

王云等[42]以浮选铜渣的尾渣为原料，对其配碳还原和磁选分离工艺进行实验研究。实验以云南某冶炼厂厂家提供的铜渣为原料，分析纯碳酸钙（$CaCO_3 \geqslant 99.0\%$）为添加剂，无烟煤煤粉为还原剂。铜渣成分见表 3-46，煤粉成分见表 3-47。

表 3-46　铜渣成分

成分	TFe	FeO	SiO₂	CaO	MgO	Al₂O₃	Cu	S	Pb	Zn	MnO
含量/%	38.9	44.9	32.1	3.34	2.28	4.68	0.61	1.04	0.26	1.95	0.24

表 3-47　煤粉成分

成分	固定碳	灰分	挥发分	分析水
含量/%	85.85	5.44	8.30	0.46

对粉状铜渣进行矿相分析，粒度多在 0.002～0.6mm，形貌多为片状，矿物主要为硅酸盐液相渣及少量橄榄石矿物。硅酸盐液相渣含量在 75%～80%，磁铁矿晶粒含量为 15%～20%，见图 3-34(a)，晶粒大小为 0.1～10μm，含量为 2%～3%的黄铜矿与磁铁矿一起散布在硅酸盐液相渣之间，粒径基本等同磁铁矿晶粒，见图 3-34(b)。铜渣主要为磁铁矿、黄铜矿和硅酸盐液相渣。

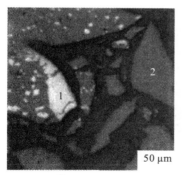

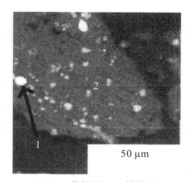

(a) 1-磁铁矿；2-硅酸盐液相渣　　　　　(b) 1-黄铜矿；2-橄榄石

图 3-34　铜渣显微照片

为探究碱度、温度对铜渣还原的影响，并研究在相应条件下不同粒度对磁选产物的影响。实验确定焙烧温度为 1175℃、配碳量为 $w_C/w_O=1.2$、碱度 R 为 0.4、粉碎粒度小于 42μm 时经还原和磁选，可得铁品位为 74.7%的磁性物质。对还原产物进行矿相分析后发现金属铁颗粒弥散分布在还原产物中，铜元素以冰铜的形式嵌布在金属铁颗粒中。

　　杨慧芬等[43]以褐煤为还原剂，采用直接还原-磁选方法对含铁 39.96%的水淬铜渣进行回收铁的实验。实验原料为国内江西某炼铜厂的水淬铜渣。该铜渣呈颗粒状，大部分颗粒粒径在 2～3mm，单个颗粒有不规则棱角，玻璃光泽，质地致密。铜渣的化学成分用 ARL-ADVANT'XP 波长色散 X 荧光光谱仪测定，共获 30 多种可检出成分，表 3-48 所列为其主要化学成分。由该表可见，铜渣中含有较高的 TFe、Cu、Zn 和 Pb，有害杂质 S 和 P 的含量也较高。铜渣碱度为 0.12，即 $m(CaO+MgO)/m(Al_2O_3+SiO_2)=0.12$，为酸性渣。图 3-35 所示为铜渣的 XRD 谱。由图 3-35 可见，铜渣中含 Fe 的晶相矿物主要有铁橄榄石(Fe_2SiO_4)及少量磁铁矿(Fe_3O_4)，其他铁矿物的衍射峰很难发现。

表 3-48　铜渣的主要化学成分

成分	TFe	SiO$_2$	Al$_2$O$_3$	CaO	MgO	Cu	Pb	Zn	S	P
含量/%	39.96	20.16	2.99	2.0	0.76	1.45	0.77	0.85	0.72	0.30

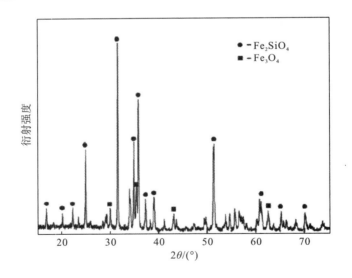

图 3-35　铜渣的 XRD 谱

　　直接还原过程所用还原剂为褐煤。该褐煤的固定 w_C 为 37.09%，挥发分含量为 43.52%，水分含量为 13.18%，灰分含量为 6.21%，全硫含量为 0.19%。由于铜渣为酸性渣，为促进铁橄榄石的还原，在直接还原过程加入碱性氧化物 CaO 后再还原为金属铁。Fe_2SiO_4 和 Fe_3O_4 直接还原的主要反应如下：

$$Fe_3O_4+2C = 3Fe+2CO_2 \tag{3-1}$$

$$Fe_2SiO_4+2C{=\!\!=\!\!=}2Fe+SiO_2+2CO \tag{3-2}$$

$$Fe_2SiO_4+CaO+2C{=\!\!=\!\!=}CaSiO_3+2Fe+2CO \tag{3-3}$$

根据实验原理，铜渣煤基直接还原过程需控制的重要工艺参数有 4 个：褐煤配比（褐煤与铜渣的质量比）、CaO 配比（CaO 与铜渣的质量比）、焙烧温度和焙烧时间。另外，焙烧产物的磨细度也是影响金属铁磁选回收效果的重要因素。

在原料分析和机理探讨基础上，提出影响铜渣中铁回收效果的主要工艺参数，并进行实验确定。结果表明：当铜渣、褐煤和 CaO 质量比为 100∶30∶10，还原温度为 1250℃，焙烧时间为 50min，磨细至 85%的焙烧产物粒径小于 43μm 时，在此条件下，可获得铁品位为 92.05%、回收率为 81.01%的直接还原铁粉，成分分析见表 3-49；经直接还原后，铜渣中的铁橄榄石及磁铁矿已转变成金属铁，所得金属铁颗粒的粒度多数在 30μm 以上，且与渣相呈现物理镶嵌关系，易于通过磨矿实现金属铁的单体解离，从而用磁选方法回收其中的金属铁。

表 3-49　直接还原铁粉的主要化学组成

成分	TFe	SiO$_2$	Al$_2$O$_3$	CaO	MgO	Cu	Pb	Zn	S	P
含量/%	92.05	3.65	0.67	1.58	0.57	0.16	0.021	0.005	0.001	0.028

在强化还原方面，吴道洪[44]公开了一种直接还原-磨选处理铜渣及镍渣的炼铁方法。首先将一定量的煤、铜渣或镍渣及熔剂混合后造球，干燥后将生球布入转底炉加热到 1100～1350℃，保温 15～40min，然后将 600～1100℃的高温还原铁料直接送入水中冷却后进行细磨选别，细磨选别后的铁料用高温失氧废气进行烘干后造块，形成块状铁料。此方法工艺简单、流程短、效率高、不需焦煤、适于处理铜渣及镍渣。

3.2.2　镍冶炼渣

文献[45]对镍冶炼渣的组分进行了分析，采用煤作还原剂对镍冶炼渣中金属元素进行高温还原，结果表明：主金属元素铁被还原成单质，其他有价金属元素 Ni、Cu、Co 以合金的形式存在于单质铁中。通过对温度、时间、配碳比和 CaO 添加量等反应参数的实验研究，得到了最优的反应条件，即温度为 1300℃，时间为 60min，配碳比为 4%，CaO 添加量为 20%，还原产物中铁的金属化率可达 99.22%。对还原产物进行破碎-磨矿-磁选处理，可得到铁品位 89.84%，金属化率 96.85%，回收率 92.15%，其他金属 Cu、Co、Ni 回收率≥85%的混合精矿。

鲁逢霖等[46]通过实验对镍渣和煤粉制备含碳球团的直接还原和磁选进行研究。实验原料为闪速炉火法冶炼硫化镍精矿过程中副产的渣和煤粉，渣成分（质量分数）见表 3-50。渣中 TFe 质量分数为 40.78%，SiO$_2$ 质量分数为 34.84%。实验用煤粉的成分（质量分数）见表 3-51。

表 3-50   镍渣化学成分

成分	TFe	FeO	SiO$_2$	CaO	MgO	Al$_2$O$_3$	S	P	K$_2$O	Na$_2$O	NiO
含量/%	40.78	51.43	34.83	1.64	6.51	1.72	1.05	0.014	0.294	0.180	0.166

表 3-51   实验用煤粉成分

成分	C	灰分	挥发分	S	H	P	H$_2$O
含量/%	74.32	20.01	5.67	0.44	2.56	0.023	2.56

对镍渣进行矿相分析发现该渣主要为硅酸盐液相渣，含量达到 90%以上，图 3-36（a）所示为含有少量的橄榄石和硫化镍铁，偶见磁铁矿存在，有 5%～7%的条状橄榄石存在，如图 3-36（b）所示。X 射线分析（图 3-37）结果表明镍渣中铁与镍的赋存状态主要有磁铁矿（Fe$_3$O$_4$）、硅酸铁（FeSiO$_3$）、硫化镍铁（FeNiS$_2$）和少量金属铁。

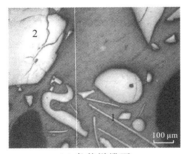 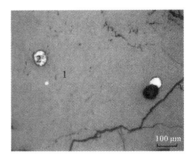

（a）条状橄榄石   （b）硫化镍铁

图 3-36   镍渣显微图

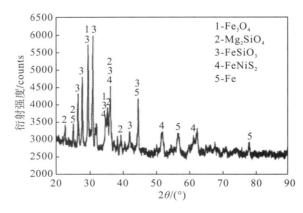

图 3-37   镍渣 X 射线分析结果

研究方法：首先用星形式球磨机将镍渣粉碎研磨，磨矿时间为 30min，磨矿后通过 120 目（相当于 0.121mm）筛子筛分，将筛好的镍渣与煤粉按一定的比例混合，并加入一定量的黏结剂搅拌均匀，然后使用对辊压球机进行冷固结成型。将压制好球团放入刚玉坩埚，在马弗炉内进行直接还原实验，还原过程中在炉内通入氮气，通入量为 3L/min，马弗炉使用二硅化钼作为加热体，最高温度为 1500℃。还原一定时间后取出坩埚并迅速用煤粉覆盖以防止在空气中发生二次氧化，待球团冷却后，以小辊磨进行磨矿实验，给矿量为 150g，给矿浓度为 50%，磨矿后对试样进行磁选管实验，磁选磁场强度为 65mT，选别时间为 1.5min。

实验考察不同温度、碳氧比、碱度等参数随时间的金属化率变化情况，以及不同磨矿细度下的磁选结果。结果表明：碳氧比为 1.2、碱度为 0.5 的镍渣含碳球团，在 1300℃下直接还原 20min 可以获得 98.34% 的金属化率，在该条件下还原后所得金属化球团磨矿时间从 10min 增加到 90min，粒度小于 0.074mm 所占比例从 46.9% 增加到 95.6%，磁选后精矿 w_{TFe} 从 78.82% 降低到 74.01%，而磁选产率与铁回收率则分别从 51.77% 和 79.02% 增加到 70.92% 和 89.80%。实验结果表明，镍渣通过含碳球团直接还原磁选的方式利用其中的铁资源在工艺上是可行的。

3.2.3　铅冶炼渣

杨慧芬等[47]采用煤基直接还原-磁选工艺对云南澜沧某铅渣中的铁进行回收工艺技术条件研究。实验所用铅渣为云南澜沧某铅矿有限公司的水淬铅渣，形状为颗粒状，4～0.5mm 粒级占 95% 左右，主要化学成分分析结果见表 3-52。

表 3-52　铅渣主要化学成分分析结果

成分	TFe	Cu	Pb	Zn	Sb	S	P	CaO	MgO	SiO₂	Al₂O₃
含量/%	0.54	2.64	5.23	0.056	1.56	0.24	19.17	1.74	14.61	6.05	25.98

从表 3-52 可见，铅渣中 Fe、Cu、Pb、Zn 含量均很高，有综合回收利用价值；铅渣碱度为 1.01，属中性渣，在煤基直接还原过程中可不添加任何调渣剂。实验所用还原煤为澜沧煤，工业分析结果见表 3-53。

表 3-53　还原煤工业分析结果

成分	水分	灰分	挥发分	固定碳	全硫
含量/%	16.51	8.52	46.69	35.99	0.32

从表 3-53 可见，该还原煤灰分和硫含量均较低，固定碳含量较高，属优质还原剂。

实验主要考察还原煤用量、焙烧温度、焙烧时间、磨矿细度、精选磁场强度等影响因素。结果表明，含铁 25.98%的铅渣在还原煤用量为铅渣质量的 30%，焙烧温度为 1200℃，焙烧时间为 40min，直接还原产物磨矿细度-74μm 占 83.92%，1 粗 1 精弱磁选磁场强度分别为 180kA/m、56kA/m 情况下，可获得铁品位为 93.68%、回收率为 77.59%的金属铁粉；煤基直接还原可使铅渣中粒度细微、嵌布关系复杂、磁性弱的含铁矿物转变成粒度粗大、与渣界限分明、磁性强的金属铁，为弱磁选分离创造有利条件。

3.2.4　赤泥

庄锦强[48]以高铁氧化铝赤泥为对象进行还原焙烧-磁选实验研究，从铁氧化物还原理论出发，分析其在还原气氛下的行为特点，重点研究在不同种类添加剂类别及用量情况下，赤泥中铁氧化物还原效果及还原后的金属铁与其他非磁性成分分离效果。研究采用的赤泥为山东氧化铝厂生产的烧结法赤泥，其主要成分及含量见表 3-54。

表 3-54　赤泥主要化学成分

成分	TFe	Al_2O_3	SiO_2	TiO_2	MgO	Na_2O	K_2O	CaO	S	P	LOI
含量/%	48.23	7.31	7.96	1.42	0.10	1.35	0.07	0.94	0.10	0.08	10.28

由表 3-54 可知，该赤泥为高铁氧化铝赤泥，其全铁含量远高于一般的赤泥，达到 48.23%。原料中 Al_2O_3 和 SiO_2 的含量分别为 7.31%和 7.96%，铝硅比接近 1，烧失量为 10.28%。因此，该赤泥是高铁、低铝、低硅赤泥的复合物。此外，原料中还含有 TiO_2(1.42%)、Na_2O(1.35%)、CaO(0.94%)等有价元素，分离回收铁后将得到富集，可进一步回收利用。

采用 X 射线衍射技术(XRD)对高铁氧化铝赤泥的物相进行了分析，图 3-38 为其 XRD 分析结果。从图 3-38 中可以看出，高铁氧化铝赤泥中所含的主要矿物为针铁矿、赤铁矿和石英。

实验方法：

(1)造块。将干燥后的赤泥原矿与一定比例的添加剂混匀，加入适量的水分，在 500MPa 下压制成 ϕ1cm×1cm 的圆柱状团块，并在 100℃下烘干。

(2)还原焙烧。采用 SK-8-13 型不锈钢竖式电炉进行球团的还原焙烧实验，不锈钢竖式电炉结构示意图如图 3-39 所示。其规格：电压 220V，功率 8kW，常用温度 1300℃，最高温度 1350℃，加热室尺寸 Φ80mm×220mm。以不锈钢罐（Φ 60mm×150mm）作为反应载体。称取约 50g 煤铺于罐底，再放入约 40g 干燥球团，最后加入过量的还原煤填满不锈钢罐。当电炉温度达到预设焙烧温度并恒定后，将不锈钢罐放入，待电炉温度再次达到预设焙烧温度时开始计时。焙烧一定时间后，将不锈钢罐取出，使球团隔绝空气自然冷却至室温。

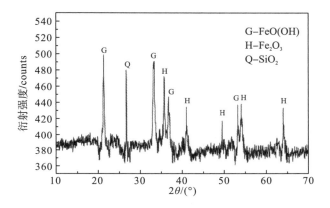

图 3-38　赤泥 XRD 物相分析结果

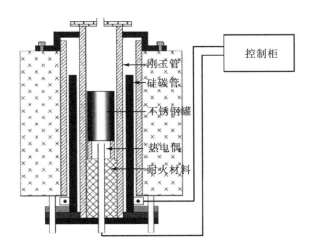

图 3-39　不锈钢竖式电炉结构示意图

　　(3)磨矿。先将焙烧球团破碎至粒度小于 1mm，然后称取一定质量，按一定的磨矿浓度置于球磨机内磨至一定细度。磨矿设备为 RK/ZQM 液晶智能湿式球磨机，其规格：最大磨样量 300g，转速 112r/min，功率 0.25kW，尺寸 Φ160mm×60mm。

　　(4)磁选。采用 XCGS-73 型磁选管对矿浆进行弱磁选。所得磁性产品和非磁性物矿浆经沉降后，在真空泵作用下过滤，滤渣烘干，烘干后的磁性产品即金属铁粉。

该实验研究采用褐煤作为还原介质，焙烧条件固定为焙烧温度1050℃、焙烧时间60min；磨选条件固定为磨矿浓度50%、磨矿时间10min、磁选场强1T。实验研究钠盐添加剂的种类及添加比例对分选效果的影响，得到铁与其他成分分离的最优钠盐组成，并进一步研究焙烧团块的显微结构，分析钠盐添加剂在还原过程的作用机理。

实验研究表明：①添加钠盐添加剂后，铝、硅化合物在高温还原过程中优先与钠盐发生反应，从而使铁氧化物能够充分地与还原剂接触，顺利地还原成金属铁并逐渐聚集长大；②单独添加碳酸钠或硫酸钠进行还原焙烧时，都能提高磁选后铁精矿的各项指标，然而在添加相同量的情况下，添加硫酸钠的效果比碳酸钠好，但是要获得较好的还原-磁选效果，需添加15%以上的添加剂；③同时添加两种添加剂，当添加6%碳酸钠和6%硫酸钠时，磁选产生的精矿含全铁为90.21%，铁回收率为94.95%，能得到较好的分选效果。

黄柱成等[49]对拜耳法高铁赤泥直接还原制备海绵铁进行研究，实验所用赤泥为广西三水型铝土矿拜耳法溶出所得残渣，其化学成分如表3-55所示。

表3-55　赤泥主要化学成分分析结果

成分	TFe	Al_2O_3	SiO_2	K_2O	CaO	MgO	Na_2O	TiO_2	S	P	Ig
含量/%	40.71	17.23	8.84	0.72	0.13	0.28	0.39	2.34	0.18	0.075	11.3

从表3-55可见，赤泥中TFe品位为40.71%，Al_2O_3和SiO_2含量分别为17.23%和8.84%，TFe品位和Al_2O_3含量都不高，但TFe品位相对于Al_2O_3含量要高，可采用直接还原处理赤泥，提取其中铁以合理利用。

研究表明：①高铁赤泥直接还原过程中氧化物之间会发生固相反应，生成$2FeO·SiO_2$和$FeO·Al_2O_3$等化合物，导致赤泥中铁氧化物还原困难；②预焙烧可改善赤泥还原条件，纯赤泥和赤泥中添加CaO时经预焙烧处理对赤泥还原有利，但添加Na_2CO_3和CaF_2时则没有理想的还原效果，添加剂Na_2CO_3和CaF_2的作用大于预焙烧处理对赤泥还原的作用；③添加剂CaO、Na_2CO_3和CaF_2都可促进赤泥的还原，其中Na_2CO_3和CaF_2的促进还原效果最好，Na_2CO_3可解离出Na_2O产生碱性氧化物，CaF_2可降低固相反应产生熔体熔点和黏度，促进赤泥还原；④还原焙烧温度为1150℃、还原焙烧时间为3h时，配入3%Na_2CO_3和3%CaF_2，还原焙烧块的金属化率可达到92.79%，获得铁品位89.57%、铁回收率为91.15%的海绵铁；⑤高铁赤泥直接还原生产海绵铁，有效地回收赤泥中的铁矿物，可作为赤泥综合利用的新途径。

李国兴等[50]针对山东某地的拜耳法赤泥经过干式强磁选之后得到精矿，化学成分见表 3-56，对精矿进行直接还原-磁选实验，考查直接还原温度、直接还原时间、还原剂用量、石灰石用量、碳酸钠用量对粉末铁品位和铁回收率的影响。经过正交实验得到各个因素的最佳水平，在直接还原温度为 1200℃、直接还原时间为 2.5h、煤用量为 30%、石灰石用量为 15%、碳酸钠用量为 3% 的条件下得到铁品位为 91.34%、铁回收率为 88.36% 的粉末，产品可以作为电炉炼钢的原料。

表 3-56　赤泥强磁选精矿化学多元素分析结果

成分	TFe	SiO$_2$	Al$_2$O$_3$	CaO	MgO	Na$_2$O	K$_2$O	TiO$_2$	P	S
含量/%	48.69	10.98	7.94	0.82	0.44	1.8	0.24	1.11	0.045	0.022

贾岩等[51]针对国内某高铁拜耳赤泥的特点进行深度还原-磁选实验，探讨还原剂量、添加剂量、还原温度、还原时间、磨矿细度和磁场强度等不同影响因素对铁精矿品位和回收率的影响。通过化学多元素分析、X 射线衍射分析、扫描电镜和能谱分析等方法，确定了原赤泥及所得铁精矿的物相组成和特点。当不采用添加剂时，在还原温度 1250℃、还原时间 60min、磨矿时间 20min、磁场强度 111.44kA·m^{-1} 的条件下，所得铁精矿的品位为 85.66%，回收率为 91.86%；采用添加剂时，在相同实验条件下，添加剂的使用量(质量分数)为 5% 时，所得铁精矿的品位为 91.23%，回收率为 93.13%。图 3-40 和图 3-41 分别为实验所得铁精矿的扫描电镜(SEM)照片和 EDS 图谱。图 3-40 中无规则颗粒物即还原所得铁，铁粒的发育良好，平均粒度很大，个别颗粒的短轴方向可达 22μm，长轴方向可达 44μm。如图 3-41 所示，铁精矿中的主要物相是铁，由于在送样分析前铁精矿可能部分被氧化，所以在图中还出现了一些微弱的磁铁矿峰。通过对实验所得铁精矿进行分析表明：产品主要为单质铁，品位高、杂质少，若能通过进一步的应用开发将其应用于直接炼钢，则具有很大的利润空间，市场前景十分广阔，值得进行进一步的深入研究和大规模开发。

图 3-40　铁精矿样品的 SEM 图像

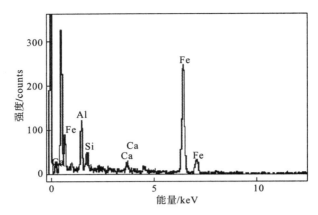

图 3-41　SEM 图像中 B 颗粒物的 EDS 谱

　　刘述仁等[52]以拜耳法赤泥为原料，通过还原焙烧-磁选实验回收赤泥中的铁。实验所处理的拜耳法赤泥为云南某铝生产氧化铝产出的残渣。通过 XRD 图谱(图 3-42)分析可知，赤泥主要矿物为二氧化硅、赤铁矿、针铁矿、钙长石等，由图 3-42 可以明显看出赤泥中铁元素主要以 Fe_2O_3 形式存在，还有一部分铁以其他化合物的形式存在，如羟基氧化铁($FeOOH$)。为确定赤泥原料的组成，对赤泥原料进行化学元素分析，结果见表 3-57。

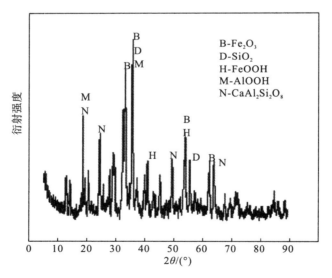

图 3-42　赤泥的 XRD 谱

表 3-57　赤泥的化学分析结果

成分	TFe	Al_2O_3	SiO_2	CaO	Na_2O	其余
含量/%	25.55	17.54	11.15	12.	37	8.06

实验中所采用的还原剂为活性炭，添加剂为分析纯的氟化钙，其目的是降低在焙烧还原过程中还原剂炭粉灰分对碳热还原的影响。

实验考察不同的焙烧温度、焙烧时间、炭粉加入量和添加剂用量等因素对实验结果的影响，得出最佳的实验条件：焙烧温度 1300℃、$m_{赤泥} : m_{炭粉} : m_{添加剂}$ =50：10：3、焙烧时间 120min。在该实验条件下，经还原-磁选得到铁品位为 86.35%的铁精矿，铁的回收率为 87.32%，可作为海绵铁直接用于高炉炼钢。

3.2.5　硫酸渣

我国硫酸产量(1000 万 t/年)居世界第三位,其中采用硫铁矿制硫酸约占 80%。用硫铁矿氧化焙烧 1t 硫酸即可产生 0.8～0.9t 的烧渣,这些烧渣除部分供炼铁厂或水泥厂作为添加剂外,其余的绝大多数作为废料堆放,不仅占用了大量土地,浪费铁矿资源,而且对环境造成严重污染。

硫铁矿烧渣再生利用一直是我国广大科技工作者关注的研究课题,近年来已取得了一些科研成果。据报道,硫铁矿烧渣主要有以下用途:①作制砖原料;②作水泥添加剂;③高温直接还原制海绵铁;④磁化焙烧制铁精砂;⑤重选-磁选制铁精砂;⑥提取贵金属以及采用化学方法制硫酸亚铁、铁红、铁黑、脱硫剂和聚合硫酸铁铝絮凝剂等。烧渣综合利用不仅可以消除烧渣对环境产生的污染,而且能使烧渣成为一种有开发价值的二次资源。

张秀云等[53]针对包头硫酸厂的烧渣情况,提出一个加脱硫剂、磁化还原焙烧和磁选新工艺,制备出的低硫铁精砂可作为炼铁厂的优质炼铁原料。

采用发射光谱法和化学分析法测定了硫铁矿烧渣的化学组成,分析结果见表 3-58。

表 3-58　硫铁矿烧渣的主要成分

成分	全铁	Fe^{3+}	Fe^{2+}	Ca	Mn	Cu	Si	P	S*
含量/%	55.23	43.29	10.17	10.0	0.075	0.8	0.30	0.057	0.28

注：数据由地质矿产部内蒙古自治区中心实验室与内蒙古工业大学材料学院实验中心测。

由表 3-58 数据可知,铁在硫铁矿烧渣中的含量为 55.23%,而 Fe_2O_3 占全铁含量的 78.38%,Fe^{3+} 是铁的主要存在形式。有效硫占烧渣总量的 0.28%,远远大于高炉用生铁中所允许的硫含量指标(0.05%)。

实验主要研究还原剂粒度对脱硫率的影响、还原剂量对脱硫率的影响、还原温度和时间对脱硫率的影响等,结果表明:当选用石灰石为脱硫剂、高炉焦炭为还原剂、物料最佳配比烧渣:石灰石:焦炭=30:14:7、焙烧温度为 980℃、焙烧时间为 40min 时，可将硫铁矿烧渣磁化焙烧为硫含量小于 0.04% 的铁精砂。原渣经焙烧后，Fe_2O_3 含量为 7.11%，Fe_3O_4 为 65.28%，为硫酸废渣利用开辟了一条新的途径。

许斌等[54]利用硫酸烧渣进行煤基直接还原生产金属化团块研究，提出润磨造球-预热焙烧-磁选-冷固结成型的新工艺流程（图 3-43）。新工艺流程中的几个技术关键为润磨工艺、黏结剂及催化剂的选择、强化预热、焙烧矿的磁选等。适宜的焙烧温度为 1150～1200℃，焙烧时间为 2～3h。所得产品金属化率约为 94%，含铁品位 90%，铁回收率 90%。直接还原铁粉冷固成型后可作电炉炼钢原料。同时，针对硫酸烧渣综合利用中的脱硫问题进行进一步探讨，该工艺为硫酸烧渣的综合利用开辟了新的途径。

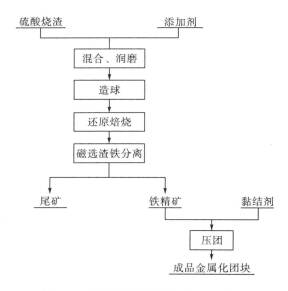

图 3-43　硫酸烧渣综合利用新工艺流程

王雪松等[55]用回转窑处理硫酸渣研究表明：回转窑焙烧硫酸渣可以有效地还原硫酸渣中 Fe_2O_3，通过球磨、磁选工艺提高铁的回收率。硫酸渣在回转窑内脱硫效果明显，回转窑倾角 0.8°、转速 12r/min 时，脱硫率达 85% 以上。

在强化还原方面，吴道洪[56]公开了一种直接还原-磨选处理硫酸渣的炼铁方法。首先将一定量的煤、铁矿及熔剂混合后造球，干燥后将生球布入转底炉加热到 1100～1350℃，保温 15～40min，然后将 600～1100℃ 的高温还原铁料直接送入水中冷却后进行细磨选别，细磨选别后的铁料用高温失氧废气进行烘干后造块，形成块状铁料。此方法工艺简单、流程短、效率高、不需焦煤、适于处理硫酸渣。

3.3　还原-磨选新技术生产优质还原铁粉的应用

3.3.1　直接还原生产还原铁粉研究情况

　　还原铁粉包括氧化铁还原铁粉和钢水雾化铁粉,作为工业铁粉的一种,具有自身的特点和用途。在粉末冶金工业中,还原铁粉颗粒细且多内孔,呈不规则海绵状,比表面积大,多用于低、中高密度,中高强度的粉末冶金制品及薄壁、长径比大或异形零件等,是润滑轴承、离合器部件、凸轮等不可缺少的原材料[57]。

　　《中国粉末工业》在 2007 年第 4 期报道了国外超纯铁精矿粉还原铁粉的发展及技术进步:在国外,用超纯铁精矿粉进行还原铁粉的生产厂家中,瑞典的赫格纳斯公司走在最前沿。早在 1911 年瑞典赫格纳斯公司就开始将磁铁精矿粉用焦炭与石灰石的混合物在坑式环形窑中还原成海绵铁用于炼钢。直到 1936 年这种海绵铁才开始用于粉末冶金工业和电焊条工业。随着铁粉用途的不断改进、拓宽,对还原铁粉的质量有更高的要求。为满足这一要求,1946 年在工艺上增加了氢气二次精还原处理,在提高铁粉化学纯度和改善铁粉的物理性能、冶金性能方面有了很大的突破,使得铁粉 C 含量低于 0.01%,氢损值降低到 0.12%左右,压缩性达到 $6.8g/cm^3$。此时,世界上目前最先进最成熟的碳-氢两步法直接还原铁粉生产工艺初步形成。

　　自 20 世纪 50 年代以来,随着在生产实践中不断地探索总结,利用先进的还原设备隧道窑逐步替代了原始的环形坑式窑,这在还原过程、能耗上都是一个很大的进步,并且在装料方式上也有了革新。首先经历平铺层装、垂直层装、环装,在还原过程中料层的传热效率有了很好的改善,使得料层还原较透,夹生现象减少,产品全铁含量增加显著。随后又改用柱状法,在很大程度上简化还原过程,改善了还原铁粉的物理、化学、冶金性能,使得其用途更进一步拓宽。许多国外生产厂家更关注这一点,瑞典赫格纳斯公司曾一度进行技术改革,降低超纯铁精矿粉中杂质 SiO_2 的含量,改善铁粉质量,加长窑体、扩大规模、提高产量。日本川崎制铁公司为扩大其还原铁粉生产规模,在 1985 年就从我国购买由铁精矿粉生产的海绵铁中间产品,另外,俄罗斯、西欧、北美一些国家都开始了磁铁精矿粉还原铁粉的生产,在这些国家由高纯铁精矿粉生产还原铁粉占全年铁粉产量的80%~90%。

　　目前,国外广泛应用生产还原铁粉的方法主要有固体碳还原法、气体还原法、气-固联合还原法,但两步法还原是现阶段世界上发展最成熟、最先进的工艺。随着科学技术的不断发展,铁粉质量、性能将受到严峻的考验,使得国外铁粉生产技术不断更新，近年来雾化法生产铁粉是国外铁粉的主要生产方法，如北美、西欧、日本铁粉年产量达到 60 万～70 万 t，而还原铁粉大约只有 10 万 t，其余是雾化铁粉，因此近年来国外对还原铁粉生产工艺的改进不多。

我国 95%以上的还原铁粉以轧钢铁鳞为原料，而世界上大多数还原铁粉以高纯铁精矿为原料，这代表了铁粉生产的主流。高纯铁精矿与轧钢铁鳞相比具有以下优点：①稳定性高，有害杂质少；②制得的铁粉更为疏松多孔，海绵结构发达，有利于成形、压缩，提高烧结制品力学性能；③粒度细、比表面大、还原速度较快，有利于提高设备产能，降低单位能耗。因此，使用高纯铁精矿制取还原铁粉具有十分重要的经济和社会意义。长沙矿冶研究院对山西黎城黄崖洞铁矿石进行选矿实验，对获得的高纯铁精矿(铁品位 71.89%，SiO_2 含量 0.22%)开展制取还原铁粉实验研究，采用固体碳粗还原-氢气精还原常规工艺，结果表明：选取产自黎城附近的无烟煤和产自黎城境内的石灰作还原剂和脱硫剂，在还原剂用量为铁精矿量的 1.5 倍、脱硫剂用量为还原剂量的 14%、还原温度为 1200℃、还原时间为 3.5h、料罐出炉温度为 400℃的条件下进行粗还原，粗还原铁粉在温度为 850℃、时间为 2.5h 的条件下进行 H_2 还原，可制得较优质还原铁粉[58]，其化学成分(除酸不溶物外)和工艺性能与瑞典赫格纳斯名牌 NC100.24 铁粉及国标一级 FHY100.25 铁粉相近。

吴霞[59]研究了实验室超纯铁精矿粉制备还原铁粉碳还原工艺过程，并讨论还原温度、还原时间、配碳量、脱硫剂添加量等工艺参数对海绵铁金属化率的影响，提出在本实验条件下，用超纯铁精矿粉生产还原铁粉原料的最佳工艺参数。在此最佳工艺参数下，生产海绵铁粉的金属化率达到 99.14%，为海绵铁粉二次还原工艺提供了优质原料。

乐毅等[60]采用焦炭和无烟煤作还原剂对磁铁精矿以及赤铁精矿进行固态下碳还原实验。研究结果表明：在现有海绵铁生产采用的温度范围(1050～1150℃)，赤铁矿还原性能明显优于磁铁矿。采用无烟煤作还原剂可以极大降低还原温度，缩短还原时间。

3.3.2 还原-磨选新技术制备还原铁粉研究情况

针对还原铁粉生产工艺，杨卜等[61]提出了一种钒钛铁精矿制备还原铁粉的新工艺，旨在利用价格较低的钒钛铁精矿生产还原铁粉，不仅可以获得优质还原铁粉，还可以回收钒钛。实验主要考察原料粒度、还原温度、还原时间、添加剂 Na_2SO_4 及 Fe 粉用量等因素对铁粉质量的影响。

实验用钒钛铁精矿取自攀枝花某矿山，其主要化学成分见表 3-59。实验流程如图 3-44 所示。

表 3-59 攀枝花某矿山钒钛铁精矿的主要化学成分

成分	TFe	V_2O_5	TiO_2	SiO_2	Al_2O_3	CaO	MgO
含量/%	67.56	0.59	12.95	4.82	4.64	1.42	3.34

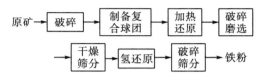

图 3-44 实验流程图

通过实验获得碳还原条件：还原剂为焦炭，内配碳为铁精矿的 15%，外配碳为铁精矿的 40%，还原温度为 1200~1250℃，还原时间为 90min，原料粒度为 -75μm，其含量为 80%，添加剂 Na_2SO_4 用量为 5%，Fe 粉用量为 3%。氢气还原条件：还原温度 820℃，还原时间 180min。在此条件下得到的还原铁粉 TFe 含量可达到 98.01%。

文献[62]报道了隧道窑-还原磨选法和回转窑-还原磨选法。首先介绍隧道窑-还原磨选法。在 20 世纪 90 年代，长沙矿冶研究院在实验室进行了钒钛铁精矿制取还原铁粉的研究，并在攀钢(集团)钛业公司进行了 3000t/a 规模的工业性实验。所采用的工艺流程见图 3-45。

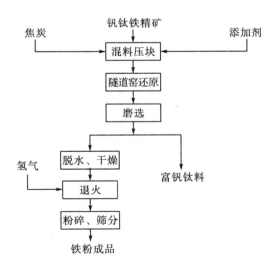

图 3-45 隧道窑-还原磨选法工艺流程图

该工艺实验室获得的适宜工艺条件及产品指标：

（1）工艺条件。

①还原工序：还原温度1150℃，还原时间4h，原料400g，焦炭总用（焦/矿）50%～55%。

②磨选工序：破碎之后采用两段磨矿、两次选别，一段磨矿粒度-200目占65%，二段磨矿粒度-200目占55%，两次选别均采用重选。

③退火工序：退火温度800℃，保温时间2.5h。

（2）产品指标。

还原-磨选获得铁粉的化学成分见表3-60。

表3-60   铁粉的化学成分

元素	TFe	Mn	Si	C	S	P	盐酸不溶物	LOI
含量/%	98.61	0.019	0.093	0.014	0.017	0.012	0.62	0.27

根据实验室实验所提供的工艺条件，随后在隧道窑中进行了3000t/a的工业实验，除了生产时间（从进料到出料）为18h外，其余工艺条件和产品质量指标与小试结果基本一致，但铁粉产率由实验室的37%（相对铁精矿）降到20%左右。

采用该工艺生产的还原铁粉，从小试与工业实验的情况来看，可以得出如下一些结论：

（1）从化学成分来看，除盐酸不溶物超标以外，其余指标均达到国家同类铁粉一级标准，并且该铁粉中还含有利于提高铁基制品强度的多种微量元素。

（2）从通用性能来看，松装密度、流动性、-325目粒级含量等指标未达国家同类铁粉一级标准。研究证明主要原因是-325目粒级含量偏高。

（3）从工业实验所得到的合格铁粉产率较低的情况来看，主要是隧道窑加热不均匀，还原时间不够，导致压块料内层未达到还原所要求的热工制度。

另外，在工业实验中还反映出该工艺耐火材料消耗大、能耗大、成品率低等弊端，因此最终由于成本太高而被迫停产。

下面介绍回转窑-还原磨选法。在

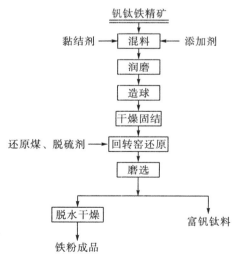

图3-46   回转窑-还原磨选法工艺流程图

1995 年左右，中南大学采用冷固结球团直接在回转窑中还原，通过磨选分离铁、钛进行制取铁粉的实验室扩大实验研究，其工艺流程见图 3-46。

该工艺的适宜工艺条件及产品指标：

（1）工艺条件。

①还原工序：还原温度 1100℃，还原时间 3h，煤总用量（C/Fe）68%。

②磨选工序：破碎之后采用两段磨矿、两次选别，一段磨矿粒度-200 目占 99%，二段磨矿粒度-200 目占 96%，两次选别均采用磁选。

（2）产品指标。

TFe 为 92.78%，TiO_2 为 3.68%。

从该工艺的扩大实验结果来看，得出如下结论：

（1）采用该工艺具有投资省、能耗低、准备作业（冷固结球团）简单易行等优点。

（2）回转窑传热、传质快，还原球团均匀，相对该工艺所要求的产品合格率高。

（3）该工艺最大弱点：基于回转窑结圈原因，还原温度最好不高于 1100℃，从而导致在常规加热下，铁晶粒长大不理想。其结果是产品粒度细、TFe 含量低、TiO_2 含量高，难以生产高附加值的粉末冶金用还原铁粉，减弱了该工艺的生命力。

在强化还原方面，杨卜等[63]研究了利用微波辐射碳还原钒钛磁铁精矿复合球团制备铁粉的新工艺，并分析各种新型添加剂以及还原温度对铁粉质量的影响。实验条件：还原剂为焦炭，内配碳量为铁精矿 15%，外配碳量为铁精矿 40%，还原温度为 1200～1250℃，还原时间为 1.5h，原料粒度-0.074mm 占 80%，氯化钠用量为 5%，硫酸钠用量为 3%。在此条件下可获得全铁达到 98.01% 的铁粉。

云南省东川区昆明中恒粉末冶金厂针对含铁 55% 左右的铁矿石，采用长 298m 的隧道窑进行还原，经磨选获得品质较好的还原铁粉，实现了工业化应用，广泛销往各大冶金及化工厂。

3.3.3　还原-磨选新技术处理云南钛铁矿精矿实验研究

1.前言

云南省有丰富的钛铁矿资源，在许多县市如富民、禄劝、禄丰、武定、富源、牟定、建水、弥勒等地区都发现储量较大的钛铁矿资源，这些资源采矿容易，且选矿简单，生产成本较低。据不完全统计，云南从事钛铁矿开采和经营的厂家较多，已成为我国主要的钛原料生产地之一。此外，云南钛铁矿无放射性、品位高、矿中铁钛氧化物总量达到 96%～97%，非铁杂质特别是硅铝杂质含量较低，钙和镁含量远比攀枝花和承德等地的钒钛铁精矿低，硫、磷含量也低，云南钛精矿是生产钛白和高钛渣的优质原料。

目前，云南钛铁精矿采用的路线一般为硫酸法生产钛白及电炉熔炼生产钛渣。其中硫酸法生产钛白虽然工业工艺简单易行、投资低，但存在不环保、成本高、资源利用率低等问题。电炉熔炼生产钛渣获得的钛渣品质较好，但存在运行成本高等问题，特别是在当前钛白价格低迷时期，钛精矿生产钛白难以获得经济效益。作者在对四川省攀枝花钒钛铁精矿采用还原-磨选-酸浸等进行实验研究的基础上[64-66]，针对云南钛精矿提出内配固定碳还原辅加添加剂、黏结剂润磨制团进行固态还原，磁重联合磨选，尾渣酸浸制备还原铁粉和富钛料的工艺，旨在为云南钛铁精矿资源综合利用提供借鉴。

2.实验物料及过程

实验物料：经过制样、取样分析，元素分析结果见表 3-61，从表中可知，TiO_2含量为 48.22%，铁含量为 35.75%。采用 XRD 对物料进行表征，结果见图 3-47。从图看出原料中大部分以钛酸铁和少量 TiO_2 形式存在，其余以 SiO_2、MgO 形式存在。

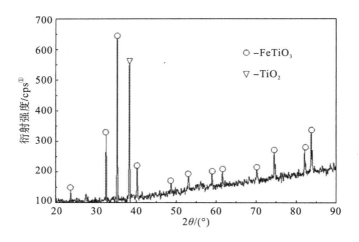

图 3-47　实验物料 XRD 分析结果

实验工艺及步骤：①按实验方案配入还原剂、添加剂(碳酸钠)、黏结剂，混匀，用球蛋成型机制成 15mm×15mm×20mm 的球团，烘干后置于电阻炉中还原；②还原后采用实验室小球磨机球磨，然后进行磁选分别获得还原铁粉及尾渣；

---

① 每秒计数(counts per second)，简称 cps。

③采用硫酸浸出尾渣，经洗涤及过滤、烘干得到富钛料。废水加石灰中和、压滤得到废渣和中性水。废渣主要含有硫酸钙和氢氧亚铁，可以堆存，中性水可返回过滤和洗涤工序使用，形成闭路循环。工艺路线见图3-48。

表3-61　云南钛铁精矿成分分析结果

元素	TiO$_2$	TFe	MgO	SiO$_2$	CaO	S
含量/%	48.22	35.75	1.08	4.62	≤0.01	≤0.01

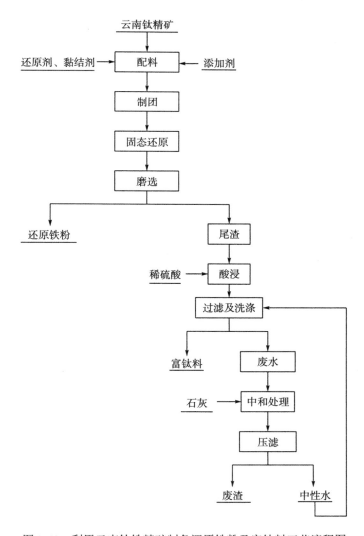

图3-48　利用云南钛铁精矿制备还原铁粉及富钛料工艺流程图

3.结果与讨论

1)还原实验

(1)还原温度对还原铁粉指标的影响。

在还原加热方式方面,有微波加热[67-69]、微波等离子体加热[70]和传统加热,本实验选择传统加热。实验固定磨选制度为磨矿浓度60%,球磨时间2.0h,采用800Oe磁选,还原剂配比10%、添加剂5.0%、黏结剂1%。将上述原料均匀混合制成球团烘干,还原时间3h,考察还原温度对还原铁粉指标的影响,结果见图3-49。

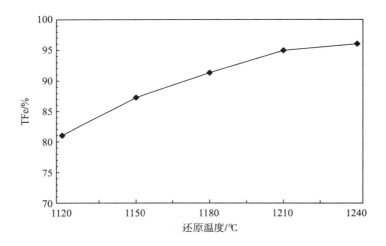

图3-49   还原温度对还原铁粉中全铁含量的影响

从图3-49可以看出,还原铁粉中全铁含量随着还原温度升高而升高,提高还原温度有利于提高还原速率。当还原温度为1120℃时,还原产物的金属化率仅为79.08%;当还原温度为1180℃时,还原产物的金属化率达到85.66%,提高了6.58%;当还原温度超过1210℃时,还原铁粉全铁含量并没有显著增加,因此实验确定还原温度1210℃。从隧道窑生产实践看,隧道窑生产温度一般为1150~1180℃,但还原时间较长,因为还原温度过高,对石墨坩埚寿命有严重影响,造成生产成本升高。

(2)还原时间对还原铁粉指标的影响。

实验固定磨选制度为磨矿浓度60%,球磨时间2.0h,采用800Oe磁选,还原剂配比10%、添加剂5.0%、黏结剂1%。将上述原料均匀混合制成球团烘干,还原温度1210℃,考察还原时间对还原铁粉含量的影响,结果见图3-50。

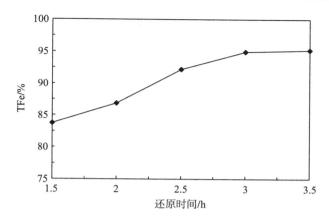

图 3-50　还原时间对还原铁粉铁含量的影响

从图 3-50 看出，还原时间在 1.5～3.0h，还原铁粉全铁含量随着还原时间延长而提高，呈线性增长，当焙烧时间超过 3h 时，随着还原时间增加，还原铁粉全铁含量增加缓慢，因此确定还原时间为 3h 较合理。

(3) 还原剂配比对还原铁粉指标的影响。

实验固定磨选制度为磨矿浓度 60%，球磨时间 2.0h，采用 800Oe 磁选，添加剂 5.0%、黏结剂 1%。将上述原料均匀混合制成球团烘干，还原温度 1210℃，还原时间 3h，考察还原剂配比对还原铁粉含量和铁收率的影响，结果见表 3-62。

表 3-62　还原剂配比对还原铁粉全铁含量和铁收率的影响

还原剂配比/%	4	7	10	13
全铁含量/%	92.79	93.60	95.66	95.81
铁收率/%	78.05	82.78	86.90	86.92

从表 3-62 可以看出，还原铁粉中全铁含量和铁收率随着还原剂配比增加而逐渐增加，当还原剂配比在 4%～7% 时，还原铁粉中全铁含量和铁收率增加明显，当还原剂配比超过 10% 时，还原铁粉中全铁含量和铁收率增加不明显，配比越高还原成本就升高，因此确定还原剂配比为 10%。

(4) 添加剂对还原铁粉指标的影响。

实验固定磨选制度为磨矿浓度 60%，球磨时间 2.0h，采用 800Oe 磁选，还原剂 10%、黏结剂 1%。将上述原料均匀混合制成球团烘干，还原温度 1210℃，还原时间 3h，考察添加剂对还原铁粉指标的影响，结果见表 3-63。

表 3-63　添加剂对还原铁粉全铁含量的影响

添加剂配比/%	0	2.5	5.0	7.5
全铁含量/%	86.77	90.38	95.66	95.33

从表 3-63 可以看出，还原铁粉全铁含量随着添加剂配比增加而提高，当不加添加剂时，还原铁粉全铁含量仅为 86.77%；加入添加剂 2.5% 后，还原铁粉全铁含量显著提高，较无添加剂提高 3.61%；当添加剂配比超过 5% 时，还原铁粉全铁含量增加不明显，确定添加剂配比为 5% 合适。

通过单因素还原条件实验获得最佳还原参数：还原剂 10%、黏结剂 1%、添加剂 5.0%、还原温度 1210℃、还原时间 3h。在此条件下获得还原产物，采用 X 衍射进行表征，结果见图 3-51。从该图可以看出，还原产物中主要物相为 TiO$_2$、Fe，还原较完全，为后续铁与钛磨选分离创造了条件。

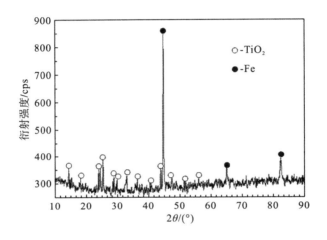

图 3-51　还原产物 XRD 分析结果

2) 磁选实验

实验固定还原剂 10%、添加剂配比 5%、黏结剂 1%，均匀混合制成球团烘干，还原温度 1210℃，还原时间 3h，磨矿浓度 60%，球磨时间 2.0h，考察磁选强度对还原铁粉指标的影响，结果见表 3-64。

表 3-64　磁选强度对还原铁粉全铁含量及铁收率的影响

磁选强度/Oe	600	800	1000	1200
全铁含量/%	96.01	95.66	94.96	87.45
铁收率/%	78.89	82.17	86.90	94.35

从表 3-64 可以看出，还原铁粉全铁含量随着磁选强度增加而逐渐降低，铁收率随着磁选强度增加而明显提高，主要原因是磁选强度增加出现磁团聚，夹杂其他杂质如残炭、钛渣等，弱磁物质也进入磁选精矿中。因此，全铁含量降低而铁

回收率增加，实验确定磁选强度为 800Oe 合适。

在此条件下获得还原铁粉和尾渣，成分分析见表 3-65。从该表可以看出，渣中主要含二氧化钛和铁等。采用 X 衍射对还原铁粉和尾渣进行表征，结果分别见图 3-52 和图 3-53。从图 3-52 可以看出，还原铁粉主要为铁物相，少量为二氧化钛物相，属于磨选过程中夹带或尚未解离的还原产物。从图 3-53 可以看出，尾渣中主要为 TiO_2 和铁两个物相，与图 3-52 还原产物 XRD 分析结果比较，铁衍射峰减弱，TiO_2 衍射峰增强。

表 3-65　尾渣成分分析结果

元素	TiO_2	TFe	MgO	SiO_2	C	Na_2O	其他
含量/%	66.68	8.49	2.86	8.09	2.36	5.32	6.20

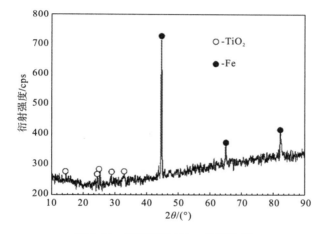

图 3-52　还原铁粉 XRD 分析结果

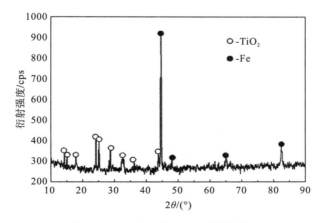

图 3-53　尾渣产物 XRD 分析结果

3) 酸浸实验

固定还原-磨选制度，重点讨论酸浓度、酸浸时间对富钛料指标的影响。

(1) 酸浓度对富钛料指标的影响。

针对还原-磨选获得的尾渣成分，采用酸浸选择性除去铁、镁、硅等杂质以提高富钛料品质[71]。酸浸种类较多，有硫酸、盐酸、氢氟酸等，虽然盐酸和氢氟酸对除杂有很好的效果，但存在设备腐蚀及酸气挥发等严重问题，实验主要考察硫酸浓度、酸浸时间对富钛料指标的影响。

固定液固比 4 : 1、浸出温度为 95℃、浸出时间为 3h、搅拌速度为 250r/min，考察硫酸浓度对富钛料品位的影响，结果见图 3-54。

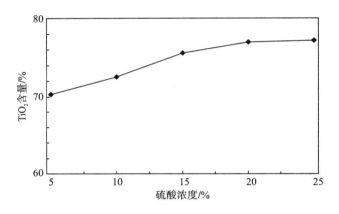

图 3-54 硫酸浓度对富钛料中 TiO_2 含量的影响

从图 3-54 可以看出，随着硫酸浓度升高，富钛料中 TiO_2 含量逐渐提高。当硫酸浓度为 5%时，富钛料中 TiO_2 含量为 70.31%；当硫酸浓度为 20%时，富钛料中 TiO_2 含量为 76.95%；当硫酸浓度为 25%时，富钛料中二氧化钛含量仅提高 0.11%，测定滤液发现有少量 TiO_2，说明硫酸浓度过高会影响 TiO_2 收率。因此选择硫酸浓度为 20%合适。

(2) 酸浸时间对富钛料指标的影响。

固定液固比 4 : 1、浸出温度为 95℃、硫酸浓度为 2%、搅拌速度为 250r/min，考察硫酸浓度对富钛料品位的影响，结果见图 3-55。

从图 3-55 可以看出，浸出时间在 1.5～3.0h，酸浸时间对富钛料中二氧化钛含量影响较显著，且随着酸浸时间延长而提高。当浸出时间为 3h 时，富钛料中二氧化钛含量为 76.95%，与酸浸时间 1h 比较，富钛料中二氧化钛含量提高了 8.77%。当酸浸时间为 3.5h 时，富钛料中二氧化钛含量为 77.37%，富钛料中二氧化钛含量增加不明显，仅提高 0.48%，且酸浸时间长，设备处理效率低，故确定浸出时间为 3.0h。

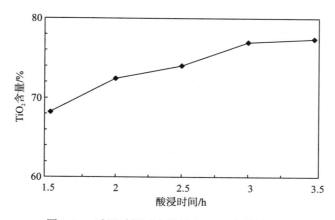

图 3-55 酸浸时间对富钛料中 TiO$_2$ 含量的影响

4) 综合实验

通过全流程单因素条件实验，确定云南钛铁精矿合理的工艺参数：还原剂为焦粉，还原剂配比 10%、添加剂 5.0%、黏结剂 1%。将上述原料均匀混合制成球团烘干，还原温度 1210℃，还原时间 3h。还原后通保护气氛冷却到室温，粉碎后进行磨选，矿浆浓度 60%，球磨时间 2.0h，采用 800Oe 磁选，再进行重选获得还原铁粉，磁选尾矿和重选尾矿合并为最终尾渣。采用硫酸选择性浸出尾渣，浸出工艺参数：硫酸浓度 20%、液固比 4：1、浸出温度为 95℃、浸出时间为 3h、搅拌速度为 250r/min。在此工艺条件下，还原铁粉全铁为 96.01%，富钛料中 TiO$_2$ 含量为 76.94%。对富钛料采用 X 衍射进行表征，结果见图 3-56。从该图看出，富钛料中主要为 TiO$_2$，出现了新相钛酸铁，为还原过程中尚未还原的钛酸铁。

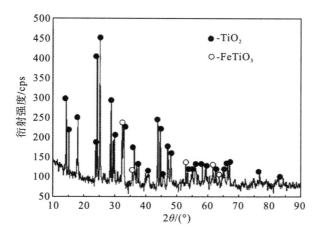

图 3-56 富钛料 XRD 分析结果

废液主要含有少量的硫酸和硫酸亚铁，采用石灰中和到 pH 为 7～8，经过压滤获得中性水，可以返回过滤和洗涤工序，废渣主要含硫酸钙和氢氧化亚铁，可以堆存或作为生产水泥添加剂。

结论：云南钛铁精矿还原-磨选获得还原铁粉及尾渣，硫酸选择性浸出尾渣中的铁、镁等杂质获得富钛料的工艺路线是可行的；还原实验表明，添加剂配比对还原铁粉全铁含量影响明显；磁选过程中磁选强度对还原铁粉全铁含量影响显著，在不追求铁回收率时，适当降低磁选强度有利于提高还原铁粉全铁含量，酸浸过程中硫酸浓度不宜过高，否则出现二氧化钛分散造成收率降低；X 衍射分析结果表明，还原铁粉中主要为铁，少量为二氧化钛物相，为磨选过程中夹带或尚未解离的还原产物；富钛料中出现新相钛酸铁，为还原过程中尚未还原的钛酸铁。

3.4　本　章　小　结

本章主要介绍了还原-磨选新技术在贫赤铁、褐铁矿、菱铁矿、钒钛磁铁矿、铜冶炼渣、铅冶炼渣、镍冶炼渣、赤泥、硫酸渣、钛铁矿等应用情况，为这些含铁资源综合回收提供借鉴作用。

参　考　文　献

[1] 张朝英, 朱庆山, 侯宝林. 云南召夸赤铁矿流化床直接还原-磁选实验[J]. 金属矿山, 2009(6): 56-59.

[2] 李艳军, 袁帅. 赤铁矿石深度还原熟料高效分选工艺实验[J]. 金属矿山, 2014(2): 64-68.

[3] 李艳军, 袁帅, 陈波, 等. 澳大利亚某赤铁矿石深度还原实验[J]. 金属矿山, 2014(5): 70-73.

[4] 李克庆, 王立宁, 倪文, 等. 宣龙式铁矿焙烧还原-磁选工艺及其影响因素[J]. 北京科技大学学报, 2011, 33(2): 153-156.

[5] 沈慧庭, 周波, 黄晓毅, 等. 难选鲕状赤铁矿焙烧-磁选和直接还原工艺的探讨[J]. 矿冶工程, 2008, 28(5): 30-34.

[6] 闫方兴, 贾彦忠, 梁德兰, 等. 高磷鲕状赤铁矿直接还原-磁选实验研究[J]. 钢铁研究, 2013, 41(3): 1-4.

[7] 李解, 韩腾飞, 李保卫, 等. 赤铁矿微波还原焙烧-弱磁选工艺研究[J]. 矿冶工程, 2014, 34(1): 82-86.

[8] 余建文, 韩跃新, 李艳军, 高鹏. 鞍山式赤铁矿预选粗精矿悬浮态磁化焙烧-磁选实验研究[J]. 中南大学学报（自然科学版）, 2018, 49(4): 771-778.

[9] 王传龙, 杨慧芬, 蒋蓓萍, 等. 云南某褐铁矿直接还原-弱磁选实验[J]. 金属矿山, 2014(5): 74-77.

[10] 高照国, 曹耀华, 刘红召, 等. 某难选褐铁矿直接还原焙烧-磁选工艺研究[J]. 矿冶工程, 2013, 33(4): 49-51.

[11] 张茂, 王东, 陈启平, 等. 云南某褐铁矿磁化焙烧-磁选工艺实验研究[J]. 矿冶工程, 2011, 31(6): 51-53.

[12]王在谦, 唐云, 舒聪伟, 等. 难选褐铁矿氯化离析焙烧-磁选研究[J]. 矿冶工程, 2013, 33(2): 81-83.

[13]陈斌, 易凌云, 彭虎, 等. 某褐铁矿微波磁化焙烧-弱磁选实验[J]. 金属矿山, 2011(6): 73-74.

[14]刘先军. 新疆鄯善菱铁矿可选性实验研究[J]. 现代矿业, 2009(8): 35-37.

[15]刘小银, 余永富, 陈雯. 大西沟菱铁矿闪速磁化焙烧-磁选探索实验[J]. 金属矿山, 2009(10): 84-85.

[16]张汉泉, 余永富, 陈雯. 大冶铁矿强磁选精矿磁化焙烧热力学研究[J]. 钢铁, 2007(4): 8-11.

[17]罗明发, 雷云. 王家滩菱铁矿的选矿实验研究[J]. 矿业快报, 2008(10): 43-45.

[18]冯志力, 余永富, 刘根凡, 等. 王家滩菱铁矿流态化磁化焙烧实验研究[J]. 金属矿山, 2009(9): 58-60.

[19]闫树芳, 孙体昌, 寇珏, 等. 某菱铁矿直接还原焙烧磁选工艺研究[J]. 金属矿山, 2011(5): 89-92.

[20]朱子宗, 张丙怀. 煤基还原贫菱铁矿冶炼海绵铁的实验研究[J]. 重庆大学学报(自然科学版), 1998, 21(2): 101-105.

[21]朱德庆, 罗艳红, 潘建, 等. 新疆某菱铁矿直接还原磁选实验研究[J]. 中国废钢铁, 2014(2): 26-35.

[22]陈双印, 郭鹏辉, 吴祥龙, 等. 钒钛磁铁矿金属化还原-选分-电热熔分新工艺[J]. 东北大学学报(自然科学版), 2013, 34(3): 378-282.

[23]汪云华, 彭金辉, 杨卜, 等. 钒钛磁铁矿制备还原铁粉的碳还原过程的实验研究[J]. 南方金属, 2005(146): 23-24.

[24]汪云华. 内配碳固态还原钒钛磁铁矿实验研究[J]. 矿冶工程, 2013, 33(4): 91-96.

[25]薛向欣, 夏溢, 余少武, 等. 一种钒钛磁铁矿固相强化还原-磁选分离的方法: 201210569589.8[P]. 2012.

[26]汪云华, 范兴祥, 何德武. 一种用隧道窑还原-磨选综合利用钒钛铁精矿的方法: 200710066172.9[P]. 2007.

[27]张启龙, 杨雪峰, 杨维忠, 等. 一种铁粉生产工艺: 201410357646[P]. 2015.

[28]张启龙, 肖香普, 杨雪峰, 等. 一种以钒钛磁铁矿为原料来制铁粉的生产工艺: 201410403994.1[P]. 2014.

[29]汪云华, 范兴祥, 何德武. 一种无罐隧道窑还原钒钛磁铁矿的方法: CN101157984B[P]. 2010.

[30]姜涛, 余少武, 薛向欣, 等. 承德钒钛磁铁矿固相还原-磁选分离研究[A]//第九届中国钢铁年会论文集. 2013.

[31]梁建昂, 梁毅, 梁经冬. 外热式竖炉还原磨选钒钛铁精矿制取微合金铁粉新工艺: 201310389545.1[P]. 2013.

[32]安登气. 广东岚霞钒钛资源综合回收铁、钛、钒新工艺研究[J]. 矿冶工程, 2014, 34(3): 51-53.

[33]杨合, 孙旭, 刘东, 等. 钒选铁尾矿和钛精矿直接还原-磁选工艺回收铁实验研究[J]. 材料热处理学报, 2014, 35(4): 90-95.

[34]于春晓, 孙体昌, 徐承焱, 等. 煤泥作还原剂对海滨钛磁铁矿直接还原焙烧磁选的影响[J]. 矿冶工程, 2014, 35(4): 93-96.

[35]庞建明, 郭培民, 赵沛. 固态还原钛铁矿生产钛渣新技术[J]. 中国有色冶金, 2013(1): 78-81.

[36]赵沛, 郭培民. 低温还原钛铁矿生产高钛渣的新工艺[J]. 钢铁钒钛, 2005, 26(2): 1-5.

[37]刘云龙, 郭培民, 庞建明, 等. 高杂质钛铁矿固态催化还原动力学研究[J]. 钢铁钒钛, 2013, 34(6): 1-5.

[38]王红玉, 李庆庆, 倪文, 等. 某高铁二次铜渣深度还原-磁选提铁工艺研究[J]. 金属矿山, 2012(11): 141-144.

[39]王爽, 倪文, 王长龙, 等. 铜尾渣深度还原回收铁工艺研究[J]. 金属矿山, 2014(3): 156-160.

[40]秦庆伟, 黄自力, 李密, 等. 反射炉炼铜渣综合利用技术研究[J]. 铜业工程, 2010(1): 49-54.

[41]曹洪杨, 付念新, 王慈公, 等. 铜渣中铁组分的选择性析出与分离[J]. 矿产综合利用, 2009(2): 8-10.

[42]王云, 朱荣, 郭亚光. 铜渣还原磁选工艺实验研究[J]. 有色金属科学与工程, 2014, 5(5): 61-67.

[43]杨慧芬, 景丽丽, 党春阁. 铜渣中铁组分直接还原与磁选回收[J]. 中国有色金属学报, 2011, 21(5): 1165-1170.

[44]吴道洪. 直接还原-磨选处理铜渣及镍渣的炼铁方法: 200910088663.2[P]. 2009.

[45]马松劲, 韩跃新. 煤基还原法从镍冶炼渣中提取有价金属的研究[J]. 中国矿业大学学报, 2014(2): 305-308.

[46]鲁逢霖. 金川镍渣直接还原磁选提铁实验研究[J]. 酒钢科技, 2014(3): 1-6.

[47]杨慧芬, 张露, 马雯, 等. 铅渣煤基直接还原-磁选选铁实验[J]. 金属矿山, 2013(1): 151-153.

[48]庄锦强. 高铁氧化铝赤泥中铁回收技术研究[J]. 湖南有色金属, 2014, 30(2): 32-35.

[49]黄柱成, 蔡凌波, 张元波, 等. 拜耳法高铁赤泥直接还原制备海绵铁的研究[J]. 金属矿山, 2009(3): 173-176.

[50]李国兴, 王化军, 胡文韬, 等. 拜耳法赤泥直接还原-磁选实验[J]. 现代矿业, 2013(9): 31-34.

[51]贾岩, 倪文, 王中杰, 等. 拜耳法赤泥深度还原提铁实验[J]. 北京科技大学学报, 2011, 33(9): 1059-1064.

[52]刘述仁, 于站良, 谢刚, 等. 从拜耳法赤泥中回收铁的实验研究[J]. 轻金属, 2014(2): 14-17.

[53]张秀云, 梅敦, 龚沛, 等. 利用硫铁矿烧渣制低硫铁精砂[J]. 内蒙古工业大学学报, 2003, 22(1): 52-56.

[54]许斌, 庄剑鸣, 白国华, 等. 硫酸烧渣综合利用新工艺[J]. 中南工业大学学报, 2000, 31(3): 215-218.

[55]王雪松, 付元坤. 用回转窑处理硫酸渣的研究[J]. 矿产综合利用, 2003(5): 47-49.

[56]吴道洪. 直接还原-磨选处理硫酸渣的炼铁方法: 200910086525.0[P]. 2009.

[57]吴霞. 超纯铁精矿粉生产还原铁粉在我国的发展现状及前景[J]. 矿业快报, 2006(4): 5-7.

[58]张志雄, 周波, 徐建本. 用黄崖洞高纯铁精矿制取还原铁粉[J]. 金属矿山, 2008(2): 57-59.

[59]吴霞. 超纯铁精矿粉制备还原铁粉碳还原过程实验研究[J]. 矿业快报, 2006(3): 17-19.

[60]乐毅, 陈述文, 陈启平. 铁矿石制备还原铁粉的碳还原过程的实验研究[J]. 矿冶工程, 2003, 23(4): 51-53.

[61]杨卜, 彭金辉, 汪云华, 等. 一种钒钛铁精矿制备还原铁粉的新工艺[J]. 矿产综合利用, 2006(1): 12-14.

[62]汪云华, 彭金辉, 杨卜, 等. 钒钛铁精矿制取还原铁粉工艺及改进途径探讨[J]. 金属矿山, 2006(1): 94-97.

[63]杨卜, 汪云华, 彭金辉, 等. 微波辐射钒钛磁铁精矿制备铁粉新工艺研究[J]. 中国工程科学, 2005, 7(增刊): 361-363.

[64]汪云华, 范兴祥, 何德武. 一种用隧道窑还原-磨选综合利用钒钛铁精矿的方法: 200710066172.9[P]. 2007.

[65]汪云华, 范兴祥, 何德武. 一种用转底炉还原-磨选综合利用钒钛铁精矿的方法: 200710066173.3[P]. 2007.

[66]汪云华, 范兴祥, 何德武. 一种无罐隧道窑还原钒钛铁矿的方法: 200710202565[P]. 2007-11-16.

[67]杨卜, 汪云华, 彭金辉, 等. 微波辐射钒钛磁铁精矿制备铁粉新工艺研究[J]. 中国工程科学, 2005(7): 361-363.

[68]黄孟阳, 彭金辉, 张世敏, 等. 微波加热还原钛精矿制取富钛料新工艺[J]. 钢铁钒钛, 2005, 26(3): 24-28.

[69]黄孟阳, 彭金辉, 黄铭, 等. 微波加热还原钛精矿制取富钛料扩大实验[J]. 有色金属(冶炼部分), 2007(6): 31-34.

[70]徐有生. 微波-热等离子体生产活性富钛料及人造金红石的方法: 95101725.X[P]. 1995-02-09.

[71]孙艳, 彭金辉, 黄孟阳, 等. 含钛料浸出除杂过程中的改性剂研究[J]. 钢铁钒钛, 2005, 26(3): 29-32.

第4章 还原-磨选新技术处理有色资源的应用

全世界开发红土镍矿的成熟技术有火法、湿法和火湿联合法，其中火法分为矿热炉炼镍铁、电炉炼镍铁、小高炉炼镍铁等，湿法分为硫酸常压堆浸或搅浸、加压酸浸等。这些现行成熟生产方法中，火法产品为镍铁或镍锍，其中镍铁出售以镍计，铁和钴不计价，因此钴无法回收利用。湿法为电解镍和钴产品，钴可以回收利用。由于火法成本高，铁和钴无法利用，而湿法(硫酸堆浸、硫酸搅浸、硫酸泡浸和加压酸浸)则存在酸耗高、硫酸镁废液处理费用高等缺点，最终使整个镍生产成本高等，无经济优势，特别是红土镍矿中铁无法得到利用，造成资源的极大浪费。近年来，国内外对红土镍矿开发新技术展开了系统深入研究，取得一些进展。

4.1 红土镍矿处理技术进展

4.1.1 火法工艺

1.镍铁工艺

红土镍矿镍铁为一种成熟工艺[1-11]：①在镍铁生产工艺中，首先将矿石破碎到 50～150mm，然后送干燥窑干燥到矿石既不黏结又不太粉化，再送煅烧回转窑，在 700℃温度下干燥、预热和煅烧，产出焙砂；②在焙砂加入电炉后，再加入 10～30mm 的挥发性煤，经过 1000℃的还原熔炼，产出粗镍铁合金；③粗镍铁合金再经过吹炼产出成品镍铁合金，镍质量分数为 20%～30%，镍回收率为 90%～95%，钴不能回收。

根据澳洲红土镍矿性质，作者积极展开还原-熔分组实验研究，选择渣型为 SiO_2-MgO-CaO-FeO 四元体系。考察熔剂配比、还原剂配比、预还原温度、预还原时间、金属化率、电炉熔分温度、熔分时间对指标的影响。

本次实验所用澳大利亚红土镍矿来自 GME 公司的矿样(18 桶)，将 18 桶红土镍矿充分混合后烘干，按一定的取样方式取 10kg 样品作为实验原料，并破碎至 0～3mm，取样进行矿石化学成分以及镍、铁的物相分析，结果分别见表 4-1～表 4-3。

表 4-1　红土镍矿的主要化学成分

元素	Ni	Co	Fe	MgO	CaO	SiO$_2$
含量/%	1.26	0.12	21.38	8.32	3.86	42.39
元素	Al$_2$O$_3$	Na$_2$O	K$_2$O	TiO$_2$	Mn	
含量/%	0.21	0.37	0.12	0.26	0.40	

表 4-2　镍的化学物相分析

物相	氧化镍	硫酸镍	硫化镍	硅酸镍	全镍
Ni 含量/%	0.096	0.019	0.010	1.135	1.26
分布率/%	7.62	1.51	0.79	90.08	100

表 4-3　铁的化学物相分析

物相	磁铁矿及磁黄铁矿	菱铁矿	赤铁矿及褐铁矿	硫化铁	硅酸铁	全铁
Fe 含量/%	3.14	0.20	17.75	0.09	0.20	21.38
分布率/%	14.69	0.94	83.01	0.42	0.94	100

从表 4-1～表 4-3 可以看出，该红土镍矿中有价元素 Ni、Co 含量分别为 1.26%、0.12%，Fe 可作为综合回收对象。Ni 主要以硅酸镍形式存在，其分布率为 90.08%，Fe 主要以赤铁矿及褐铁矿形式存在，其分布率为 83.01%。

1) 研究方法

本研究实验流程图见图 4-1。在每次实验过程中，按一定的比例将还原剂、溶剂与红土镍矿细磨混合后置于球磨机中磨至 200 目以下，添加一定的黏结剂，在压团机上制团，合格的团块置于转底炉内在一定的温度下预还原至指定时间后，将预还原团块置于电弧炉内在一定的温度下进行熔炼，到指定时间后冷却，镍铁合金与渣分离后，称取镍铁合金，并取样分析其主要成分，计算镍的回收率。

实验所用设备：QDJ288-2 型制团机，Φ2000mm 转底炉(功率 105kW)，LMZ120型连续进料式振动磨矿机，电弧炉。

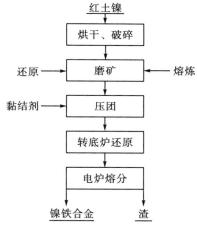

图 4-1　实验流程图

2）热力学分析

红土镍矿中各种铁、镍氧化物被 CO 还原的反应如下[12]：

$$NiO+CO(g)\Longrightarrow Ni+CO_2(g)，\quad \Delta G^\theta=-48298+1.67T \text{ J/mol} \tag{4-1}$$

$$3Fe_2O_3+CO(g)\Longrightarrow 2Fe_3O_4+CO_2(g)，\quad \Delta G^\theta=-52130-41.0T \text{ J/mol} \tag{4-2}$$

$$Fe_3O_4+CO(g)\Longrightarrow 3FeO+CO_2(g)\ (T>843K)，\quad \Delta G^\theta=35380-40.16T \text{ J/mol} \tag{4-3}$$

$$\frac{1}{4}Fe_3O_4+CO(g)\Longrightarrow \frac{3}{4}Fe+CO_2(g)\ (T<843K)，\quad \Delta G^\theta=-1030+2.96T \text{ J/mol} \tag{4-4}$$

$$FeO+CO(g)\Longrightarrow Fe+CO_2(g)，\quad \Delta G^\theta=-13160+17.2T \text{ J/mol} \tag{4-5}$$

$$C(s)+CO_2(g)\Longrightarrow 2CO(g)，\quad \Delta G^\theta=170700-174.5T \text{ J/mol} \tag{4-6}$$

将还原镍、铁氧化物的平衡气相组成及温度的关系绘于同一图中，如图 4-2 所示。

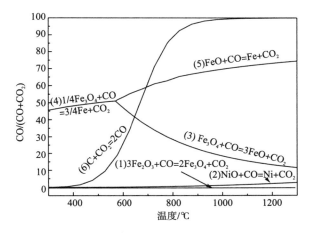

图 4-2　镍、铁氧化物还原平衡气相组成与温度的关系

从图 4-2 可以看出，NiO 极易还原，铁氧化物的还原区域可分为金属铁稳定区、Fe_3O_4 稳定区和 FeO 稳定区。因此在预还原-电炉熔分过程中，可以控制还原气氛，即控制还原剂用量使 Ni 尽可能完全还原成金属，Fe 部分还原成金属与金属 Ni 形成镍铁合金。选择合适的熔剂用量，使剩余部分的铁以氧化物的形式进入渣相，从而获得优质的镍铁合金。

3）预还原-电炉熔分实验[13]

（1）还原设备。

转底炉。

（2）电炉熔分渣型选择。

炉渣是决定合金产品最终成分及温度的关键因素，而渣与合金的分离是靠渣铁间的热量及质量的交换而实现的。要使炉渣具有良好的吸附夹杂能力，并保持良好的流动性，需选择适宜的炉渣渣型成分。

根据矿物性质分析结果，对澳大利亚红土镍矿选择的渣型应由 SiO_2-MgO-CaO-FeO 四元体系组成。由于本研究所用澳大利亚红土镍矿中 SiO_2 含量高达 42.39%，MgO 含量 8.32%，CaO 含量仅 3.86%，因此需要添加一定的石灰来保证所需渣型。根据 SiO_2-MgO-CaO-FeO 四元系渣组成及红土镍矿化学成分，石灰理论计算加入量为 20.54%，含氧化钙 82.20% 的石灰，则需要加入 25%。实验研究了熔剂石灰的配比对镍收率的影响，结果见图 4-3。实验条件：还原剂配比为 3.5%，预还原温度 1150℃，预还原时间 30min，熔分时间 15min，熔分温度 1450℃。

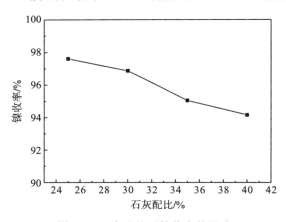

图 4-3   石灰配比对镍收率的影响

从图 4-3 可看出，随着石灰加入量增加，镍收率有所降低。当石灰配比为 25% 时，镍收率为 97.62%；当石灰配比增加到 40%，镍收率降低较明显。这主要是由于石灰用量增加，渣与合金分离效果差。因此本研究确定合适的石灰配比为 25%。

（3）还原剂配比选择。

还原剂用量直接影响镍铁合金中镍的含量，从而影响合金的质量。因此实验研究还原剂配比对镍铁合金中镍含量的影响，结果见图 4-4。实验条件：石灰配比为 25%，预还原温度 1150℃，预还原时间 30min，熔分温度 1450℃，熔分时间 15min。

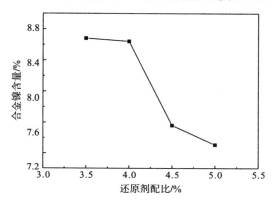

图 4-4　还原剂对合金中镍含量的影响

从图 4-4 可以看出，随着还原剂配比增加，合金中镍含量逐渐降低。当还原剂配比从 3.5%增加到 5%时，合金中镍的含量从 8.68%下降到 7.31%。这主要是由于随着还原剂配比增加，在还原过程中铁的金属化率升高，在熔分过程中金属铁进入合金，从而稀释合金中镍含量。因此本研究确定适宜的还原剂配比为 3.5%。

（4）转底炉预还原制度选择。

预还原的金属化率是影响镍铁合金中镍含量波动的重要因素之一。本实验研究了预先还原制度（预还原温度及时间）对预还原团块金属化率的影响。结果分别见图 4-5 和图 4-6。

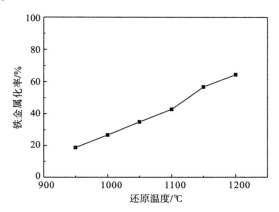

图 4-5　预还原温度对铁金属化率的影响

还原剂配比 3.5%，石灰配比 25%，预还原时间 30min

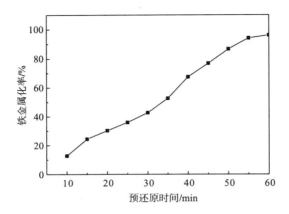

图 4-6   转底炉预还原时间对铁金属化率的影响

还原剂配比 3.5%，石灰配比 25%，预还原温度 1150℃

由图 4-5 可知，随着预还原温度的提高，预还原球团中铁的金属化率增加。实验过程中发现，当还原温度在 1200℃时，球团出现熔化并黏结，在工业上会带来出料困难的问题，因此实验确定适宜的预还原温度 1150℃。由图 4-6 可知，随着还原时间延长，预还原球团中铁的金属化率逐渐增加。当确定还原时间超过 50min 时，金属化率已达到 94%以上。预还原球团金属化率过高，在电炉熔炼过程中铁进入合金，降低合金中镍含量。当还原时间为 30min 时，金属化率在 47%左右，采用电炉熔分可获得含镍较高的镍铁合金。因此确定还原时间 30min 较合适。

(5) 电炉熔分制度选择。

查阅 Ni-Fe 系状态图[14]，当镍含量小于 50%时，熔点为 1450℃。根据镍铁合金的熔点曲线，选择电炉熔分温度为 1450℃。同时考查电炉熔分时间对镍铁合金镍含量及镍收率的影响，结果见图 4-7。

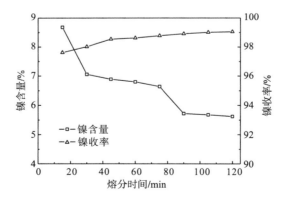

图 4-7   电炉熔分时间对镍铁合金镍含量及镍收率的影响

还原剂配比 3.5%，石灰配比 25%，预还原温度 1150℃，还原时间 30min，熔分温度 1450℃

由图 4-7 可知，随着电路熔分时间的延长，合金中镍的含量降低，回收率增加。当熔分时间为 15min 时，合金中镍含量 8.68%，镍收率 97.62%。当熔分时间延长至 60min 时，合金中镍含量 5.62%，镍收率 98.04%。这主要是由于随着熔分时间的延长，金属铁含量增加，进入合金后，镍被稀释导致镍铁合金中镍含量降低。由此可见，熔分时间不宜过长，适宜的熔分时间为 15min。

4) 结论

(1) 该红土镍矿中有价元素 Ni、Co 含量分别为 1.26%、0.12%；Ni 主要以硅酸镍形式存在，Fe 主要以赤铁矿及褐铁矿形式存在。

(2) 热力学分析表明，NiO 极易还原，在预还原-电炉熔分过程中，可以控制还原气氛，即控制还原剂用量，使 Ni 尽可能完全还原成金属，Fe 部分还原成金属与金属 Ni 形成镍铁合金；剩余部分的铁以氧化物的形式进入渣相。

(3) 本研究所用澳大利亚红土镍矿中 SiO_2 含量高达 42.39%，MgO 含量 8.32%，CaO 含量仅 3.86%，选择的渣型为 SiO_2-MgO-CaO-FeO 四元渣系。在熔剂石灰配比为 25%、焦粉配比 3.5%、转底炉预还原温度 1150℃、转底炉预还原时间 30min、电炉熔分温度 1450℃、熔分时间 15min 条件下，获得镍含量 8.68%、镍回收率 97.62%、铁含量 86.23% 的镍铁合金，可用作不锈钢生产原料。

2.镍锍工艺

镍锍生产工艺是在生产镍铁工艺的 1500～1600℃熔炼过程中加入硫磺，产出低镍锍，再通过转炉吹炼生产高镍锍。生产高镍锍的主要工厂有法国镍公司的新喀里多尼亚多尼安博冶炼厂、印度尼西亚的苏拉威西·梭罗阿科冶炼厂。高镍锍产品一般镍质量分数为 79%，硫质量分数为 19.5%。全流程镍和钴回收率约 70%，铁没有回收。

4.1.2 湿法工艺

红土镍矿湿法工艺包括堆浸、泡浸、搅浸以及加压浸出等[12-27]。其中堆浸、搅浸在云锡元江镍业股份有限公司安定矿山得到了生产应用。

1.堆浸工艺

童伟锋等[28]对澳大利亚红土镍矿采用两段逆流堆浸工艺进行研究，考察浸出过程中矿样粒度、浸出液酸浓度、浸出时间、堆高对镍浸出率的影响。

1）实验原料

本次红土镍矿实验用的是澳大利亚 GME 公司的矿样，矿样经晾晒、自然干燥、破碎后筛分为-2mm、-8+2mm、-15+2mm 和-25+2mm 四个粒级，各粒级的化学成分见表4-4。

表 4-4　红土镍矿各粒级化学成分

元素	含量/%			
	-2mm	-8+2mm	-15+2mm	-25+2mm
Ni	1.14	1.04	1.06	1.15
Co	0.13	0.12	0.10	0.13
Fe	21.09	20.83	19.87	20.16
Mg	2.62	2.40	2.50	2.67

由表 4-4 可知，该红土镍矿中镍元素含量为 1.04%～1.15%，铁元素含量为 19.87%～21.09%，镁元素含量为 2.40%～2.67%，各粒级矿样的化学组成非常相近，属于低镍高铁低镁的铁质镍矿石，适于采用湿法提取工艺。

2）实验设备与实验试剂

实验中使用的设备主要为浸取柱 15 个（3 个 Φ0.47m×1.5m，3 个 Φ0.47m×2.2m，3 个 Φ0.47m×3m，6 个 Φ0.20m×1.5m）。实验中使用的试剂有工业硫酸、自来水。

3）实验方法

实验采用两段逆流浸出的堆浸流程，实验流程见图 4-8。将红土镍矿晾晒干燥，破碎后筛分为-2mm、-8+2mm、-15+2mm 和-25+2mm 四个粒级。由于-2mm 渗

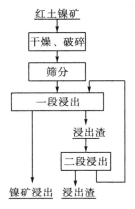

图 4-8　红土镍矿堆浸流程图

透性差，实验选用-8+2mm、-15+2mm 和-25+2mm 三个粒级进行实验。堆浸过程采用连续喷淋、自循环的喷淋方法，喷淋强度定为 90L/(m²·h)。一段浸出使用二段浸出产生的浸出液浸新的红土镍矿，实验主要考察浸出时间对镍浸出率的影响；二段浸出使用新配置的酸液浸一段浸出的浸出渣，实验主要考察酸浓度、粒度和堆高对镍浸出率的影响。

4）一段浸出实验及结果

固定其他条件为：粒度-8+2mm 的新矿，连续喷淋、自循环，喷淋强度 90L/(m²·h)，堆高为 1.4m，二段浸出液（镍离子浓度 3.52g/L，酸浓度为 7%）。实验研究浸出时间对镍浸出率的影响，结果见图 4-9。

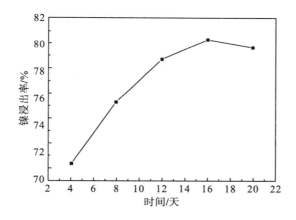

图 4-9　浸出时间对镍浸出率的影响

由图 4-9 可知，镍浸出率随浸出时间的增加而增加，镍浸出率在 16 天达到 80.28%；继续增加浸出时间，镍的浸出率反而略微下降。因此，本研究确定的一段浸出适宜的时间为 16 天。

5）二段浸出实验及结果

（1）酸浓度对浸出率的影响。

固定其他条件为：连续喷淋、自循环，喷淋强度 90L/(m²·h)，浸出液调出条件为 Ni≥3.5g/L，矿石粒度为-8+2mm，堆高为 1.4m。实验研究不同酸浓度在 7 天内对镍浸出率的影响，结果见图 4-10。

由图 4-10 可知，当酸浓度为 22%时，经过 7 天的浸出，镍浸出率最高为 22.57%；继续提高酸浓度，镍的浸出率提高幅度不大。因此本研究确定二段浸出适宜的酸浓度为 22%。

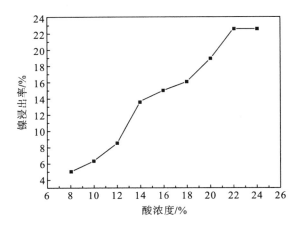

图 4-10   酸浓度对镍浸出率的影响

(2)粒度对浸出率的影响。

其他固定条件：连续喷淋、自循环，喷淋强度 90L/(m²·h)，浸出液调出条件为 Ni≥3.5g/L，酸浓度为 22%，堆高为 1.4m。实验研究粒度对镍浸出率的影响，结果见图 4-11。

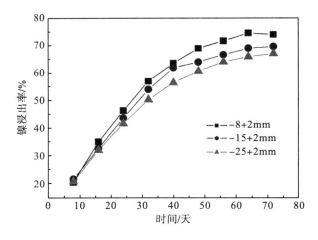

图 4-11   粒度对镍浸出率的影响

由图 4-11 可知，浸出率随时间的增长而增大，相同的浸出时间，粒度越大镍浸出率越低，浸出时间为 60 天时，粒度为-8+2mm 的矿样镍的浸出率为 70.86%。因此本研究确定适宜的粒度为-8+2mm。

(3)堆高对浸出率的影响。

其他固定条件：连续喷淋、自循环，喷淋强度 90L/(m²·h)，浸出液调出条件为 Ni≥3.5g/L，酸浓度为 22%，粒度为-8+2mm。实验研究堆高对镍浸出率及酸耗的影响，结果见图 4-12。

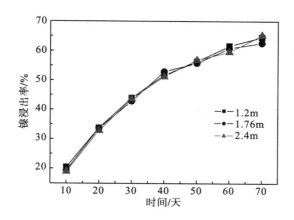

图 4-12　堆高对镍浸出率的影响

由图 4-12 可知，镍浸出率随浸出时间的增加而增加，浸出时间在 70 天时堆高为 1.2m、1.76m 和 2.4m 的堆浸柱镍浸出率均达到 65%左右。因此堆高在 1.2～2.4m 范围内对浸出率影响不大。

从二段堆浸的实验结果可知，二段所确定的最佳条件为：酸浓度为 22%、粒度为-8+2mm、堆浸时间为 60～70 天，镍浸出率为 74.00%，酸耗在 70 吨酸/吨镍左右。

6）结论

（1）澳大利亚红土镍矿中 Ni、Co、Mg、Fe 含量分别为 1.26%、0.12%、2.38%、19.18%，属于高铁低镁红土镍矿。

（2）通过实验得出最佳工艺条件为：一段浸出使用二段的浸出液浸出新的镍矿，矿石粒度为-8+2mm，堆浸时间为 20 天；二段浸出使用新配置的酸液浸一段浸出渣，酸浓度为 22%，堆浸时间为 60～70 天。

（3）采用两段逆流浸出工艺，可提高浸出液中镍浓度的同时降低残酸浓度，深度浸出镍提高镍的总浸出率，镍的总浸出率为 80.28%，浸出液中镍离子浓度为 4.5g/L 左右，浸出液残酸浓度小于 1%。

2.搅浸工艺

针对澳大利亚某红土镍矿的矿物组成及比较国内外红土镍矿处理工艺，作者[29]选择采用搅拌硫酸浸出。实验重点考察酸度、浸出时间、浸出温度、粒度和液固比对镍浸出率和金属吨镍酸耗的影响。

1) 实验原料

来自澳大利亚某公司运抵昆明贵金属研究所的矿样(18桶),对每个桶分别取样进行分析,其化学组成情况见表4-5。该矿属于低镁高铁的铁质镍矿,钴、镁、铁和水含量随着深度变化不大,粒度分布不均。

表4-5 不同取样深度获得的红土镍矿化学组成

样品编号	来样桶号	矿样深度/m	Co/%	Ni/%	Mg/%	Fe/%	H₂O/%
1	1	4.5~5.5	0.09	0.91	1.50	19.34	19.45
2	2	4.5~5.5	0.16	0.88	1.08	19.03	19.19
3	3	4.5~5.5	0.16	0.78	1.00	22.22	19.86
4	4	5.5~6.5	0.26	1.21	1.64	22.12	24.32
5	5	5.5~6.5	0.13	1.10	1.74	21.46	22.12
6	6	5.5~6.5	0.18	1.17	1.82	22.57	22.54
7	7	6.5~7.5	0.08	1.10	2.66	15.92	28.29
8	8	6.5~7.5	0.13	1.20	3.00	16.89	27.59
9	9	6.5~7.5	0.16	1.04	1.77	22.40	24.44
10	10	7.5~8.5	0.10	1.36	3.76	17.96	27.57
11	11	7.5~8.5	0.10	1.32	3.28	17.53	28.44
12	12	7.5~8.5	0.08	1.39	3.77	17.40	31.73
13	13	8.5~9.5	0.08	1.14	2.86	16.64	29.35
14	14	8.5~9.5	0.07	0.98	2.04	17.89	25.93
15	15	8.5~9.5	0.08	1.06	2.43	17.20	28.22
16	16	9.5~10.5	0.08	1.22	2.97	19.70	30.55
17	17	9.5~10.5	0.08	1.18	2.75	19.29	26.09
18	18	9.5~10.5	0.07	1.20	2.83	19.75	29.86
	平均含量/%		0.12	1.12	2.38	19.18	25.63

从表4-5可以看出:1~18桶矿样的镍、钴、镁、铁含量比较接近,且均属于同一矿山的中层矿,所以将18桶矿样归并在一起作为本次实验的原料,原料粒度分布见表4-6。

表 4-6　原矿粒度分布

样品编号	来样桶号	矿样颜色	不同粒级矿物百分比/%					最大粒径/mm
			-2mm	-8+2mm	-25+8mm	-50+25mm	+50mm	
1	1	黄褐色	8.20	37.55	25.26	20.57	8.42	220
2	2	黄褐色	8.82	28.24	39.20	14.78	8.96	175
3	3	黄褐色	2.95	17.71	31.57	19.05	28.72	420
4	4	土红色	2.03	12.07	28.41	27.93	29.56	260
5	5	土红色	3.32	18.36	37.81	25.08	15.43	190
6	6	土红色	6.00	24.46	39.97	18.39	11.19	150
7	7	黑褐色	1.25	15.13	27.20	27.20	29.22	520
8	8	黄褐色	3.52	21.19	29.51	20.85	24.93	310
9	9	黑褐色	0.49	12.68	29.20	32.27	25.36	350
10	10	黑褐色	1.61	10.14	24.21	24.47	39.57	290
11	11	黄褐色		43.11		26.30	30.59	270
12	12	黄褐色		40.31		35.63	24.06	250
13	13	黄褐色		48.55		22.00	29.45	300
14	14	黄褐色		48.14		16.79	35.07	520
15	15	黄黑色		63.98		23.02	13.00	350
16	16	黄黑色		60.94		24.61	14.45	360
17	17	黄黑色		63.33		18.53	18.14	300
18	18	黄黑色		58.72		23.79	17.49	290

注：11～18 号样品由于太湿无法进行较细粒级的筛分。

2) 实验矿样制备

采用颚式破碎机进行破碎，用不同孔径的筛网进行筛分，获得的矿样主要分为-2mm、-8+2mm、-15+2mm 和-25+2mm 四个粒级，各粒级的化学成分见表 4-7。

表 4-7　澳大利亚红土镍矿各粒级化学成分

元素	含量/%			
	澳大利亚红土镍矿各粒级			
	-2mm	-8+2mm	-15+2mm	-25+2mm
Ni	1.14	1.04	1.06	1.15
Co	0.13	0.12	0.10	0.13
Fe	21.09	20.83	19.87	20.16
Mg	2.62	2.40	2.50	2.67

由表 4-7 可知，各粒级矿样的化学组成非常相近，所以使用任何一个粒级进行实验都可以代表全粒级的情况。

3) 实验仪器及试剂

所用设备主要为搪瓷反应釜 100L 和板框压滤机，试剂为化学纯硫酸。

4) 实验方法

实验针对 18 桶样品取具有代表性的实验原料，烘干、粉碎至-40+80 目，按实验方案加入硫酸和水，控制搅拌转速。浸出结束后，进行过滤和洗涤，然后取样分析浸出液中镍含量和残留的硫酸，并计算镍的浸出率和酸耗。

固定搅拌转速，实验主要考察酸度、浸出时间、浸出温度、粒度和液固比对镍浸出率和金属吨镍酸耗的影响。

(1) 酸度对镍浸出率及酸耗的影响：红土镍矿的粒度为-40+60 目，液固比为 3:1，浸出时间为 5h，浸出温度为 80℃，实验考查酸度对镍浸出率及酸耗的影响，结果见表 4-8。

表 4-8　酸度对镍浸出率及酸耗的影响

指标	酸度 (mol/L)						
	1.11	1.39	1.66	1.94	2.22	2.50	2.78
镍浸出率/%	42.49	51.98	67.81	71.36	73.05	75.37	77.18
酸耗/(吨酸/吨镍)	121.54	109.35	102.67	83.15	96.88	104.21	116.92

由表 4-8 可知，浸出率随酸度的增加而增大，当酸度大于 1.94mol/L 时，镍浸出率增加较慢，但酸耗增加较快，所以浸出最佳酸度为 1.94mol/L。镍的浸出率为 71.36%，钴的浸出率为 20.8%，且酸耗相对较低，为 83.15 吨酸/吨镍。

(2) 温度对镍浸出率的影响：红土镍矿的粒度为-40+60 目，液固比为 3:1，浸出时间为 5h，浸出酸度为 1.94mol/L，实验考查温度对镍浸出率的影响，结果见图 4-13。

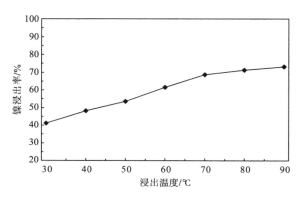

图 4-13　浸出温度对镍浸出率的影响

由图 4-13 可知，当温度为 80℃时，镍浸出率最高为 75.96%，钴的浸出率为 21.69%，所以最佳温度为 80℃。

（3）粒度对镍浸出率及酸耗的影响：浸出温度为 80℃，液固比为 2∶1，浸出时间为 5h，浸出酸度为 1.94mol/L，实验考查粒度对镍浸出率及酸耗的影响，结果见表 4-9。

表 4-9 粒度对镍浸出率及酸耗的影响

指标	粒度			
	−20+40 目	−40+60 目	−60+80 目	−80+100 目
浸出率/%	68.19	71.36	75.86	77.95
酸耗/(吨酸/吨镍)	80.18	83.15	85.65	87.23

由表 4-9 可知，粒度对镍浸出率和酸耗影响不大，当粒度为−80+100 目时，镍浸出率较高，为 77.95%，酸耗为 87.23 吨酸/吨镍。考虑红土镍矿工业化处理规模大，红土镍矿要破碎−80+100 目，耗能较高，因此确定粒度为−40+60 目，即平均粒度在 0.25～0.38mm 较适宜。

（4）浸出时间对镍浸出率及酸耗的影响：红土镍矿的粒度为−40+60 目，浸出温度为 80℃，液固比为 3∶1，浸出酸度为 1.94mol/L，实验考查浸出时间对镍浸出率及酸耗的影响，结果见表 4-10。

表 4-10 浸出时间对镍浸出率及酸耗的影响

指标	时间				
	1h	2h	3h	4h	5h
镍浸出率/%	53.25	66.08	68.15	70.01	71.36
酸耗/(吨酸/吨镍)	88.53	86.61	84.01	80.54	80.15

由表 4-10 可知，镍浸出率随时间延长有增大趋势，但当时间超过 4h 后，浸出率趋于平缓。由于红土镍矿工业化处理量较大，提高一个百分点其经济效益也相当可观，综合考虑确定浸出时间为 5h。

（5）液固比对镍浸出率和酸耗的影响：红土镍矿的粒度为−40+60 目，浸出温度为 80℃，浸出时间 5h，浸出酸度为 1.94mol/L，实验考查液固比对镍浸出率及酸耗的影响，结果见表 4-11。

表 4-11　　液固比对镍浸出率及酸耗的影响

指标	液固比			
	1：1	2：1	3：1	4：1
镍浸出率/%	50.27	65.19	71.36	76.88
酸耗/(吨酸/吨镍)	68.19	72.14	80.15	83.65

由表 4-11 可以看出，液固比对镍浸出率和酸耗有较大的影响。实验表明：当液固比为 1：1 和 2：1 时，基本黏稠状，流动差；当液固比为 3：1 和 4：1 时，流动性好；虽然液固比为 4：1 时镍浸出率和酸耗均较理想，但后续含硫酸镍溶液处理量较大，因此确定合适的液固比为 3：1。

5) 综合实验

通过以上实验获得最优实验参数：酸度为 1.94mol/L、粒度为-2mm、浸出时间 3h、温度 80℃、液固比 3：1。在此浸出条件下，镍、钴、铁和镁浸出率分别为 73.58%、18.28%、45.7% 和 69.21%；获得的浸出液中镍、钴、铁和镁离子浓度分别为 3.08g/L、0.0752g/L、35.64g/L 和 6.36g/L，浸出液中残酸浓度小于 9%，酸耗在 80 吨酸/吨镍左右。

6) 结论

采用搅浸处理澳大利亚某红土镍矿是可行的，通过实验获得最佳搅浸条件为：酸度为 1.94mol/L、粒度为-2mm、浸出时间 3h、温度 80℃、液固比 3：1。在实验确定的条件下，镍的浸出率可达到 73.58%，钴的浸出率过低，仅为镍浸出率的 1/4，需要进一步研究提高钴的浸出率，以增强搅拌浸出工艺处理红土镍矿的技术优势。另外，红土镍矿中接近 50% 的铁被浸出，约 70% 的镁被浸出，浸出液中残酸浓度小于 9%，酸耗在 80 吨酸/吨镍左右。含镍、钴、铁、镁等元素的浸出液需要进一步研究分离及提纯工艺。该工艺具有投资小、流程短、工艺简单等特点，为处理红土镍矿提供一种全湿法工艺。

3.泡浸工艺

简单概述如下[30]：

1) 实验设备

所用设备主要为 Φ0.13m×0.7m 泡池 3 个。

2) 实验开展的内容及结果

根据矿样的基本情况、国内外大量文献及相关实践经验确定两段逆流浸出的堆浸流程，一段浸出使用二段的浸出液浸较新的镍矿，在提高浸出液镍钴浓度的同时降低酸度，二段浸出使用新配置的酸液浸一段的渣，可以深度浸出提高镍钴的浸出率。

(1) 二段浸出。

①酸度实验。固定其他条件为：矿石粒度为-8+2mm，酸液的用量为刚好将所有矿浸泡，考查二段酸度在 6 天内对镍浸出率及酸耗的影响，结果见图 4-14。

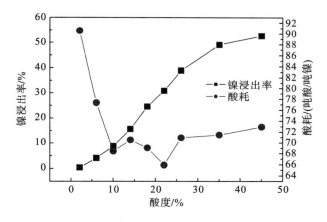

图 4-14　二段酸度对镍浸出率及酸耗的影响

由图 4-14 可知，浸出率随酸度的增加而增大，当酸度大于 45%时，浸出液黏度非常大、不易排出，而且容易产生结晶。当酸度为 45%时，经过 6 天的浸出镍浸出率最高为 52.56%，钴的浸出率为 6.09%，酸耗为 72.89 吨酸/吨镍，所以确定二段酸度为 45%。

②粒度实验。固定其他条件为：酸液的用量为刚好将所有矿浸泡，酸度为 45%，考查二段矿石粒度对镍浸出率及酸耗的影响，结果见图 4-15 和图 4-16。

由图 4-15 可知，浸出率随时间的增长而增大，相同的浸出时间，粒度越大镍浸出率越低，当粒度为-8+2mm 时，经过 12 天的浸出，镍浸出率为 54.4%，钴浸出率为 6.24%。

由图 4-16 可知，酸耗随时间的增长而降低，粒度为-8+2mm 的矿石，经过 12 天的浸出，酸耗可降低到 76 吨酸/吨镍左右。

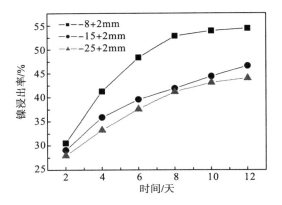

图 4-15 矿石粒度对镍浸出率的影响

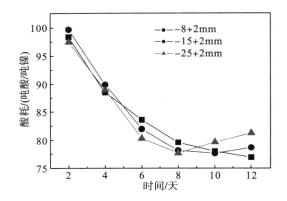

图 4-16 矿石粒度对酸耗的影响

从上述泡浸的实验结果可以看出，二段浸出所确定的最佳条件为：酸度为45%，粒度为-8+2mm，泡浸时间为 12 天，镍浸出率为 54.4%，钴浸出率为 6.24%，酸耗在 76 吨酸/吨镍左右。

（2）一段浸出。

固定其他条件：新矿，粒度为-8+2mm，酸度为二段浸出液的酸度为 20%～25%，考查浸出时间对两段总镍浸出率及酸耗的影响，结果见图 4-17。

由图 4-17 可知，镍浸出率随浸出时间的增加而增加，酸耗随浸出时间的增加而降低，两段总镍浸出率在 10 天达到 80%左右，酸耗在 10 天达到 64 吨酸/吨镍左右。

3）实验结论

二段条件为酸度 45%、粒度-8+2mm、堆浸时间 12 天，一段浸出时间 10 天，浸出液中镍、钴离子浓度分别为 7.37g/L 和 0.0687g/L，镍、钴浸出率分别为 78.52%

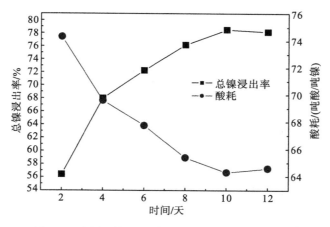

图 4-17　浸出时间对两段总镍浸出率及酸耗的影响

和 10%；铁、镁离子浓度分别为 67.38g/L 和 16.71g/L，铁、镁浸出率分别为 33% 和 66%；浸出液残酸浓度小于 5%，酸耗在 64 吨酸/吨镍左右。泡浸工艺存在镍钴浸出率低，且镍、钴和铁没有得到同时回收。

4.加压酸浸工艺

在 250～270℃、4～5MPa 的高温高压条件下，用稀硫酸将镍、钴等有价金属与铁、铝矿物一起溶解，在随后的反应中，控制一定的 pH 等条件，使铁、铝和硅等杂质元素水解进入渣中，镍、钴选择性进入溶液。浸出液用硫化氢还原中和、沉淀，产出高质量的镍钴硫化物。镍钴硫化物通过传统的精炼工艺配套产出最终产品。

1)研究内容

(1)氧压硫酸浸出实验，主要研究温度、酸度、浸出时间、氧气分压、磨矿细度、液固比、搅拌强度对镍、钴的浸出率的影响。

(2)在上述确定最佳工艺条件下实验。

2)研究结果

(1)温度对浸出率的影响。

在酸度为 40g/L、反应时间为 2h、氧分压为 1.0MPa、磨矿细度为小于 2mm、液固比为 4∶1、搅拌强度为 300r/min 条件下，考查温度对镍钴浸出率的影响，结果见图 4-18。

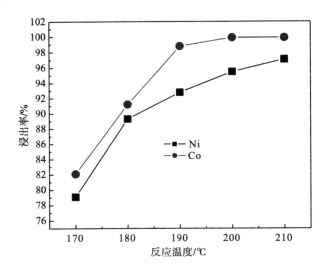

图 4-18　反应温度对镍钴浸出率的影响

由图 4-18 可知，最佳的浸出温度为 200℃，其镍浸出率达 97.1%，钴浸出率达 99.9%。

(2)酸度对浸出率的影响。

在浸出温度 200℃、反应时间为 2h、氧分压为 1.0MPa、磨矿细度为小于 2mm、液固比为 4∶1、搅拌强度为 300r/min 条件下，考查酸度对镍钴浸出率的影响，结果见图 4-19。

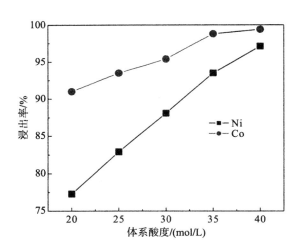

图 4-19　酸度对镍钴浸出率的影响

　　由图 4-19 可知，最佳的浸出酸度为 40g/L，其镍浸出率达 97.1%，钴浸出率达 99.4%。

　　(3)浸出时间对浸出率的影响。

　　固定其他条件，考查反应时间对镍钴浸出率的影响，结果见图 4-20。

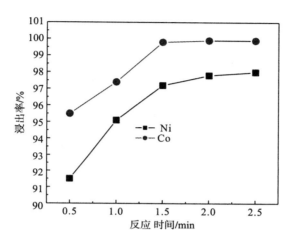

图 4-20　反应时间对镍钴浸出率的影响

　　由图 4-20 可知，最佳的反应时间为 2.0h，其镍浸出率达 98.0%，钴浸出率达 99.9%。

　　(4)氧气分压对浸出率的影响。

　　固定其他条件，考查氧气分压对镍钴浸出率的影响，结果见图 4-21。

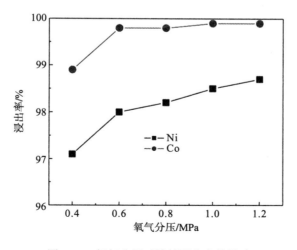

图 4-21　氧气分压对镍钴浸出率的影响

由图 4-21 可知，最佳的氧气分压为 1.0MPa，其镍浸出率达 98.7%，钴浸出率达 99.9%。

(5) 磨矿细度对浸出率的影响。

固定其他条件，考查磨矿细度对镍钴浸出率的影响，结果见图 4-22。

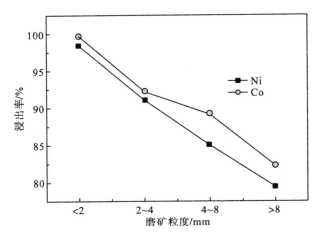

图 4-22　磨矿细度对镍钴浸出率的影响

由图 4-22 可知，最佳的磨矿细度为小于 2mm，其镍浸出率达 98.5%，钴浸出率达 99.6%。

(6) 液固比对浸出率的影响。

固定其他条件，考查液固比对镍钴浸出率的影响，结果见图 4-23。

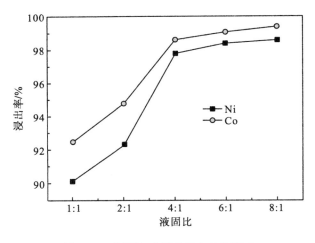

图 4-23　液固比对镍钴浸出率的影响

由图 4-23 可知，最佳的液固比为 4：1，其镍浸出率达 97.1%，钴浸出率达 99.5%。

(7)搅拌强度对浸出率的影响。

固定其他条件，考查搅拌强度对镍钴浸出率的影响，结果见图 4-24。

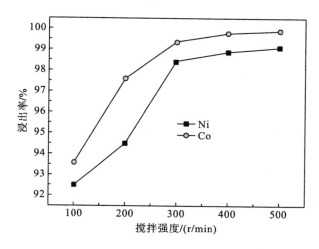

图 4-24 搅拌强度对镍钴浸出率的影响

由图 4-24 可知，最佳的搅拌强度为 300r/min，其镍浸出率达 97.1%，钴浸出率达 99.9%。

从上述实验结果可以看出，影响氧压浸出效果的敏感因素为反应温度和酸度。最佳的工艺条件为：温度为 200℃、酸度为 40g/L、反应时间为 2h、氧分压为 1.0MPa、磨矿细度为小于 2mm、液固比为 4：1、搅拌强度为 300r/min。在所确定的实验条件下，镍、钴的浸出率均大于 98.5%。从以上获得的最佳工艺条件可看出，虽然在低温、低压条件下工程化实施可靠性大，但因酸耗大（酸耗为 70 吨硫酸/吨镍），不具备实施的经济可行性。为降低酸耗，根据国外红土镍矿工程化应用成功经验，实验组开展提高反应温度、降低酸耗的研究实验。结果表明：当体系反应温度提高 250℃时，在保证镍、钴的浸出率大于 98.5% 的同时，每吨镍酸耗低于 32t，较国外的吨镍酸耗 40t 更为经济。

4.1.3 火湿法工艺

火湿法工艺包括还原-氨浸、半氧化酸化-水浸[31, 32]等。还原-氨浸在工业上得到应用。

1. 还原-氨浸工艺

氨浸工艺最早在古巴尼加罗冶炼厂得到应用,将红土矿干燥、磨碎,在600～700℃温度下还原焙烧,使镍、钴和部分铁还原成合金,然后再4级逆流氨浸,利用镍和钴与氨形成配和物的特性,使镍、钴等有价金属进入浸出液。浸出液经硫化沉淀,沉淀母液再除铁、蒸氨产出碱式硫酸镍,碱式硫酸镍再经煅烧转化成氧化镍,也可以经还原生产镍粉。

目前,世界上采用该工艺处理红土矿的仅有澳大利亚QNI公司的雅布鲁精炼厂和古巴的尼加罗冶炼厂。一般生产镍块中镍质量分数达90%,全流程镍回收率达到75%～80%。与火法冶炼流程相比,钴可以部分回收,回收率为40%～50%。

2.半氧化酸化-水浸工艺

根据矿样的基本情况、国内外大量文献及相关的实践经验,确定了半氧化酸化-水浸流程,即过量的硫酸与矿石混匀,在一定温度下反应,再升高温度,利用硫酸盐分解温度不同的原理,选择性浸出镍和钴,铁为氧化铁保留在渣中。主要研究硫的用量、氧化时间、粒度、酸化温度对镍、钴浸出率及酸耗的影响。

实验设备:所用设备主要为管式电阻炉和石英舟。

1)半氧化酸化实验开展内容及结果

浸出条件固定为:温度为70℃,浸出时间为5h,液固比为10:1,洗涤2次。

(1)硫酸用量实验。

固定其他条件为:原矿100g,粒度为-200目(0.074mm),酸化温度350℃,氧化温度800℃,反应时间5h。实验考查硫酸用量对镍钴浸出率及酸耗的影响,结果见图4-25。

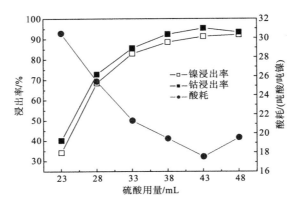

图4-25 硫酸用量对镍钴浸出率及酸耗的影响

由图 4-25 可知，当硫酸用量为 43mL 时，镍浸出率较高为 91.36%，钴浸出率为 95.38%，且酸耗较低为 17 吨酸/吨镍左右。

（2）氧化时间实验。

固定其他条件为：原矿 100g，粒度为 -200 目（0.074mm），酸用量为 43mL，酸化温度 350℃，反应时间 1h；氧化温度为 800℃。考查氧化时间对镍钴浸出率及酸耗的影响，结果见图 4-26。

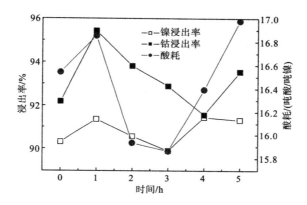

图 4-26　氧化时间对镍钴浸出率及酸耗的影响

由图 4-26 可知，氧化时间对镍钴浸出率及酸耗影响不大，当氧化时间小于 1h 时，镍钴浸出率随时间延长而升高，氧化时间为 1h，镍浸出率为 91.36%，钴浸出率为 95.42%，酸耗在 16.85 吨酸/吨镍，所以最佳条件为氧化 1h。

（3）粒度实验。

固定其他条件为：原矿 100g，硫酸用量为 43mL，酸化温度 350℃，反应时间 1h；氧化温度为 800℃，反应时间 1h。考查粒度对镍钴浸出率及酸耗的影响，结果见图 4-27。

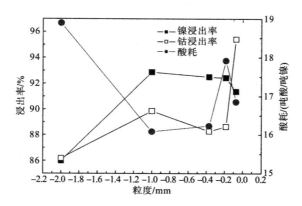

图 4-27　粒度对镍钴浸出率及酸耗的影响

由图 4-27 可知，当粒度大于-1mm 时，镍钴浸出率降低，酸耗上升；粒度为-1mm 时，镍浸出率为 92.87%，钴浸出率为 89.86%，酸耗在 16.08 吨酸/吨镍，所以最佳粒度条件为-1mm。

(4) 酸化温度实验。

固定其他条件为：原矿 100g，粒度为-1mm，硫酸用量为 43mL，酸化反应时间 1h；氧化温度为 800℃，反应时间 1h。考查酸化温度对镍钴浸出率及酸耗的影响，结果见图 4-28。

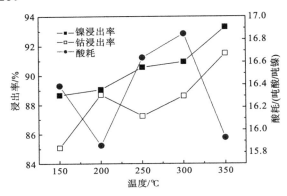

图 4-28 酸化温度对镍钴浸出率及酸耗的影响

由图 4-28 可知，当酸化温度从 250℃升高至 350℃时，镍钴浸出率随温度升高而升高，尤其钴的浸出率下降较快；当酸化温度为 350℃时，镍浸出率为 93.30%，钴浸出率为 91.51%，酸耗在 15.93 吨酸/吨镍，所以最佳酸化温度为 350℃。

(5) 酸化时间。

固定其他条件为：原矿 100g，粒度为-1mm，硫酸用量为 43mL，酸化温度为 350℃；氧化温度为 800℃，反应时间 1h。考查酸化时间对镍钴浸出率及酸耗的影响，结果见图 4-29。

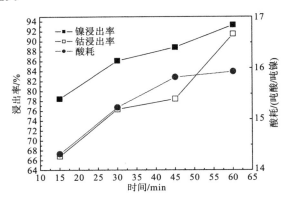

图 4-29 酸化时间对镍钴浸出率及酸耗的影响

由图 4-29 可知，当酸化时间小于 60min 时，镍钴浸出率和酸耗随时间延长均呈上升趋势，镍钴的浸出率上升较快。当酸化时间为 60min 时，镍浸出率为 93.30%，钴浸出率为 91.51%，酸耗在 15.93 吨酸/吨镍，所以最佳酸化时间为 60min。

半氧化酸化条件均为上述确定的最佳条件，即硫酸用量 43mL，氧化时间 1h，粒度-1mm，酸化温度 350℃，酸化时间 60min。

2）浸出实验开展内容及结果

（1）液固比实验。

固定其他条件为：温度为 70℃，浸出时间为 5h，洗涤时采用液固比 3：1 洗涤 2 次。实验考查液固比对镍钴浓度、镍钴浸出率及酸耗的影响，结果分别见图 4-30 和图 4-31。

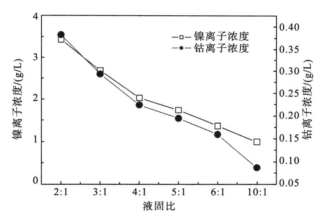

图 4-30 液固比对镍钴浓度的影响

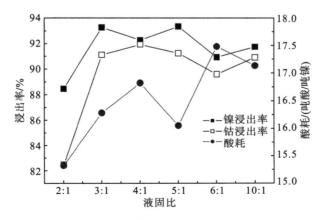

图 4-31 液固比对镍钴浸出率及酸耗的影响

由图 4-30 和图 4-31 可知，浸出液中的镍、钴离子的浓度随液固比增大而降低。当液固比小于 3∶1 时，镍、钴浸出率及酸耗均呈升高趋势；当液固比为 3∶1 时，镍、钴离子的浓度相对较高，分别为 2.767g/L 和 0.293g/L。镍、钴的浸出率也较高，分别为 93.25%和 91.08%。同时酸耗较低，仅为 16.28 吨酸/吨镍，所以最佳液固比为 3∶1。

(2)浸出温度实验。

浸出时间为 5h，液固比 3∶1，洗涤 2 次。实验考查浸出温度对镍钴浸出率及酸耗的影响，结果见图 4-32。

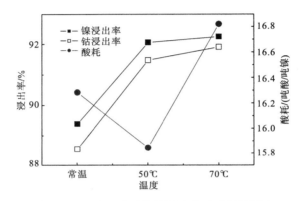

图 4-32　浸出温度对镍钴浸出率及酸耗的影响

由图 4-32 可知，当浸出温度为 50℃时，镍钴浸出率较高，分别为 92.06%和 91.48%，而酸耗较低，为 15.84 吨酸/吨镍，所以最佳浸出温度为 50℃。

(3)浸出时间实验。

浸出温度为 50℃，洗涤时采用液固比 3∶1 洗涤 2 次。考查浸出时间对镍钴浸出率及酸耗的影响，结果见图 4-33。

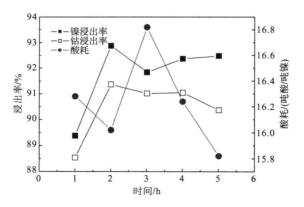

图 4-33　浸出时间对镍钴浸出率及酸耗的影响

由图 4-33 可知，当浸出时间小于 2h 时，镍钴浸出率随浸出时间增加而增加，相反，酸耗随着浸出时间增加而降低；当浸出时间为 2h 时，镍浸出率为 92.88%，钴浸出率为 91.37%，酸耗在 16.02 吨酸/吨镍，所以最佳浸出时间为 2h。

3）实验结论

从上述实验结果可以看出，半氧化酸化-水浸工艺最佳条件：原矿 100g（-1mm）、硫酸用量为 43mL、350℃酸化 1h、800℃氧化 1h；浸出温度为 50℃、浸出液固比为 3：1、浸出时间为 2h、浸出液中镍、钴离子浓度分别为 2.723g/L 和 0.316g/L，镍钴浸出率分别为 92.88%和 91.37%；铁、镁离子浓度分别为 1.886g/L 和 4.18g/L，铁、镁浸出率分别为 3.38%和 68.19%；渣中镍含量小于 0.26%，浸出液残酸浓度小于 0.04mol/L（pH＞1），酸耗小于 20 吨酸/吨镍，大部分在 15～16 吨酸/吨镍。

4.1.4　其他工艺

红土镍矿处理的其他工艺有还原焙烧-酸浸或亚硫酸浸出工艺、硫化焙烧工艺等[33]。

1.还原焙烧-酸浸或亚硫酸浸出工艺

此工艺可在常压下进行，并尽可能少地溶解铁。实验证明，在 710～730℃温度下还原焙烧的矿石，用浓度为 1%H_2SO_4 浸出，Ni 浸出率为 80%～85%，Fe 浸出率为 10%。若用浓度为 5%H_2SO_4 浸出，Ni 浸出率可达 95%，Fe 浸出率为 15%～20%。矿石还原焙烧后，用亚硫酸或吹入 SO_2 的水浸出，也可取得较好的效果。

2.硫化焙烧工艺

将矿石加入硫化剂，于 700℃下硫化焙烧，$Fe_2(SO_4)_3$ 分解，铁不生成硫酸盐，而镍生成硫酸盐，用水浸出后镍转入溶液。在矿石中加入适量硫磺制备成含硫矿浆。含硫矿浆先在硫化反应器中硫化（230～240℃，2.7～3.4MPa，蒸汽加热 3h），然后在氧化反应器中氧化（200℃，2.8MPa，空气氧化）2h，镍溶于矿浆中，可用铁粉置换镍。

上述工艺主要针对红土镍矿中镍的提取，其次为钴。该工艺镍钴铁收率高，镍铁产品作为炼特殊钢原料，缺点为钴不能回收，如果要回收钴，需要镍铁合金进一步熔炼、喷粉形成镍钴铁合金粉末，再采用湿法工艺分离实现镍钴铁综合利用。但此工艺存在处理工艺流程长、成本高等问题。该工艺可以回收镍和钴，但回收率不高，铁难以回收利用。搅浸、堆浸、泡浸工艺操作简单、可规模化生产，但存在镍钴浸出不完全、酸耗高、成本高等问题。加压酸浸工艺镍钴浸出完全，但存在酸耗高、设备要求苛刻等问题。其他工艺有待理论研究及其工艺完善。

4.2 还原-磨选法处理云南省元江红土镍矿

4.2.1 云南省元江红土镍矿特点

云南省元江红土镍矿是我国最早发现、勘探并列入开发计划的大型红土镍矿床，矿区面积 22km²，包括金厂矿区（8km²）和安定矿区（14km²），露天开采。已探明矿石量 4689 万 t，镍品位 0.8%～1.2%，平均品位 0.91%，金属储量 42.66 万 t；钴平均品位 0.03%，金属储量 14526t。由于该矿中镍处于化学浸染状态，成分复杂，含有色金属的矿物种类多，加之主体矿物中氧化镍和氧化钴的扩散分布，且 80% 的为硅镁镍矿，很难采用熟知的物理选矿方法富集，金属提取比硫化镍矿困难，属于难处理矿，其开发利用是我国红土镍矿资源提取冶金技术的一个新挑战，是目前亟待解决和研究的重要技术难题。

根据元江红土镍矿的特点，从 1959 年至今已对该矿进行 60 多年的研究，包括国内国外（澳大利亚光塔资源有限公司）的研究机构均针对元江镍矿先后进行大量研究，国际上处理氧化镍矿的工艺几乎都已试过，如：①直接重选、浮选及磁选，但均不能使伴生脉石及镁有效分离；②硫化焙烧-浮选实验及还原焙烧-磁选实验，虽然回收率可达 80%～90%，但获得的精矿品位较低（<2%），富集效率差，而且产生二氧化硫，污染环境；③1959～1992 年中国科学院化工冶金研究所等研究过还原焙烧-氨浸及酸溶萃取工艺，但工艺流程较复杂，操作困难，预测成本高，技术经济指标未突破；④1959 年及 1970 年两度在水套鼓风炉上采用硫化熔炼镍锍工艺，获得含 Ni 6% 的产品，回收率低，仅达到 40%～50%，而且能耗高；⑤20 世纪 80～90 年代研究了电炉熔炼镍铁工艺，但是由于镍品位低，冶炼成本高，钴不能回收且投资大，没有应用到工业化上；⑥1996 年元江县委托北京意特格冶金技术开发有限公司研究鼓风炉造锍熔炼制取氧化镍工艺，镍回收率 75%，技术可行，但是产生二氧化硫，同样污染环境；⑦1992 年后北京矿冶研究总院研究过高温氯化焙烧-浸出-萃取工艺，镍浸出率 75%；⑧1997 年北京矿冶研究总院研究过氯化离析-焙砂氨浸工艺，镍回收率约 80%，钴回收率约 55%；⑨1993 年 9 月元江县委托金川镍钴研究设计院作总体工艺研究，提出熔炼镍锍方案，生产电解镍并提取钴，同时副产硫酸六水合镍及铁红。以上方法存在各种各样的缺陷，

致使没有工业化应用，而用操作简单、投资低的硫酸堆浸方法处理该矿，但也存在酸耗高、硫酸镁处理成本高问题、镍生产成本高的问题。

由于元江镍矿属于硅镁镍矿(镁质镍矿)，镁含量高，采用还原–氨浸处理该矿存在原料消耗大、污染严重、成本高问题。采用加压和硫酸处理该矿，镁、镍、钴同时进入溶液，这存在酸消耗大、后续硫酸镁处理困难问题，影响技术经济指标，国外毛阿厂经过长期实验处理高镁红土镍矿最后没有奏效。若实际采用前面两种方法处理该矿，均跨入国际镍界公认的禁区。采用硫化熔炼和硫化焙烧–浮选处理该矿，涉及高温焙烧工序产生二氧化硫烟气，而镍浓度低难以回收，进入大气后造成环境污染，处理成本高。上述工艺在加工成本、资源利用率及环保等方面，与国内外研究和应用的其他技术相比，没有任何优越性和先进性，未能实现经济效益、环境效益和社会效益的统一，更不符合国家"资源节约型，环境友好型"科学发展观要求。因此，开发一种经济、环境友好、高效的红土镍矿提镍技术已成为当务之急。

4.2.2　还原–磨选工艺小试实验

范兴祥等[34-39]对不同类型红土镍矿采用还原–磨选工艺制备镍铁合金粉进行研究。

实验原料来自云南元江红土镍矿，其化学成分见表 4-12，红土镍矿中铁、镍物相分析结果分别见表 4-13 和表 4-14。

表 4-12　红土镍矿化学成分

元素	Ni	Mg	Fe	Co	Al	Si
含量/%	0.80	20.15	10.81	0.025	0.06	16.59

表 4-13　镍的化学物相分析

物相	铁酸镍	硫化镍	硅酸镍	全镍
Ni 含量/%	0.061	0.021	0.718	0.800
分布率/%	7.63	2.62	89.75	100.00

表 4-14　铁的化学物相分析

物相	磁铁矿及半假象赤铁矿	磁黄铁矿	赤(褐)铁矿及硅酸铁	硫化铁	全铁
Fe 含量/%	5.43	0.65	4.22	0.51	10.81
分布率/%	50.23	6.01	39.04	4.72	100.00

由表 4-12～表 4-14 可知，该红土镍矿镍含量低，仅为 0.8%，镁含量高达 20.15%，属于高镁低品位红土镍矿；矿石中铁以磁铁矿、半假象赤铁矿、磁黄铁矿、赤(褐)铁矿、硅酸铁、硫化铁形式存在，磁铁矿、半假象赤铁矿、赤(褐)铁矿、硅酸铁的分布率接近 90%；镍以硅酸镍、铁酸镍、硫化镍形式存在，主要以硅酸镍形式存在，分布率为 90%左右，其次为铁酸镍，比例为 7.63%。

本研究所采用的工艺流程如图 4-34 所示。

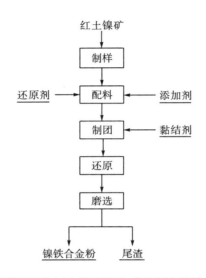

图 4-34　高镁低品位红土镍矿还原-磨选制备镍铁合金流程图

具体实验方法：按实验方案，称取具有代表性的红土镍矿样品，配入还原剂、添加剂、黏结剂，充分混匀后，用球蛋成型机制成 15mm×15mm×18mm 球团，烘干后置于还原炉中进行还原，对还原产物进行球磨、磁选，获得镍铁合金粉。

4.2.3　实验结果与讨论

实验固定磨选制度：磨矿细度-0.074mm 占 100%，磁场强度 10000A/m。实验主要研究还原温度、还原时间、原料粒度区间、还原剂用量、添加剂用量等因素对镍直收率的影响。

1.还原温度对镍直收率的影响

在原料粒度区间为 0.09～0.12mm、还原剂用量 3%、添加剂用量 2.5%、还原时间 3.0h 的条件下，研究还原温度对镍直收率的影响，结果见图 4-35。

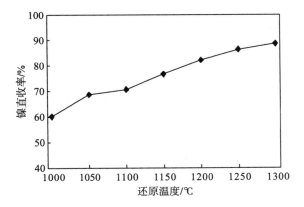

图 4-35　还原温度对镍直收率的影响

从图 4-35 可以看出，镍直收率随着还原温度升高而提高，当温度达到 1300℃ 时，镍直收率为 88.56%，镍精矿品位为 7.01%，尾矿中的镍含量降到 0.25%。因此确定适宜的还原温度为 1300℃。

2.还原时间对镍直收率的影响

在原料粒度区间为 0.09～0.12mm、还原剂用量 3%、添加剂用量 2.5%、还原温度 1300℃的条件下，研究还原时间对镍直收率的影响，结果见图 4-36。

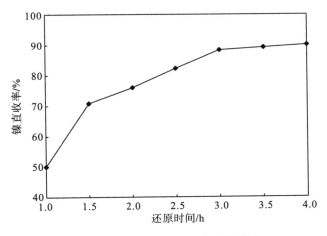

图 4-36　还原时间对镍直收率的影响

由图 4-36 可知，镍直收率随着还原时间延长而提高，当还原时间达到 3.0h 时，镍直收率达到 88.29%，再延长还原时间，镍直收率提高不明显，反而增加能耗，因此确定适宜的还原时间为 3.0h。

3.原料粒度区间对镍直收率的影响

在还原剂用量 3%、添加剂用量 2.5%、还原时间 3.0h、还原温度 1300℃的条件下，研究原料粒度区间对镍直收率的影响，见图 4-37。从该图可以看出，在同等还原条件下，原料粒度区间越细，镍直收率越高，当原料粒度区间超过 0.09～0.12mm 时，原料粒度区间对镍直收率的影响不明显。因此确定适宜的原料粒度区间为 0.09～0.12mm。

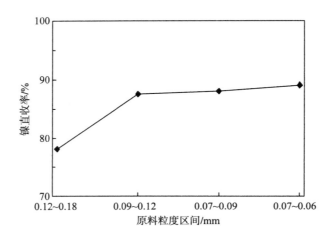

图 4-37　原料粒度区间对镍直收率的影响

4.还原剂用量对镍直收率的影响

在原料粒度区间 0.09～0.12mm、添加剂用量 2.5%、还原时间 3.0h、还原温度 1300℃的条件下，研究还原剂用量对镍直收率的影响，结果见图 4-38。图 4-38 表明，还原剂用量对镍直收率影响显著。但当用量超过 3.0%时，还原剂用量对镍直收率影响不大，说明还原剂用量在 3.0%适宜，用量过高给选矿带来困难，反而增加成本，也影响镍精矿品位。因此确定适宜的还原剂用量为 3.0%。

5.添加剂用量对镍直收率的影响

在原料粒度区间 0.09～0.12mm、还原剂用量 3.0%、还原时间 3.0h、还原温度 1300℃的条件下，研究添加剂用量对镍直收率的影响，结果见图 4-39。从图 4-39 可以看出，添加剂用量对镍直收率影响不明显，用量过高，并没有提高镍直收率，反而增加成本。因此实验确定添加剂用量为 2.5%较为适宜。

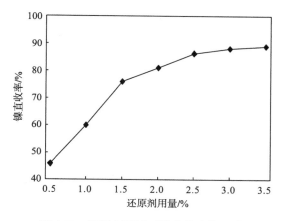

图 4-38　还原剂用量对镍直收率的影响

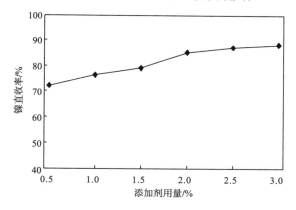

图 4-39　添加剂用量对镍直收率的影响

6.实验结论

研究结果表明合适的还原制度为：原料粒度区间 0.09～0.12mm、还原剂用量 3%、添加剂用量 2.5%、还原温度 1300℃、还原时间 3.0h；还原产物经球磨、磁选后，获得镍品位为 7.0%以上的镍铁合金粉，镍直收率 87%以上，实现了从高镁低品位红土镍矿中回收镍、铁的目的。由于本工艺对红土镍矿原料没有化学成分等特殊要求，不失为一种红土镍矿处理共性技术，将为处理其他红土镍矿资源提供一条新的途径。

4.2.4　还原-磨选-氧压浸出工艺实验

前面工艺中侧重镍的提取，仅有部分工艺可以回收钴，铁基本没有提及回收，甚至有的工艺仅利用镍，没有实现红土镍矿资源有效综合利用，急需开发一种全

面回收红土镍矿中镍、钴、铁等有价金属的工艺。因此提出还原-磨选-氧压浸出
处理红土镍矿工艺，旨在全面回收红土镍矿中镍、钴、铁，为综合回收红土镍矿
中镍、钴、铁提供一种工艺路线。

1.实验原料

原料来自云南元江红土镍矿，其化学成分见表4-15，文献[28]已进行过矿相
分析，其红土镍矿中铁主要以磁铁矿、半假象赤铁矿、赤（褐）铁矿、硅酸铁形式
存在；镍以硅酸镍、铁酸镍、硫化镍、硫酸镍形式存在。本研究所采用的工艺流
程如图4-40所示。

表4-15   红土镍矿化学成分

类型	含量/%					
	Ni	MgO	Fe	Co	Al$_2$O$_3$	SiO$_2$
镁质矿	0.76	40.10	8.53	0.028	0.16	45.36
铁质矿	1.02	14.03	21.81	0.072	7.18	34.80
混合矿（1:4）	0.81	35.87	11.18	0.037	1.56	43.25

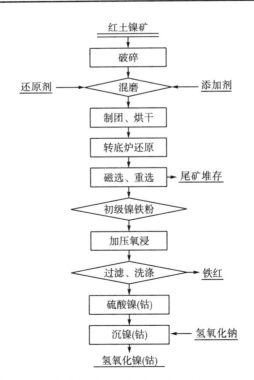

图4-40   从红土镍矿中提取镍、钴、铁的工艺流程图

2.具体实验方法

（1）按实验方案称取具有代表性的红土镍矿样品，配入还原剂、添加剂、黏结剂，充分混磨后，用球蛋成型机制成球团烘干，置于还原炉中进行还原，对还原产物进行球磨、磁选，获得镍铁钴合金粉。

（2）根据镍铁钴合金粉的镍、钴、铁含量，按实验要求加入硫酸和水，进行预处理，再转入高压釜中加压氧化酸浸，浸出结束后，铁以铁红形式存在，镍、钴分别以硫酸镍和硫酸钴形式进入浸出液，采用萃取实现镍、钴分离。

3.结果及讨论

1）还原–磨选过程与结果

还原–磨选工艺条件为：铁质镍矿与镁质镍矿比例 1∶4、原矿细度-120 目、还原剂细度-160 目、添加剂配比 5%、黏结剂配比 0.05%、混磨制成 15mm×15mm×18mm 的球团、还原温度 1350℃、还原时间 0.5h、磨选细度-0.074mm 占 100%、磁场强度 10000A/m。

直径 $\varPhi$2m 转底炉进料量为 3kg/h，还原温度为 1350℃，时间 30min，连续实验时间为 70h，共处理原矿 210kg。经过磨选产出含镍 4.5%的初级镍铁粉 31.4kg，分离 98%以上的镁及 97%以上的硅进入尾矿中，产出含镍 0.20%的尾矿 154.9kg，尾矿为 Si、Mg 氧化物，不含有害元素及可溶性物质。在此还原条件下，所获得金属化球团经过磨矿选别后，镍钴铁合金粉末的产率 19%，抛弃了 80%以上的脉石，同时实现镍钴铁富集，为后续浸出提供优质原料。还原设备见图 4-41。

图 4-41　还原设备

2) 氧压浸出过程与结果

首先用较低浓度的硫酸溶液将镍钴铁合金粉末部分溶解，生成硫酸亚铁、硫酸镍、硫酸镁和硫酸钴等，然后在一定温度和氧压下进行氧化反应，使硫酸亚铁氧化成三氧化二铁，同时产生硫酸继续与未溶解的镍、铁、钴进行溶解，直到镍钴铁合金粉末完全溶解和几乎全部硫酸亚铁氧化为三氧化二铁为止。反应方程式如下：

$$Ni+H_2SO_4 \mathbin{=\!=} NiSO_4+H_2 \tag{4-7}$$

$$Fe+H_2SO_4 \mathbin{=\!=} FeSO_4+H_2 \tag{4-8}$$

$$Co+H_2SO_4 \mathbin{=\!=} CoSO_4+H_2 \tag{4-9}$$

$$MgO+H_2SO_4 \mathbin{=\!=} MgSO_4+H_2O \tag{4-10}$$

$$4FeSO_4+O_2+4H_2O \mathbin{=\!=} 2Fe_2O_3+4H_2SO_4 \tag{4-11}$$

该工序采用美国进口的 17L 高压钛釜分三批浸出 31.4kg 初级镍钴铁合金粉末，液固比为 4∶1、温度 180℃、压力 1.8MPa、时间 3h，产出含镍 12.11g/L 的镍钴溶液 108L，热压氧浸产生的铁红渣经三段逆流洗涤获得含铁 62.6% 的铁红 37.6kg，说明氧压浸出工艺可实现镍钴与铁的分离，并获得铁红产品。

镍钴溶液在 50L 的搪瓷反应釜分三次沉镍，氢氧化钠用量为理论的 1.5 倍（2t NaOH/吨镍）、温度为 80~90℃、时间为 60min，获得了含镍 31.60% 的氢氧化镍（钴）产品 4.1kg，沉镍废液总体积为 100L，该废液含镍 0.005g/L，含镁 9.4g/L。

产生的废液可采用石灰中和得到含硫酸钙和氢氧化镁的固体渣，可用于生产建筑材料，也可采用碳化-热解的方法制备活性氧化镁化工产品[30]。通过上述实验，获得全流程的元素走向，见表 4-16。

表 4-16　扩试指标

工序	产品	元素含量/%					回收率/%				
		Ni	Co	Fe	Mg	SiO₂	Ni	Co	Fe	Mg	SiO₂
还原-磨选	初级镍铁粉	4.50	0.18	75	3.5	9.14	88.01	85.86	80.61	1.86	2.50
热压氧浸	镍、钴液	12.11	0.25	0.23	7.8	—	92.15	80.01	4.88	99	—
	铁红	0.21	0.015	62.60	—	5.5	7.85	9.99	94.12	—	69
沉镍	氢氧化镍（钴）	31.60	0.74	0.69	9.4	—	99.01	98.12	98.07		
原矿至氢氧化镍（钴）	氢氧化镍（钴）	31.60	0.74	0.69			80.30	67.41			

4.结论

(1)本书提出还原-磨选-氧压浸出处理红土镍矿提取镍、钴、铁的工艺是可行的，可实现红土镍矿中镍、钴、铁综合回收，特别是含钴高的红土镍矿，采用本工艺具有较好的经济优势。

（2）实验结果表明：还原−磨选可以抛弃红土镍矿中 80%以上的脉石，同时实现镍钴铁富集，氧压浸出工艺可实现镍钴与铁的分离，并获得铁红产品。

（3）全流程技术指标为：从原矿至氢氧化镍（钴）段，镍收率大于 75%、钴收率大于 70%和铁收率大于 80%；氢氧化镍（钴）产品镍的品位大于 31%和钴的品位大于 0.70%、铁红产品铁含量大于 62%，铁红产品达到了铁精矿要求，可作为铁精矿出售。

4.2.5　还原气氛实验

工艺参数：原矿经晒干，雷蒙磨粉碎至−200 目占 75%，还原剂泥煤配比 5%、捕集剂配比 10%、添加剂配比 10%、黏结剂配比 0.05%、球团尺寸 30mm×30mm ×25mm。转底炉转速 30r/min，还原温度 1250℃。实验期间，取五组烟气，测定金属化率，见图 4-42。

图 4-42　还原金属化球团及气氛样品

炉内烟气成分见表 4-17。

表 4-17　炉内烟气成分

次数	成分/%		
	CO_2	CO	O_2
1	1.7	6.0	12.7
2	1.0	6.2	12.2
3	1.8	7.7	11.4

次数	成分/%		
	CO_2	CO	O_2
4	3.2	6.0	10.3
5	3.0	8.2	10.6
平均值	2.14	6.82	11.44

　　还原得到的金属化球团粉碎、混匀，采用四分法取样分析金属化率。在此还原条件下，得到的金属化率为37.83%。平行做五次选矿实验，结果见表4-18。

表4-18　选矿结果

次数	结果/%							
	精矿		中矿		返矿		尾矿	
	品位	收率	品位	收率	品位	收率	品位	收率
1	7.48	48.14	3.94	12.40	1.27	18.85	0.52	17.46
2	7.77	51.46	4.17	11.16	1.24	20.34	0.46	14.11
3	7.19	51.18	4.61	9.11	1.43	21.69	0.48	16.22
4	8.71	54.77	4.92	9.17	1.12	15.55	0.44	15.66
5	7.51	51.33	4.23	8.58	1.25	18.43	0.52	18.06
平均值	7.71	52.38	4.31	10.09	1.26	18.97	0.48	16.30

　　实验工艺参数：原矿经晒干，雷蒙磨粉碎至-200目占75%，还原剂泥煤配比5%，柴煤配比10%，捕集剂配比10%，添加剂配比10%，黏结剂配比0.05%，球团尺寸30mm×30mm×25mm。转底炉转速30r/min，还原温度1250℃。实验期间，取五组烟气，测定金属化率（图4-43）。

图4-43　还原金属化球团

炉内的烟气成分见表 4-19。

表 4-19 炉内的烟气成分

次数	成分/%		
	CO_2	CO	O_2
1	2.8	12.5	12.1
2	0.8	11.1	7.9
3	1.1	13.1	7.7
4	1.8	11.1	14.3
5	2.3	9.5	12.8
平均值	1.76	11.46	10.96

还原得到的金属化球团粉碎、混匀，采用四分法取样分析金属化率。在此还原条件下，得到的金属化率为 77.21%。平行做五次选矿实验，结果见表 4-20。

表 4-20 选矿结果分析

次数	结果/%							
	精矿		中矿		返矿		尾矿	
	品位	收率	品位	收率	品位	收率	品位	收率
1	6.04	74.02	1.42	5.59	0.61	9.49	0.46	10.39
2	5.71	75.50	1.18	6.07	0.61	8.92	0.44	9.88
3	6.65	70.28	1.32	5.17	0.72	12.85	0.54	11.16
4	5.96	73.04	1.66	6.48	0.61	9.84	0.49	11.23
5	6.30	71.37	1.62	7.57	0.57	10.77	0.56	11.49
平均值	72.84	71.39	1.43	6.18	0.62	10.37	0.0	10.83

4.2.6 转底炉还原红土镍矿中试线

2007 年初，昆明贵金属研究所在云南省玉溪市易门县大椿树工业园区建了一座年处理 20000t 红土镍矿转底炉还原−磨选中试线(图 4-44)。实验原料的化验分析结果见表 4-21。

图 4-44 转底炉运行时出料图片

表 4-21 混合矿化验结果

成分	Ni	Fe	Mg	H_2O
含量/%	1.10	26.16	5.97	32.14

前提条件：煤气炉供气保持恒定（2100～2200m^3/h）。

转底炉气氛是指空炉（不带料）情况下转底炉的炉内气氛，又分为加垫煤（400kg/h）和不加垫煤两种。气氛实验结果见表 4-22～表 4-26。

表 4-22 炉内烟气成分（以均热段 1185℃）

取样点	成分/%			烟气温度/℃	空燃比	备注
	CO_2	O_2	CO			
预热段	16.5	1.77	5.47	1109	—	空炉，加垫煤
加热段	15.4	3.8	5.87	1247	1.07	空炉，加垫煤
均热段	15.3	1.23	5.53	1185	0.93	空炉，加垫煤

表 4-23 炉内烟气成分（以均热段 1218℃）

取样点	成分/%			烟气温度/℃	空燃比	备注
	CO_2	O_2	CO			
预热段	12.3	6.9	5.80	1044	—	空炉，加垫煤
加热段	13.4	5.2	4.57	1237	0.89	空炉，加垫煤
均热段	16.8	1.43	4.47	1218	1.08	空炉，加垫煤

表 4-24　炉内烟气成分（以均热段 1237℃）

取样点	成分/%			烟气温度 /℃	空燃比	备注
	CO₂	O₂	CO			
预热段	11.3	5.5	5.4	1078	—	空炉，加垫煤
加热段	12.0	5.3	5.9	1252	1.07	空炉，加垫煤
均热段	12.5	2.9	3.2	1237	1.01	空炉，加垫煤

表 4-25　炉内烟气成分（以均热段 1150℃）

取样点	成分/%			烟气温度 /℃	空燃比	备注
	CO₂	O₂	CO			
预热段	15.3	0.5	3.2	1150	—	空炉，不加垫煤
加热段					0.83	空炉，不加垫煤
均热段					0.56	空炉，不加垫煤

表 4-26　炉内烟气成分（以均热段 1110℃）

取样点	成分/%			烟气温度 /℃	空燃比	备注
	CO₂	O₂	CO			
预热段	16.1	0.5	9.1	1110	—	空炉，不加垫煤
加热段					0.78	空炉，不加垫煤
均热段					0.49	空炉，不加垫煤

　　转底炉气氛实验及分析结果表明，转底炉炉内温度在 1150℃ 以上，加垫煤时炉内为还原气氛；在 1150℃ 以下，不加垫煤时，可以稳定温度，可降低空燃比，炉内可保持还原气氛。

　　实验工艺参数：原矿经晒干，雷蒙磨粉碎至-200 目占 75%，还原剂泥煤配比 5%、柴煤配比 10%、添加剂（石灰）配比 10%、黏结剂配比 0.05%、球团尺寸 30mm×30mm×25mm。转底炉转速 60r/min，还原温度 1250～1270℃。实验共处理生球团 5t，获得的金属化球团 3.567t（振动筛下料口处）。实验过程中取炉内烟气，分析结果见表 4-27 和表 4-28。

表 4-27　炉内烟气成分（以均热段 1254℃）

取样点	成分/%			烟气温度 /℃	空燃比	备注
	CO₂	O₂	CO			
预热段	11.3	3.4	4.1	1168	—	球团到预热段
加热段	12.0	3.7	6.1	1271	1.03	球团到加热段
均热段	12.8	2.8	5.8	1254	1.07	球团到均热段

表 4-28   炉内烟气成分（以均热段 1266℃）

取样点	成分/%			烟气温度 /℃	空燃比	备注
	CO_2	O_2	CO			
预热段	10.0	3.0	4.5	1130	—	进出料正常后
加热段	11.5	2.3	7.7	1257	1.03	进出料正常后
均热段	11.3	2.5	5.7	1266	1.00	进出料正常后

还原的球团金属化率从转底炉下料口和振动筛下料口分别取样分析，转底炉下料口处的金属化率为 41.16%、振动筛下料口的金属化率为 41.98%。两处取得的球团金属化率较接近，说明球团经过冷却窑冷却后无氧化（图 4-45）。平行做五次选矿实验，其结果见表 4-29。

图 4-45   金属化球团

表 4-29   选矿结果

次数	结果/%							
	精矿		中矿		返矿		尾矿	
	品位	收率	品位	收率	品位	收率	品位	收率
1	5.24	35.91	4.15	35.59	0.71	11.49	0.32	14.40
2	4.40	57.91	2.72	17.81	0.57	10.58	0.31	11.71
3	4.66	63.34	2.66	15.59	0.59	10.92	0.26	9.45
4	4.45	59.15	2.59	17.27	0.55	11.36	0.32	11.30
5	4.58	59.82	2.76	13.18	0.65	11.75	0.35	13.72
平均值	4.61	55.23	3.07	19.89	0.61	11.22	0.31	12.12

注：镍指标：精矿加中矿镍收率 75.12%，镍综合品位 4.09%，返矿收率 11.22%，总收率 86.34%。钴指标：精矿加中矿钴收率 80.21%，钴综合品位 0.21%，返矿收率 6.48%，总收率 86.69%。铁指标：精矿加中矿铁收率 60.58%，铁综合品位 70.01%，返矿收率 32.53%，总收率 93.11%。

4.2.7 硫酸镁废液利用工艺研究

红土镍矿除含镍、铁、钴、铬外，还含有大量氧化镁、二氧化硅、三氧化二铁等。其中氧化镁采用全湿法或者火湿法处理均会产生硫酸镁废液，采用石灰中和后堆存，宝贵的镁资源没有得到有效利用。活性氧化镁因其独特的化学性质，广泛应用于冶金、橡胶、电力、电子、国防、航天、通信、食品、高级陶瓷等领域，其生产方法有白云石和菱镁矿碳酸化法[40,41]、卤水-碳铵法[42-52]、卤水-氨法[53,54]、卤水-纯碱法[55]、固相法[56,57]、菱镁矿-硫铵法[58]、蛇纹石生产氧化镁[59]、水镁石生产氧化镁[60]等。因此提出硫酸镁废液制备活性氧化镁的工艺[61,62]，即硫酸镁废液进行石灰中和，调节 pH 到 12 左右，然后采用二氧化碳进行碳化处理，过滤后获得碳酸氢镁溶液；对碳酸氢镁溶液进行加热热解获得碱式碳酸镁沉淀物，过滤后进行煅烧获得活性氧化镁。该工艺既可解决硫酸镁废液治理问题，也可生产高附加值的活性氧化镁产品，为提高红土镍矿资源利用率提供一条新途径。

1.原料分析

以工厂实地取样为例，其硫酸镁废液的化学成分见表 4-30。

表 4-30　硫酸镁废液的化学成分

成分	Fe^{2+}	Mg^{2+}	Na^+	Ni^{2+}
含量/(g/L)	2.55	25.96	3.81	0.053

2.实验仪器

XMQ-Φ240mm×90mm 锥形球磨机、搅拌装置、WHFS-5 型反应釜（威海自控反应釜有限公司设计制造，有效容积 5L，设计压力 2.5MPa，工作压力 0.8MPa，工作温度 300℃，搅拌转速 20～1500r/min，电机功率 370W，控温精度±1.5℃）、SHZ-CD 型循环水式多用真空泵、滤瓶、干燥箱、电阻炉等，分析仪器为 X 衍射仪。

3.实验试剂

分析纯硫酸、双氧水、碳酸钠、石灰等。

4.实验方法及工艺流程

实验方法：碳化热解的工艺过程见图 4-46，做一系列的条件实验（中和剂种类及用量、碳化时间、碳化压力、除钙剂种类及用量、煅烧温度等）和交叉实验。最后确定出最佳实验流程及最佳条件。

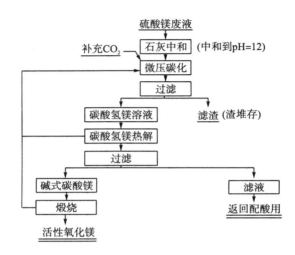

图 4-46　硫酸镁废液制备活性氧化镁工艺流程图

5.实验过程及讨论

1）硫酸镁废液石灰中和的实验研究

中和理论分析：石灰在治理硫酸镁废液及联产活性氧化镁的实验过程中起到两个作用，一方面是使硫酸镁废液中的金属离子生成硫酸钙和氢氧化物，如氢氧化镁、氢氧化铁、氢氧化钴、氢氧化锰等，另一方面中和硫酸镁废液中游离酸，调节废液 pH。

事实上除了少数的碱金属氢氧化镁以外，大多数的金属氢氧化物都属于难溶化合物，如 Fe^{3+}、Co^{3+}、Fe^{2+}、Ni^{2+}、Co^{2+} 皆能在不同 pH 范围内水解为氢氧化物沉淀。中和工序发生的相关反应如下：

$$MgSO_4+CaO+H_2O\!=\!=\!Mg(OH)_2+CaSO_4 \tag{4-12}$$

$$MnSO_4+CaO+H_2O\!=\!=\!Mn(OH)_2+CaSO_4 \tag{4-13}$$

$$FeSO_4+CaO+H_2O\!=\!=\!Fe(OH)_2+CaSO_4 \tag{4-14}$$

$$NiSO_4+CaO+H_2O\!=\!=\!Ni(OH)_2+CaSO_4 \tag{4-15}$$

上述理论分析说明，除 Fe^{3+} 可在较低 pH 范围内沉淀完全外，其他金属离子镁、二价铁、镍、锰需在较高 pH 范围内才能沉淀完全。因此为制备高纯度的活性氧化镁，石灰中和工序需要加入的石灰必须中和到 pH 在 7.3 以上，才能使活性氧化镁中杂质如铁、锰、镍等金属离子含量降低到活性氧化镁指标达到 HG 9004-93 标准要求的含量。

固定其他实验条件不变(碳化时间 30min、碳化压力 1kg、碳化转速 500r/min、热解时间 60min、热解温度 95℃、煅烧温度 960℃、时间 4h)研究石灰加入量对产物的影响，结果表明：随着石灰加入量增加，活性氧化镁中氧化钙含量增加，铁和锰含量逐渐降低，氧化镁含量逐渐增加。石灰用量对中和终点 pH 和镁回收率的影响实验结果表明：随着石灰用量增加中和终点 pH 逐渐增大，镁的回收率也逐渐提高。在实验中，得到石灰添加量为每升废液加入 130g 石灰较合理，pH 达到 8.8，溶液中的 Fe^{2+}、锰、镍基本完全沉淀，经过碳化、过滤以及滤液热解获得碱式碳酸镁，碳酸镁再经过煅烧获得活性氧化镁，其含铁和锰分别为 0.001% 和 0.002%，小于 HG 9004-93 标准中优等品铁和锰含量，同时产物中氧化钙含量也达到 HG 9004-93 标准中优等品要求。尽管石灰中和 pH 已达到 8.8，碳化后获得的镁含量仍然小于 2g/L，其原因是氢氧化镁的溶解度过低，为 1.3×10^{-4}。

2) 微压碳化的实验研究

微压碳化理论分析：预处理后的硫酸镁废液，用碳化釜进行微压碳化分离，碳化作用是产出中间产品碳酸氢镁，同时，伴随着部分碳酸钙沉淀的生成。反应如下：

$$Mg(OH)_2 + 2CO_2 =\!=\!= Mg(HCO_3)_2 \qquad (4\text{-}16)$$
$$Ca(OH)_2 + CO_2 =\!=\!= CaCO_3\downarrow + H_2O \qquad (4\text{-}17)$$

(1)在固定碳化压力、搅拌速度不变条件下，研究碳化时间对产物的影响，结果表明：碳化时间越长，活性氧化镁中氧化钙含量越高，原因是碳化时间延长，碳化初始生成的碳酸钙与二氧化碳反应产生碳酸氢钙，具体反应见方程(4-18)。

$$Ca(OH)_2 + 2CO_2 =\!=\!= Ca(HCO_3)_2 \qquad (4\text{-}18)$$

因此碳化时间不宜过长，合理的碳化时间为 30～40min。在此碳化时间内，活性氧化镁中铁和锰含量均可降到 HG 9004-93 标准中优等品要求。

(2)在固定碳化时间、搅拌速度不变条件下，研究碳化压力对产物和镁收率的影响，见图 4-47 和图 4-48。结果表明：碳化压力越高，镁收率逐渐增高，活性氧化镁中氧化钙含量相对增加，而氧化镁含量相对降低。

采用 XRD 对碳化渣进行表征，该渣主要为硫酸钙和碳酸钙，同时含有少量的碳酸铁。

碳化要求温度小于 35℃，当碳化温度高于 35℃时，碳酸氢镁发生分解，所以碳化在常温下进行，碳化初始温度和终止温度相对恒定，在常温 25℃左右，对实验无明显影响。

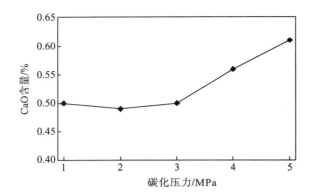

图 4-47　碳化压力对产物中 CaO 含量的影响

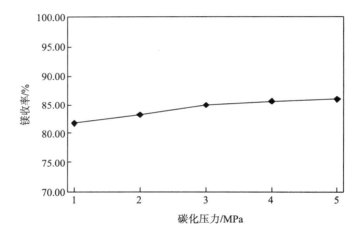

图 4-48　碳化压力对产物中镁收率的影响

由于中和加入石灰，石灰溶于水后生成氢氧化钙，该物质属于可溶物，实验过程由于石灰加入量、碳化压力、碳化时间等因素，碳化液或多或少含有氢氧化钙和碳酸氢钙，最后在热解过程中产生碳酸钙沉淀。同时，硫酸钙为微溶物进入碱式碳酸镁中。因此，在碳化过程中加入碳酸钠进行除钙实验，其反应方程如下：

$$Ca(OH)_2 + Na_2CO_3 = CaCO_3\downarrow + 2NaOH \tag{4-19}$$

$$Ca(HCO_3)_2 + Na_2CO_3 = CaCO_3\downarrow + 2NaHCO_3 \tag{4-20}$$

(3)其他条件不变，研究碳酸钠用量对产物的影响，见图 4-49 和图 4-50。结果表明：碳酸钠用量对产物中氧化钙含量影响很明显。随着碳酸钠用量增加，产物中氧化钙含量逐渐降低和活性氧化镁含量增加。实验确定合理的碳酸钠用量为 40g/L，获得的活性氧化镁中氧化钙含量达到活性氧化镁 HG 9004-93 中优等品要求。

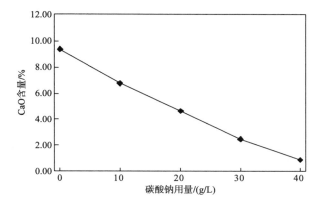

图 4-49　碳酸钠用量对产物中 CaO 含量的影响

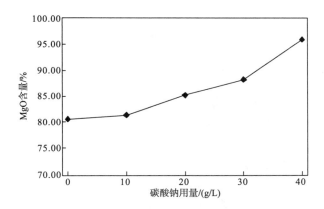

图 4-50　碳酸钠用量对产物中 MgO 含量的影响

3) 碳酸氢镁热解实验研究

热解理论分析：碳化过后，镁离子以碳酸氢镁的形式进入溶液相，而钙离子以碳酸钙形式留在渣相中，再经热解得到碱式碳酸镁。其热解方程式为

$$Mg(HCO_3)_2 + 2H_2O \Longrightarrow MgCO_3 \cdot 3H_2O + CO_2\uparrow \qquad (4-21)$$

固定其他条件，实验首先测定热解溶液的镁含量和体积，热解结束后进行过滤，测定滤液的镁含量和体积，从而计算出热解率。实验考察热解时间和热解温度对热解率的影响，结果表明：在热解时间为 20～60min 时，镁的热解率随着热解时间延长而提高，且热解时间对热解率影响显著；当热解温度在 95℃时，热解时间为 60min，热解率达到 97.01%左右；当热解时间超过 60min 时，延长热解时间热解率提高不明显，说明热解完全，实验确定热解时间 60min；在 55～85℃时，热解温度对热解率影响较大，当热解温度为 55℃时，热解 60min，热解率仅为 72.81%；当热解温度为 85℃时，热解 60min，热解率为 96.18%，热解温度提高 30℃，热解率提

高30%。实验确定合理热解制度：热解温度85～95℃，热解时间50～60min。

4) 碱式碳酸镁煅烧的实验研究

煅烧理论分析：煅烧是制取活性氧化镁的关键工序，煅烧温度和煅烧时间的长短对活性氧化镁指标的影响较大。煅烧化学方程式如下：

$$MgCO_3 \cdot 3H_2O = MgO + CO_2\uparrow + 3H_2O \qquad (4-22)$$

采用透射电镜对固定煅烧时间6h、分别在950℃和1050℃获得的活性氧化镁进行表征，结果分别见图4-51和图4-52。从图4-51可以看出，煅烧温度为960℃，活性氧化镁的分散性好，没有过烧现象，粒度均匀；图4-52表明，当煅烧温度为1050℃时，出现团聚现象，活性氧化镁的分散性差，粒度不均匀。实验确定960℃较合理。

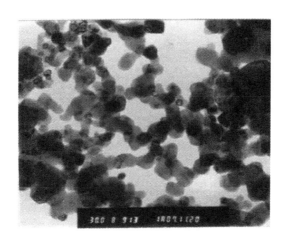

图 4-51   960℃煅烧获得的活性氧化镁的透射电镜照片

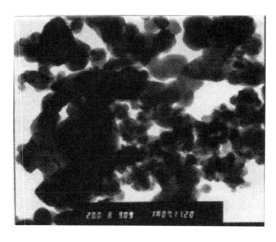

图 4-52   1050℃煅烧获得的活性氧化镁 SEM 照片

5）结论

实验获得最佳条件为：石灰用量 130g/L，碳化时间 30min，碳化压力 1MPa，碳酸钠用量 40g/L，热解时间 60min，煅烧温度 960℃。在此实验条件下获得的活性氧化镁指标达到 HG 9004-93 标准优等品要求，表明提出的技术路线是可行的，为利用硫酸镁废液制备活性氧化镁提供一种工艺技术路线[22, 23]。

4.3　还原-磨选法处理云南省芒市红土镍矿

肖军辉等[63]开展芒市硅酸镍矿回转窑直接还原制备镍铁半工业实验研究，该硅酸镍矿原矿含 Ni 1.02%，Fe 8.94%，MgO 31.11%，属于典型的高镁低铁型硅酸镍矿石，具体成分和物相分析见表 4-31 和表 4-32。

表 4-31　芒市硅酸镍矿主要化学成分

成分	Fe	Co	Ni	CaO	MgO	SiO_2	Al_2O_3
含量/%	8.940	0.023	1.020	1.880	31.110	28.920	1.60

表 4-32　芒市硅酸镍矿物中镍物相分析

项目	TNi	硫化镍	硫酸镍	氧化镍	硅酸镍	其他
含量/%	1.020	0.021	0.012	0.059	0.879	0.049
比例/%	100.00	2.06	1.18	5.78	86.18	4.80

矿石中 95%以上的镍以类质同象的形式分布于利蛇纹石和叶蛇纹石中，构成含镍利蛇纹石和叶蛇纹石的硅酸镍矿石。另有 5%左右的镍是以吸附状态被高岭石、蒙脱石等黏土矿物吸附，其形成原因是原蛇纹石在蚀变成黏土矿物的同时，镍被这些黏土矿物所吸附，其比重、磁性、电性等物理性质与其他脉石差异比较小，直接采用物理的选矿方法实现镍矿物的有效分离相对困难。矿石中氧化镁含量较高，依据小型实验研究结果，在焙烧过程中添加自行研发的 CX 促进剂和 ZX 助剂改善镍的还原，提高镍铁的转化率。利用镍、铁属于铁磁性金属及易溶于铁的氧化物的特性，添加赤铁矿作为镍的活化剂，为形成镍铁提供活化载体，进而提高镍铁产品指标。为验证直接还原-重选-磁选的选冶联合工艺流程处理芒市硅酸镍矿的可行性，采用 Φ1200mm×15000mm 的回转窑进行半工业验证实验研究，经过回转窑焙烧条件实验得出，回转窑高温带 B 段 1150～1200℃、C 段 950～1000℃、焙烧时间 90min、焦炭用量 20%、促进剂 CX 用量 20%、助剂 ZX 用量

1%、赤铁矿用量15%比较合理，镍铁产品指标也比较理想。为进一步验证回转窑焙烧综合条件的稳定性及工艺的可行性，在所得到的焙烧综合条件下进行回转窑连续72h工艺参数稳定实验，焙烧产品采用重选-磁选工艺回收镍铁并得到镍品位12.29%、含Fe 30.05%、镍回收率为90.99%的全工艺流程镍铁产品指标。工艺流程图见图4-53。因此，回转窑直接还原-重选-磁选工艺处理芒市高镁低铁型硅酸镍矿石具有良好效果，同时对类似的硅酸镍矿石的处理也有一定的指导作用。

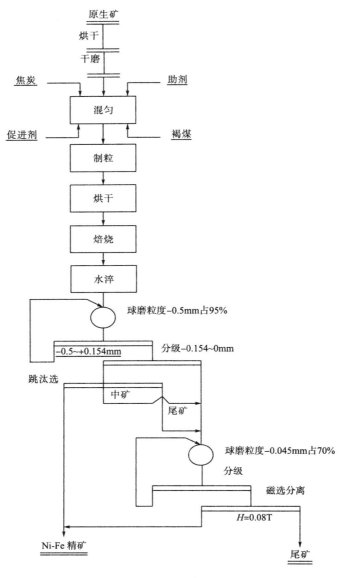

图 4-53　工艺流程图

4.4 处理青海省元石山红土镍矿

青海元石山镍铁矿采用还原焙烧-氨浸-萃取-磁选工艺,生产精制硫酸镍和铁精矿,年处理含镍 0.80%的镍铁矿石 30 万 t,2009 年 10 月投产,镍和铁总回收率分别为 70.70%和 58.85%,副产品为磁选尾矿(销售给水泥厂)和硫化钴精矿,实现无渣冶炼,废水在系统内循环利用,废气经过净化回收后排空,基本实现污染物"零排放"[64, 65]。

4.5 还原-磨选法处理澳大利亚红土镍矿

针对澳大利亚某红土镍矿的资源特点,作者采用预还原-熔分工艺制备镍铁合金。由于该矿含钴较高,获得镍铁合金提钴困难,经比较各种工艺路线,选择还原-磨选工艺处理该矿,重点研究还原制度对镍、钴直收率及其镍、钴平均品位的影响,旨在提供一种兼顾镍钴回收的红土镍矿火湿法处理工艺。

1.实验仪器

本次实验原料是来自澳大利亚某公司运抵昆明贵金属研究所的矿样(18 桶),对每个桶分别取样进行分析,其化学组成情况见表 4-33,原矿粒度分布情况见表 4-34。该矿属于低镁高铁的铁质镍矿,钴、镁、铁和水含量随着深度变化不大,粒度分布不均。

表 4-33 不同取样深度获得的红土镍矿化学组成

样品编号	来样桶号	矿样深度/m	Co/%	Ni/%	Mg/%	Fe/%	H₂O/%
1	1	4.5~5.5	0.09	0.91	1.50	19.34	19.45
2	2	4.5~5.5	0.16	0.88	1.08	19.03	19.19
3	3	4.5~5.5	0.16	0.78	1.00	22.22	19.86
4	4	5.5~6.5	0.26	1.21	1.64	22.12	24.32
5	5	5.5~6.5	0.13	1.10	1.74	21.46	22.12
6	6	5.5~6.5	0.18	1.17	1.82	22.57	22.54
7	7	6.5~7.5	0.08	1.10	2.66	15.92	28.29
8	8	6.5~7.5	0.13	1.20	3.00	16.89	27.59
9	9	6.5~7.5	0.16	1.04	1.77	22.40	24.44

样品编号	来样桶号	矿样深度/m	Co/%	Ni/%	Mg/%	Fe/%	H₂O/%
10	10	7.5~8.5	0.10	1.36	3.76	17.96	27.57
11	11	7.5~8.5	0.10	1.32	3.28	17.53	28.44
12	12	7.5~8.5	0.08	1.39	3.77	17.40	31.73
13	13	8.5~9.5	0.08	1.14	2.86	16.64	29.35
14	14	8.5~9.5	0.07	0.98	2.04	17.89	25.93
15	15	8.5~9.5	0.08	1.06	2.43	17.20	28.22
16	16	9.5~10.5	0.08	1.22	2.97	19.70	30.55
17	17	9.5~10.5	0.08	1.18	2.75	19.29	26.09
18	18	9.5~10.5	0.07	1.20	2.83	19.75	29.86
	平均含量/%		0.12	1.12	2.38	19.18	25.63

表 4-34　原矿粒度分布

样品编号	来样桶号	矿样颜色	不同粒级矿物百分比/%					最大粒径/mm
			-2mm	-8+2mm	-25+8mm	-50+25mm	+50mm	
1	1	黄褐色	8.20	37.55	25.26	20.57	8.42	220
2	2	黄褐色	8.82	28.24	39.20	14.78	8.96	175
3	3	黄褐色	2.95	17.71	31.57	19.05	28.72	420
4	4	土红色	2.03	12.07	28.41	27.93	29.56	260
5	5	土红色	3.32	18.36	37.81	25.08	15.43	190
6	6	土红色	6.00	24.46	39.97	18.39	11.19	150
7	7	黑褐色	1.25	15.13	27.20	27.20	29.22	520
8	8	黄褐色	3.52	21.19	29.51	20.85	24.93	310
9	9	黑褐色	0.49	12.68	29.20	32.27	25.36	350
10	10	黑褐色	1.61	10.14	24.21	24.47	39.57	290
11	11	黄褐色	—	43.11	—	26.30	30.59	270
12	12	黄褐色	—	40.31	—	35.63	24.06	250
13	13	黄褐色	—	48.55	—	22.00	29.45	300
14	14	黄褐色	—	48.14	—	16.79	35.07	520
15	15	黄黑色	—	63.98	—	23.02	13.00	350
16	16	黄黑色	—	60.94	—	24.61	14.45	360
17	17	黄黑色	—	63.33	—	18.53	18.14	300
18	18	黄黑色	—	58.72	—	23.79	17.49	290

注：11~18 号样品由于太湿无法进行较细粒级的筛分。

从表 4-33 可以看出：1～18 桶矿样的镍、钴、镁、铁含量比较接近，且均属于同一矿山的中层矿，所以将 18 桶矿样归并在一起，作为本次实验的原料。

2.实验仪器

还原炉（额定温度 1300℃、额定电压 380V、炉膛尺寸 900mm×520mm×550mm）、高温环形转底炉（功率 105kW，产址：武汉工业电炉厂）、QDJ288-2 型球蛋成型机（河南省巩义市老城振华机械厂）、粉碎机（LMZ120 型连续进料式振动磨矿机，产址：国营南昌化验制样机厂）、RK/LY-1100×500 变频摇床（厂址：武汉洛克粉磨设备制造有限公司）、湿法球磨设备（XMQ-Φ240mm×90mm，功率 0.55kW，产址：武汉探矿机械厂）、高温电阻炉（型号 SSX2-12-16，功率 12kW，额定温度 1600℃，产址：上海意丰电炉有限公司）、湿式强磁选机 XCSQ-50×70（产址：武汉探矿机械厂）、XCRS-Φ400mm×240mm 电磁湿法多用鼓形弱磁选机（产址：武汉探矿机械厂）。分析仪器：X 衍射仪。

3.分析试剂及方法

试料用盐酸、硝酸、氟化氢铵、高氯酸分解。用酒石酸钾钠、EDTA 掩蔽铁、钴、钙、镁、硅、铜等干扰离子。在碱性介质、过硫酸铵环境中，镍与丁二酮肟形成可溶性酒红色络合物，于分光光度计波长 500nm 处，测量其吸光度以测定镍的质量分数。

4.实验方法及工艺流程

根据该矿的基本性质，结合国内外相关经验，确定本次实验主要以提取镍钴为主。实验针对 18 桶样品取具有代表性的实验原料，经过烘干、粉碎至-120+160 目，按实验方案配入还原剂、添加剂、黏结剂，混匀后用球蛋成型机制成 15mm×15mm×18mm 的球团，烘干后置于高温环形转底炉中还原。还原后，采用实验室小球磨机球磨，然后进行磁选和重选，获得镍铁合金粉。采用的工艺流程如图 4-54 所示。

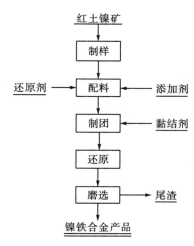

图 4-54　还原-磨选处理澳大利亚某红土镍矿的工艺流程图

5.实验过程及讨论

实验固定磨选制度，即按 60%的矿浆浓度球磨 2.0h，进行磁选（1250Oe）和重选（收率只计精矿和中矿，品位为精矿和中矿平均值），研究还原温度、还原时间、还原剂配比、添加剂配比、料层厚度等因素对镍钴直收率的影响。

1）还原温度对镍钴直收率的影响

红土镍矿（粒度-120+160 目）、还原剂 5%（还原剂粒度-160+200 目）和添加剂 5.0%均匀混合，制成直径 15～20mm 球团，烘干，在不同还原温度进行还原，料层厚度 40mm，还原时间均为 30min，粉碎进行磁重选，不同还原温度对镍钴直收率的影响见表 4-35。

表 4-35　不同还原温度对镍钴直收率的影响

还原温度/℃	镍指标		钴指标		备注
	镍直收率/%	镍钴合金中镍含量/%	钴直收率/%	镍钴合金中钴含量/%	只计精矿和中矿
1250	88.29	9.92	86.09	0.96	微熔
1200	85.58	4.34	81.52	0.41	—
1150	81.10	4.03	80.21	0.38	—

从表 4-35 可以看出，镍钴直收率以及平均品位随着还原温度升高而提高，当温度达到 1250℃时，镍和钴的直收率达到 88.29%和 86.09%，镍钴合金粉末镍和钴平均品位分别为 9.92%和 0.96%。实验发现，进一步提高还原温度到 1300℃，还原后出现熔化并有铁珠生成，经磨选后镍和钴直收率以及平均品位均较高，但考虑产业化过程中熔化球团与还原炉壁黏结导致不能正常生成，因此实验确定还原温度为 1250℃合适。作者采用同样方法处理云南省元江红土镍矿。还原温度为 1300℃，主要原因是该矿含镁为 20.15%，需要还原温度较高[29]。

2）还原时间对镍钴直收率的影响

其他条件不变，还原时间对镍钴直收率的影响见表 4-36。

表 4-36　不同还原时间对镍钴直收率的影响

还原时间/min	镍指标		钴指标		备注
	镍直收率/%	镍钴合金中镍含量/%	钴直收率/%	镍钴合金中钴含量/%	只计精矿和中矿
60	91.67	10.54	90.58	1.02	
45	90.28	10.01	89.66	0.99	
30	88.29	9.92	86.09	0.96	
15	86.97	9.04	85.31	0.92	

表 4-36 表明，镍钴直收率以及平均品位随还原时间延长而提高，当还原时间达到 60min 时，镍和钴直收率以及平均品位与还原 30min 比较，提高 1%左右，考虑到工业化还原炉的处理效率及能耗，还原时间确定 30min 合理。

3) 还原剂配比对镍钴直收率的影响

其他条件不变，还原剂配比对镍钴直收率的影响见表 4-37。

表 4-37 还原剂配比对镍钴直收率的影响

还原剂配比/%	镍指标		钴指标		备注
	镍直收率/%	镍钴合金中镍含量/%	钴直收率/%	镍钴合金中钴含量/%	只计精矿和中矿
10.0	90.55	10.67	90.28	1.12	
7.5	89.41	10.21	88.39	10.25	
5.0	88.29	9.92	86.09	0.96	
2.5	83.26	5.38	81.93	0.56	

表 4-37 表明，镍钴直收率以及平均品位随着还原时间延长而增加，但当配比超过 5.0%时，还原剂配比对镍和钴直收率以及平均品位影响不大，说明还原剂配比在 5.0%适宜，配比过高反而增加成本，而且由于还原时间短，尚未耗尽的焦粉残留在金属化球团中，给磨选带来困难。

4) 添加剂配比对镍钴直收率的影响

其他条件不变，不同添加剂配比对镍钴直收率的影响见表 4-38。

表 4-38 添加剂配比对镍钴直收率的影响

添加剂配比/%	镍指标		钴指标		备注
	镍直收率/%	镍钴合金中镍含量/%	钴直收率/%	镍钴合金中钴含量/%	只计精矿和中矿
15.0	92.31	10.78	91.03	1.08	熔化
10.0	90.18	10.47	89.97	9.91	熔化
5.0	88.29	9.92	86.09	0.96	微熔
0	81.01	4.21	80.69	0.48	不熔

添加剂的作用是促进晶粒聚集及长大，有利于磨选。从表 4-38 可以看出，添加剂配比对镍和钴直收率以及平均品位影响不明显。配比高，镍和钴直收率以及平均品位没有明显提高，反而增加成本，实验确定添加剂配比为 5.0%适宜。

5)料层厚度对镍钴直收率的影响

其他条件不变，料层厚度对镍钴直收率的影响见表 4-39。

表 4-39　料层厚度对镍钴直收率的影响

| 料层厚度/mm | 镍指标 | | 钴指标 | | 备注 |
	镍直收率/%	镍钴合金中镍含量/%	钴直收率/%	镍钴合金中钴含量/%	只计精矿和中矿
80	73.21	3.87	72.98	0.34	
60	86.18	6.84	85.65	0.71	
40	88.29	9.92	86.09	0.96	
20	91.02	10.88	90.72	0.95	

表 4-39 表明，镍和钴直收率以及平均品位随着料层厚度增加而降低，当料层厚度超过 60mm 时，镍和钴直收率以及平均品位与料层厚度 40mm 比较显著降低。实验发现料层过厚，底部和中间的球团还原不彻底出现夹生，导致金属化率低，因此还原的料层厚度 40mm 较合理。

6.结论

通过实验得到合适处理澳大利亚某红土镍矿的工艺条件如下：还原剂配比 5.0%、添加剂配比 5.0%，均匀混合，制成直径约 15mm ×15mm×20mm 球团，烘干，还原温度 1250℃，料层厚度 40mm，还原时间 30min；还原后通保护气氛冷却到室温，粉碎后进行磨选，矿浆浓度 60%，球磨时间 2.0h，采用 1250Oe 磁选，获得的磁选精矿再进行重选。在此工艺条件下，镍和钴的直收率达到 88.29% 和 86.09%，镍钴合金粉末镍和钴平均品位分别为 9.92% 和 0.96%。

该工艺处理含钴高的红土镍矿具有竞争优势，主要是获得镍钴合金粉末，再采用硫酸浸出镍钴合金粉末，浸出液经萃取分离，可得到硫酸镍和硫酸钴产品。

4.6　还原-磨选法处理印度尼西亚红土镍矿

裴晓东等[66]研究印度尼西亚某低品位红土镍矿，元素分析及镍物相分析见表 4-40 和表 4-41。

表 4-40　试样化学多元素分析结果

成分	Ni	Fe	P	S	CaO
含量/%	1.57	21.67	0.031	0.037	0.46
成分	Al₂O₃	SiO₂	MgO	K₂O	Na₂O
含量/%	2.78	30.39	19.7	0.12	0.095

表 4-41　试样镍物相分析结果

镍相态	含量/%	分布率/%
氧化物中镍	0.42	26.75
硅酸盐中镍	1.15	73.25
合计	1.57	100.00

从表 4-41 可知,试样镍品位为 1.57%、铁品位为 21.67%,杂质成分主要为 SiO_2、MgO,其含量分别为 30.39% 和 19.7%,属低品位硅镁镍矿层矿石。从表 4-41 可知,试样中的镍主要以硅酸盐的形式存在,硅酸盐中镍的分布率达 73.25%,其余 26.75% 的镍以氧化物的形式存在,属难处理高硅镁腐殖型红土镍矿。

为将该矿石的镍含量提高到 6% 以上,符合印度尼西亚政府对出口红土镍矿的规定,以硫酸钠和碳酸钠为助熔剂,进行了还原焙烧-弱磁选实验。工艺流程图如图 4-55 所示。

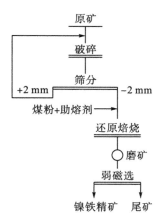

图 4-55　工艺流程图

实验结果表明:当煤用量为 25%、硫酸钠+碳酸钠的配比和总用量分别为 3:1 和 20%、焙烧温度为 1200℃、焙烧时间为 60min、磨矿细度-0.074mm 占 85%、磁场强度为 96kA/m 时,可获得产率为 22.06%、镍品位为 6.05%、镍回收率为 85.03%、铁品位为 65.74%、铁回收率为 66.92%的镍铁精矿，其镍品位超过印度尼西亚出口红土镍矿的品位下限。

该红土镍矿在不添加助熔剂的情况下直接进行还原焙烧，镍的还原效果很差，而添加适量的钠盐硫酸钠和碳酸钠可显著改善还原焙烧效果。从焙烧的镍物相分析结果可知，还原焙烧产物中的镍主要以金属镍的形式存在。从镍精矿的化学多元素分析结果可知，镍精矿的镍、铁含量明显提高，杂质成分 SiO_2、MgO 含量大幅度下降，这些都说明试样的还原焙烧效果较好。

4.7　处理稀土尾矿

林海等[67]将某稀土尾矿磁选预抛尾后进行深度还原-弱磁选工艺技术条件研究，并对深度还原产物和磁选铁粉进行 XRD 分析。稀土尾矿主要化学成分分析结果见表 4-42，铁物相分析结果见表 4-43。

表 4-42　稀土尾矿主要化学成分分析结果

成分	TFe	REO	Nb_2O_5	F	P	S	SiO_2	CaO
含量/%	17.37	6.02	0.16	8.92	1.03	1.14	11.86	27.2
成分	Na_2O	BaO	K_2O	MgO	Al_2O_3	MnO	TiO_2	其他
含量/%	1.28	2.70	0.65	3.31	1.46	1.96	1.00	11.94

表 4-43　稀土尾矿铁物相分析结果

铁相态	含量/%	分布率/%
磁铁矿中铁	3.01	17.44
赤/褐铁矿中铁	6.51	37.72
菱铁矿中铁	1.41	8.17
硫化铁	1.71	9.91
硅酸铁	3.53	20.45
硫酸铁	1.09	6.31
全铁	17.26	100.00

结果表明：试样适宜的深度还原条件为褐煤用量占试样与褐煤总质量的 10%，还原温度为 1200℃，还原时间为 60min，还原产物磨矿细度-74μm 占 85%，弱磁选磁场强度为 118 kA/m，最终获得铁品位为 91.00%、还原产物弱磁选作业回收率

为 90.83%、铁综合回收率达 78.20% 的磁选铁粉；深度还原使还原对象中的复杂铁矿物大都还原成了单质铁，还原产物具有较好的磨矿-弱磁选效果。

林海等[68]以某稀土综合尾矿经磨矿-磁选-浮选处理后的含铌铁尾矿为对象，采用深度还原焙烧的方法分离回收铌和铁，研究还原焙烧条件如还原剂种类、还原时间、还原温度、助熔剂对铌、铁分离效果的影响。结果表明：①还原剂种类对铁回收率的影响较为显著，对铌的分离回收影响相对较小，还原剂为褐煤时铁回收率最高；②还原时间的延长、焙烧温度的升高以及助熔剂用量的增加均有利于铌、铁的分离回收；③在还原剂褐煤用量为 10%、助熔剂用量为 15%、还原时间为 60min、还原温度为 1300℃ 的条件下可实现含铌铁尾矿中铌、铁的高效分离回收，得到 $w(TFe)$ 为 94.82% 的铁精矿，铁回收率为 99.53%，同时还得到 $w(Nb_2O_5)$ 为 0.3519% 的铌粗精矿，铌回收率为 99.62%。

在强化还原方面，李保卫等[69]以微米炭、纳米炭为还原剂，进行微波还原-弱磁选工艺回收包钢稀土浮选尾矿中铁的实验研究。结果表明：①在 570℃ 下进行微波炭热处理后，尾矿中大部分赤铁矿被还原为磁铁矿，还原率超过 85%；②用纳米炭作还原剂时，微波加热速度远远快于用微米炭，炭粉用量也远比后者少；③在纳米炭质量分数为 0.8%、微波还原输入电压为 220V、还原矿球磨 5min、弱磁选磁感应强度为 0.15T 的条件下，包钢稀土浮选尾矿经微波还原和一次弱磁选，可获得品位为 63.00%、回收率为 54.80% 的铁精矿，并使稀土和铌在弱磁选尾矿中富集。

4.8　处理不锈钢粉尘

关于不锈钢粉尘，文献[70]做了简评：21 世纪以来，世界不锈钢产量每年以 6% 的速度增长，2011 年不锈钢产量全球达 3460 万 t，中国达 1420 万 t。通常采用电弧炉或复吹转炉直接冶炼法和炉外精炼法，这些工艺会产生大量粉尘，电炉粉尘量为装炉量的 1%～2%，AOD 炉为 0.7%～1%，生产 1t 不锈钢可产生 1833kg 粉尘，粉尘中含大量 Fe、Cr、Ni 等有价金属和 Ca、Pb、Si、Mg、Mn、Zn 等微量元素。中国铬铁矿资源贫乏，铬资源需求缺口巨大，对外依存度超过 80%。不锈钢粉尘的利用越来越引起关注，并已成为世界性的研究课题。美国、日本、加拿大和西欧等钢铁工业发达的国家开发出了许多不锈钢粉尘处理工艺，少数投入了工业应用，大多数尚处于研究开发或实验室阶段。现行不锈钢粉尘回收工艺主要可分为常规处置、制团还原回收、直接还原处理三类。填埋、固化、玻璃化等常规处理只是一种无害化的处理办法，不能回收其中的有价金属，未真正实现其价值。相对成熟的还原处理工艺存在着能耗高、Cr 和 Ni 资源分离回收率低、行为不可控等缺点。不锈钢粉尘无论是制团还原或直接还原回收等火法处理工艺只有

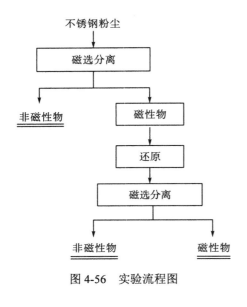

图 4-56   实验流程图

湿法处理方案，工艺复杂或成本较高，在应用上都存在烧结性差、造球工艺难以控制、酸碱湿法处理复杂等问题，因而粉尘产品在工业中成功应用的报道不多。已有用相对简单经济的方法将粉尘分选、还原，制备还原铁粉和粉末冶金制品的报道。

李心林等[70]针对宝钢集团不锈钢分公司 400 系不锈钢电弧炉粉尘进行研究，探索磁选-还原工艺降低不锈钢粉尘中 Ca、Mg、O 等杂质含量的可能性（实验流程见图 4-56）。结果表明：采用磁选-还原工艺处理不锈钢粉尘，磁性物质产率为 37.39%，TFe 品位达 53.66%，主要杂质 CaO 和 MgO 总量为 11.61%，添加一定量 Fe 粉和 Cu 粉后可作为铁基粉末冶金摩擦材料的原料。综合考虑磁性物质产率、TFe 品位和脱钙效果，合适的磁场强度范围为 60~90mT。

4.9   处理粗铌精矿

陈均等[71]以粗铌精矿为研究对象进行微波还原-弱磁选回收铁的实验研究。在 700℃、750℃、800℃、850℃四种温度下进行还原，还原矿分别在 0.6A、0.8A、1.0A、1.2A 四种电流下进行弱磁选实验，考察磁选电流对选矿指标的影响。结果表明：在四种温度下，原矿中的赤铁矿均较好地被还原为磁铁矿。温度为 850℃时，部分磁铁矿进一步被还原成 FeO。磁选电流增大，精矿产率和铁回收率随之升高，但品位有所下降。还原温度越高，Nb_2O_5 品位下降越显著；尾矿 Nb_2O_5 回收率随磁选电流的增大而下降，而品位有所升高。综合考虑精矿和尾矿的选矿指标，750℃还原、1.2A 电流下进行磁选获得的指标为最佳，精矿铁回收率和品位分别为 91.34% 和 54.66%；尾矿 Nb_2O_5 回收率和品位分别为 70.63% 和 7.12%。

刘志强等[72]研究采用高温还原-磁选分离-浸出工艺从高铁磷复杂稀有金属矿中回收铁磷合金及富集稀有金属的实验，工艺见图 4-57。结果表明：①在温度 1450℃、保温时间 4h 下还原，铁磷合金中铁直收率达到 82.78%，磷直收率达到 64.49%，稀有金属富集物中稀土直收率达到 93.4%，铌直收率达到 45%；②采用碳酸钠焙烧稀有金属富集物，再通过水浸和酸浸，可以使稀土品位提高到 15.40%，铌的品位提高到 9.97%，钛品位提高到 33.86%；③该工艺稀土直收率达到 87.89%，铌直收率达到 42.42%。铁磷合金熔分后主要指标达到 GB 3210-82FeP16 牌号要求。

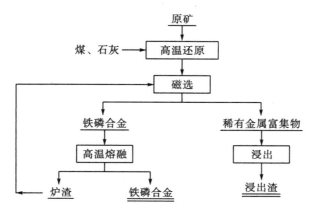

图 4-57　冶金富集工艺流程

4.10　还原-磨选法在开发高铁铝土矿中的应用

随着经济的高速发展，各行各业对铝金属的需求日益增多，因此造成铝冶金原材料的供应紧张，有资料显示我国每年进口铝土矿 700 万 t 以上[73]。我国高铁铝土矿的资源储量高达十几亿 t，随着技术的进步，高铁铝土矿的开发利用将是我国氧化铝工业可持续发展的有力保证。

高铁铝土矿含铁矿物以赤铁矿、针铁矿、褐铁矿等形式存在，铝矿物则以三水铝石、一水软铝石和一水硬铝石的形式存在。其中，高铁三水型铝土矿大量分布在广西贵港等地，而高铁一水硬铝石型铝土矿分布在桂西、云南文山、黔中、山西保德及河南巩义等地（表 4-44）。目前，高铁铝土矿的利用难点在于如何高效、低耗、无污染地实现铝铁分离[74]。

表 4-44　我国高铁铝土矿的分布及利用情况

分布地区	资源量/亿 t	利用情况
贵港等地	>2	尚未利用
桂西	10.65	拜耳法处理，资源综合利用率低
云南文山	>1.45	尚未利用
山西保德	>1.0	尚未利用
黔中	>0.22	尚未利用
河南巩义	≈1	采用磁-浮联合选矿方法，项目在建

氧化铁质量分数大于 15%的铝土矿称为高铁铝土矿。在拜耳法生产氧化铝过程中，若铝土矿中铁含量过高，则会导致设备单机生产能力下降、生产能耗增大、赤泥沉降困难，并且会影响氧化铝的质量。国内外对于高铁铝土矿的处理主要有强磁选除铁法，浮选除铁法，生物除铁法，酸浸除铁法，冶金提取铁、铝方法等。但由于高铁铝土矿中铁、铝等元素呈包裹状态，嵌布复杂，这些现有方法都不能很好地分离铁、铝，因此使得国内很多高铁铝土矿资源不能得到合理开发[75]。

对高铁铝土矿的研究一直受到国内资源工作者的重视，也做了大量的研究，概括起来主要有四种方案："先选后冶"方案、"先铝后铁"方案、"先铁后铝"方案和酸法方案。此四种方案都能在一定程度上完成高铁铝土矿中铁与铝的分离，但前两种方案都未能得到较好的铁回收率和氧化铝溢出率。而后两种方案虽然能达到较好的铁回收率和氧化铝溢出率，却又因为高能耗和严重的环境污染不能推广到工业生产中去。故提出"低温磁化焙烧-磁选"方案，主要是指把磨矿细度达到一定标准的高铁铝土矿与一定量的添加剂(或直接加入到还原性气氛中)在低温(600~800℃)环境下进行焙烧，在此温度下高铁铝土矿中的铁氧化物与炭或一氧化碳反应主要生成四氧化三铁和部分金属，生成的四氧化三铁具有磁性，这样就完成对此矿的磁化，然后进行磁选就很容易使高铁铝土矿中的铁和铝分离，通过这个过程能得到合格的铝土矿精矿和铁精矿，取得了良好的效果[76]。

实验高铁铝土矿样品主要化学成分分析结果见表 4-45。

表 4-45　原矿主要化学成分分析

成分	Al_2O_3	Fe_2O_3	SiO_2	TiO_2
含量/%	49.2	29.3	7.1	5.4

从表 4-45 可以看出：氧化铝含量 49.2%，二氧化硅含量 7.1%，铝硅比 6.93，只看铝硅比的标准此矿是可以采用拜耳法处理的，但由于该矿折合三氧化二铁的含量 29.3%，其铁含量过高无法得到利用，如果要利用此矿必须进行除铁处理。

磁化焙烧的最佳条件为焙烧温度 650℃，煤矿比 10%，焙烧时间 60min；最佳的磁选条件为磁场强度 1.2T，给矿时间 6s，给矿浓度 10:1。在此磁选条件下得到的是铁脱除率为 61.30%、铝回收率为 72.70%的优质铝精矿，其尾矿为高品位的铁精矿。

由于高铁铝土矿中铁含量太高，传统的处理铝土矿的方法都不能很好地综合利用此类矿，当前提出的"先铝后铁""先铁后铝"等方案也因其处理此类矿的能耗过高、成本过高等问题未能达到很好利用此类矿的目的。本书通过对高铁铝土矿的研究提出了"低温磁化焙烧-磁选"的方案，经过实验研究得到铝回收率为 72.70%的优质铝精矿和高品位铁精矿的尾矿，能够在低能耗条件下综合利用高铁铝土矿中的铝和铁，为我国高铁铝土矿的综合利用提出了一种技术可行且经济合理的方案[76]。

文献[77]报道了以山西孝义铝土矿为原料，研究高铁铝土矿低温（200～550℃）气基还原与磁选联合的除铁方法，此法将非磁性和弱磁性含铁矿物磁化并通过磁选脱除。研究表明：当还原温度在300～550℃时，含铁矿物被磁化，表现出良好的可磁选性；高铁铝土矿经过还原温度为400℃、保温1h的氢气还原处理，并经过一次弱磁粗选，除铁率由原矿的4.17%升高到60.6%，铝土矿回收率达到78.72%。

4.11　还原-磨选法在其他金属回收利用中的应用

辽东地区的硼铁矿是实用价值很高的大型硼矿床矿石，矿中30余种元素共生，矿物组成复杂，是典型的复合贫矿。且矿物连晶复杂、共生关系密切，矿与脉石多呈犬牙交错状或不规则状接触，是典型的难选矿。因此硼铁矿综合利用难度大，至今未得到良好的开发利用，高效综合利用硼铁矿资源已列入我国钢铁的振兴计划[78]。

目前利用硼铁矿选矿工艺，获得含硼铁精矿、硼精矿及尾矿。其中含硼铁精矿中硼质量分数4.0%～5.0%，占原矿硼总量的25%～30%，如果含硼铁精矿中的硼不能回收为硼工业可以利用的原料，硼铁矿综合利用对硼的回收率将低于70%。因此，含硼铁精矿中硼的回收利用是硼铁矿开发利用的重要课题。目前硼铁精矿利用的流程主要有高炉法和化学法，但二者均难以达成工业化生产，无法经济有效地实现硼铁精矿的利用。付小佼等[78]针对现有含硼铁精矿硼铁分离工艺所存在的弊端，提出含硼铁精矿选择性还原-选分新工艺，并通过热力学分析和实验室研究进行验证。

实验采用丹东凤城含硼铁精矿粉为主要原料，其主要化学成分（质量分数）：TFe 56.05%，FeO 24.29%，Fe_2O_3 53.08%，B_2O_3 3.86%，CaO 0.40%，SiO_2 5.00%，MgO 7.84%，Al_2O_3 0.84%。含硼铁精矿粒度<0.074mm的体积分数为57.95%。还原剂采用还原煤，其工业分析（质量分数）：固定碳62.12%，灰分4.29%，挥发分33.64%，硫分0.16%。

选择性还原-选分工艺的实验过程：①首先将含硼铁精矿粉末与还原用的煤粉按照一定的配碳比均匀混合，然后放置于石墨坩埚中，进行高温炉中的高温反应；②对反应产物进行冷却、磨矿，最终进行磁选；③检测还原铁中铁的品位、收得率和含硼尾矿中硼的品位、收得率。选择性还原-选分新工艺是处理复杂难选难处理铁矿资源的有效手段。该工艺流程短、资源回收率高、不依赖焦炭，同时环境更为友好。因此，完全可以把选择性还原-选分工艺应用于含硼铁精矿资源高效综合利用中。

实验主要研究磁场强度、配碳比、还原煤粒度、还原时间、还原温度等对新工艺指标的影响。研究表明对于辽宁凤城 Fe 和 B_2O_3 质量分数分别为 56.05%和 3.86%的含硼铁精矿，最佳的选择性还原-选分工艺参数如下：配碳比 0.8～1.0，还原温度 1275～1300℃，还原时间不小于 20min，还原煤粒度为-0.075mm，分选时的磁场强度为 50mT。得到的选分产物为高金属化率的金属铁粉，可进一步处理用于钢铁生产。选分尾矿为高品位的含硼资源，可作为硼工业的优质原料.

4.12 本章小结

本章主要介绍了还原-磨选技术在有色资源方面的应用，包括红土镍矿、高铁铝土矿、不锈钢粉尘、稀土尾矿等。

参 考 文 献

[1] Thorne R, Herrington R, Roberts S. Composition and origin of the Caldag oxide nickel laterite[J]. Mineralium Deposita, 2009, 44(5): 581-595.

[2] Lv X W, Bai C G, He S P. Mineral change of Philippine and Indonesia nickel lateritic ore during sintering and mineralogy of their sinter[J]. ISIJ International, 2010, 50(3): 380-385.

[3] Rhamdhani M A, Hayes P C, Jak E. Nickel laterite Part 2-thermodynamic analysis of phase transformations occurring during reduction roasting[J]. Transactions of the Institution of Mining and Metallurgy, 2009, 118(3): 146-155.

[4] Solar M Y, Candy I, Wasmund B. Selection of optimum ferronickel grade for smelting nickel laterites[J]. CIM Magazine, 2008, 3(2): 74.

[5] Lopez F A, Ramirez M C, Pons J A, et al. Kinetic study of the thermal decomposition of low-grade nickeliferous laterite ores[J]. Journal of Thermal Analysis and Calorimetry, 2008, 94(2): 517-522.

[6] Rhamdhani M A, Hayes P C, Jak E. Nickel laterite Part 1-microstructure and phase characterisations during reduction roasting and leaching[J]. Transactions of the Institution of Mining and Metallurgy, 2009, 118(3): 129-145.

[7] 陈景友, 谭巨明. 采用红土镍矿及电炉生产镍铁技术探讨[J]. 铁合金, 2008(3): 13-15.

[8] 汪云华, 范兴祥, 顾华祥, 等. 不同类型红土镍矿的还原-磨选处理方法: 200610163831.6 [P]. 2006.

[9] 范兴祥, 汪云华, 顾华祥, 等. 一种转底炉快速还原-含碳红土镍矿球团富集镍的方法: 200610163832.0[P]. 2006.

[10] Solar M Y, Hatch I C, Mississauga, et al. Selection of optimum ferronickel grade for smelting nickel laterites[J].

CIM Magazine, 2009, 4(4): 46-53.

[11]范兴祥, 汪云华, 顾华祥, 等. 一种转底炉-电炉联合法处理红土镍矿生产镍铁方法: 200610163834. X[P]. 2006.

[12]饶明军. 红土镍矿直接还原制取镍铁不锈钢原料的研究[D]. 长沙: 中南大学, 2010.

[13]范兴祥, 董海刚, 汪云华, 等. 红土镍矿转底炉预还原-电炉熔分制取镍铁合金[J]. 中南大学学报(自然科学版), 2012, 43(9): 3344-3348.

[14]М. И. 加西克, 等. 铁合金生产的理论和工艺[M]. 张烽, 等译. 北京: 冶金工业出版社, 1994.

[15]Azimi G, Papangelakis V G. The solubility of gypsum and anhydrite in simulated laterite pressure acid leach solutions up to 250℃[J]. Hydrometallurgy, 2010, 102(1/4): 1-13.

[16]Zhang W Z, Muir D. Oxidation of Fe(II) in a synthetic nickel laterite leach liquor with SO_2/air[J]. Minerals Engineering, 2010, 23(1): 40-44.

[17]Mohapatra M, Khatun S, Anand S. Kinetics and thermodynamics of lead(II) adsorption on lateritic nickel ores of Indian origin[J]. Chemical Engineering Journal, 2009, 155(1/2): 184-190.

[18]Valix M, Thangavelu V, Ryan D, et al. Using halotolerant Aspergillus foetidus in bioleaching nickel laterite ore[J]. International Journal of Environment and Waste Management, 2009, 3(3/4): 354-365.

[19]Liu K, Chen Q Y, Hu H P. Comparative leaching of minerals by sulphuric acid in a Chinese ferruginous nickel laterite ore[J]. Hydrometallurgy, 2009, 98(3/4): 281-286.

[20]McDonald R G, Whittington B I. Atmospheric acid leaching of nickel laterites review/Part II. Chloride and bio-technologies[J]. Hydrometallurgy, 2008, 91(1/4): 56-69.

[21]McDonald R G, Whittington B I. Atmospheric acid leaching of nickel laterites review/Part I. Sulphuric acid technologies[J]. Hydrometallurgy, 2008, 91(1/4): 35-55.

[22]Simate G S, Ndlovu S, Gericke M. Bacterial leaching of nickel laterites using chemolithotrophic microorganisms: Process optimisation using response surface methodology and central composite rotatable design[J]. Hydrometallurgy, 2009, 98(3/4): 214-246.

[23]Simate G S, Ndlovu S. Bacterial leaching of nickel laterites using chemolithotrophic microorganisms: Identifying influential factors using statistical design of experiments[J]. International Journal of Mineral Processing, 2008, 88(1/2): 31-36.

[24]Mendes F D, Martins A H. Selective nickel and cobalt uptake from pressure sulfuric acid leach solutions using column resin sorption[J]. International Journal of Mineral Processing, 2005(77): 53-63.

[25]杨永强, 王成彦, 汤集刚, 等. 云南元江高镁红土矿矿物组成及浸出热力学分析[J]. 有色金属, 2008, 60(3): 84-87.

[26]Hwa Y L, Sung G K, Jong K O. Electrochemical leaching of nickel from low-grade laterites[J]. Hydrometallurgy, 2005(77): 263-268.

[27]Loveday B K. The use of oxygen in high pressure acid leaching of nickel laterites[J]. Minerals Engineering, 2008, 21(7): 533-538.

[28]童伟锋, 汪云华, 吴晓峰, 等. 红土镍矿堆浸实验[J]. 有色金属(冶炼部分), 2012(6): 4-6.

[29]范兴祥, 汪云华, 董海刚, 等. 澳大利亚某红土镍矿搅拌浸出实验研究[J]. 湿法冶金, 2012, 31(6): 369-371.

[30]范兴祥, 汪云华, 董海刚, 等. 澳大利亚某红土镍矿硫酸泡浸实验研究[J]. 湿法冶金, 2013, 32(1): 13-15.

[31]童伟锋, 范兴祥, 吴晓峰, 等. 硫酸化氧化焙烧-水浸法从红土镍矿中提取镍钴[J]. 有色金属(冶炼部分), 2013(7): 9-12.

[32]汪云华, 董海刚, 范兴祥, 等. 两段硫酸化焙烧-水浸从红土镍矿中回收镍钴[J]. 有色金属(冶炼部分), 2012(2): 16-18.

[33]Guo X Y, Li D, Park K H. Leaching behavior of metals from a limonitic nickel laterite using a sulfation-roasting-leaching process[J]. Hydrometallurgy, 2009, 99(3/4): 144-150.

[34]汪云华, 范兴祥, 关晓伟, 等. 一种从红土镍矿中富集镍及联产铁红的方法: 200810058082.X[P]. 2008.

[35]范兴祥, 汪云华, 董海刚, 等. 还原-磨选法处理澳大利亚某红土镍矿[J]. 有色金属工程, 2012, 2(3): 39-42.

[36]范兴祥, 汪云华, 董海刚, 等. 还原-磨选从高镁低品位红土镍矿中回收镍铁[J]. 矿冶工程, 2012, 32(5): 47-49.

[37]范兴祥, 汪云华, 董海刚, 等. 从红土镍矿中提取镍钴铁的新工艺研究[J]. 矿冶, 2012, 21(3): 39-43.

[38]Wang Y H, Fan X X, Guan X W, et al. A process for concentration of nickel and joint production of iron red from nickel laterite: 2008237569[P].2013-05-30.

[39]Wang Y H, Fan X X, Guan X W, et al. Pepartemen hukum dan hak asasi manusia r. i. direktorat jenderal hak kenayaan intelektual: IDP000034517[P].2013-09-13.

[40]胡庆福, 胡晓湘, 胡晓波, 等. 白云石碳化法生产活性氧化镁新工艺[J]. 无机盐工业, 2004, 36(6): 36-38.

[41]刘宝树, 胡庆福, 翟学良. 白云石碳化法制备纳米氧化镁新工艺[J]. 无机盐工业, 2005, 37(3): 32-34.

[42]王路明. 石灰卤水法制备超细氧化镁的研究[J]. 海湖盐与化工, 2000, 30(1): 21-24.

[43]王路明. 石灰卤水法制备高纯超细氧化镁[J]. 海湖盐与化工, 2003, 32(6): 5-7.

[44]杨定明, 石荣铭, 王清成. 苦土-硫酸铵循环法制备氢氧化镁的研究[J]. 矿产综合利用, 2001(1): 9-11.

[45]郭如新. 水镁石应用近况[J]. 海湖盐与化工, 1999, 29(2): 32-34.

[46]胡章文, 杨保俊, 单承湘. 由蛇纹石酸浸滤液制备氢氧化镁工艺条件研究[J]. 合肥工业大学学报(自然科学版), 2003, 26(2): 232-235.

[47]胡章文, 王理想, 杨保俊, 等. 蛇纹石酸浸滤液提镁制备针状纳米氢氧化镁[J]. 非金属矿, 2005, 28(1): 35-36.

[48]明常鑫, 翟学良, 池利民. 超细高活性氧化镁的制备、性质及发展趋势[J]. 无机盐工业, 2004, 36(6): 7-9.

[49]庞卫锋, 陆强, 汪瑾, 等. 超细氢氧化镁的制备工艺与方法研究进展[J]. 化学世界, 2005(6): 376-379.

[50]李益成. 超细氢氧化镁的制备及应用[J]. 中国氯碱, 2003(3): 20-21.

[51]翟学良, 高文玲, 王建广, 等. 多孔性氧化镁的制备与SEM分析[J]. 电子显微学报, 2001, 20(4): 315-316.

[52]胡章文, 饶丹丹, 杨保俊, 等. 高纯纳米氧化镁制备工艺研究[J]. 矿冶工程, 2006, 26(5): 68-71.

[53]胡章文, 王自友, 杨保俊, 等. 高纯氧化镁制备工艺研究[J]. 安徽工程科技学院学报, 2004, 19(4): 18-20.

[54]许荣辉, 李海民. 高纯氧化镁制备原理初探[J]. 盐湖研究, 2003, 11(4): 39-41.

[55]宋兴福, 王相田, 庞卫峰, 等. 固相法制备高纯超细氢氧化镁的工艺[J]. 华东理工大学学报(自然科学版), 2005, 31(5): 616-619.

[56]杨建东. 国内沉淀法制备氧化镁的研究现状[J]. 山东化工, 2006, 35(2): 13-14.

[57] 李环, 苏莉, 于景坤. 利用菱镁矿制备高活性氧化镁[J]. 耐火材料, 2006, 40(4): 294-296.

[58] 郓衡勤. 利用蛇纹石尾矿生产硫酸镁和沉淀白炭黑的实验[J]. 江苏地质科技情报, 1995(5): 4-5.

[59] 郑水林, 杜高翔, 李杨, 等. 用水镁石制备超细氢氧化镁的研究[J]. 矿冶, 2004, 13(2): 43-46.

[60] 崔一强, 翟学良, 赵爱东, 等. 从卤水制备耐火级高活性氧化镁影响因素探讨[J]. 无机盐工业, 2007, 39(10): 30-31.

[61] 汪云华, 范兴祥, 吴跃东, 等. 利用硫酸镁废液制备活性氧化镁工艺研究[J]. 无机盐工业, 2012, 44(3): 41.

[62] Fan X X, Wang Y H, Dong H G, et al. Preparation of active magnesium oxide from magnesium sulfate waste liquor[J]. ПЕРСПЕКТИВНЫЕ АТЕРИАЛЫ, 2011: 452-455.

[63] 肖军辉, 冯启明, 王振, 等. 芒市硅酸镍矿回转窑直接还原-制备镍铁半工业实验研究[J]. 稀有金属, 2012, 36(6): 958-965.

[64] 贾明, 范旭光. 我省元石山镍铁矿开发取得新突破[N]. 青海日报, 2011-11-02.

[65] 阮书锋, 王成彦, 尹飞, 等. 王军青海元石山镍铁矿综合利用项目设计[J]. 有色金属工程, 2015, 5(1): 41-45.

[66] 裴晓东, 钱有军. 印度尼西亚某红土镍矿还原-焙烧-磁选实验[J]. 金属矿山, 2013(12): 57-59.

[67] 林海, 张文通, 董颖博, 等. 基于深度还原的某稀土尾矿选铁实验[J]. 金属矿山, 2013(3): 148-150.

[68] 林海, 高月娇, 董颖博, 等. 深度还原-分离回收含铌铁尾矿中铌和铁的实验研究[J]. 武汉科技大学学报, 2014, 37(2): 81-84.

[69] 李保卫, 张邦文, 赵瑞超, 等. 用微波还原-弱磁选工艺从包钢稀土尾矿回收铁[J]. 金属矿山, 2008(6): 45-48.

[70] 李心林, 刘旭隆, 李文才, 等. 不锈钢粉尘磁选-还原-实验研究[J]. 过程工程学报, 2013, 13(3): 424-429.

[71] 陈均, 张邦文, 李解, 等. 微波碳热还原-磁选工艺自粗铌精矿中回收铁并富集铌[J]. 矿冶工程, 2012, 32(2): 92-99.

[72] 刘志强, 朱薇, 郭秋松, 等. 高铁磷复杂稀有金属矿综合利用研究[J]. 矿冶工程, 2013, 33(6): 54-56.

[73] 魏党生. 高铁铝土矿综合利用工艺研究[J]. 有色金属(选矿部分), 2008(6): 14-18.

[74] 许斌, 李帅军. 高铁铝土矿铝铁分离研究现状[J]. 矿业工程, 2014, 12(4): 17-19.

[75] 秦超, 李军旗, 徐本军. 高铁铝土矿磁化焙烧对铁铝分离的影响[J]. 湿法冶金, 2014, 33(5): 358-360.

[76] 任文杰, 金会心, 赵玉兰, 等. 高铁铝土矿低温磁化焙烧-磁选工艺实验研究[J]. 广州华工, 2015, 43(1): 54-55.

[77] 朱玉婷, 田真, 高峰. 高铁铝土矿低温气基还原除铁初探[J]. 非金属矿, 2015, 38(3): 48-51.

[78] 付小佼, 于洪翔, 柳政根, 等. 含硼铁精矿选择性还原-选分新工艺的实验研究[J]. 东北大学学报(自然科学版), 2013, 34(7): 966-970.

第5章 还原-磨选新技术富集贵金属二次资源的应用

5.1 贵金属二次资源富集方法简介

贵金属包括金、银和铂族金属(钌、铑、钯、锇、铱、铂)共八种元素，是一组具有众多优异的物理化学性质和重要用途的金属，它们在能源、生态、环境、高新技术等方面都已显示出不可替代的重要性，成为现代工业和国防建设的重要材料，被誉为现代工业的"维生素"和"现代新金属"。

贵金属在地壳中的丰度较低，其品位(g/t)为银 0.07，金、钯 0.004，铂 0.002，铑、铱 0.0004，锇、钌小于 0.0004[1]，并且分布极不均匀，在已探明的贵金属储量中，主要集中在南非、美国、加拿大、俄罗斯、澳大利亚等国，尤其是铂族金属矿，其储量约占世界储量的 99%。贵金属资源相对匮乏、工业储量较少、原矿中含量低、提取困难、生产成本高，因而其再生回收价值明显高于一般常见金属，并已在世界贵金属的供给中占据了极其重要的地位。我国贵金属储量稀少，消费量巨大，到 20 世纪末，我国黄金产量超过 175t，消费量约为 250t，主要消费为首饰，1997 年金消耗量达 342t；2000 年产银为 1588t，消费量为 1360t；1996 年我国估计消费铂 6842kg，其中主要用于铂首饰，2000 年成为全球最大铂首饰消费国，2002 年铂消费占世界铂市场的 22.5%[2]。

随着一次贵金属矿产资源不断开发利用，资源匮乏，综合利用贵金属二次资源越来越重要。贵金属二次资源[2]可以泛指除原生资源以外的各种可供利用的资源，所涉及的领域广泛，包括生产、制造过程中产生的废料或已失去使用性能而需要处理的物料，以及含有回收对象的物料。二次物料品种繁多、规格庞杂、流通多路、来源广泛。随着贵金属利用价值越来越大，其消耗量也随之增加，贵金属二次资源数量也越来越大，二次资源中贵金属品位远远高于原矿品位，提取成本较低，为弥补一次资源的不足创造了条件。

贵金属资源的品位低，很难直接提取，往往需要通过一定的技术手段使贵金属逐步富集，获得其精矿再进一步通过精炼提纯以获得贵金属产品。因此，富集过程是贵金属生产的关键阶段。我国曾在低品位贵金属富集技术方面进行大量研究，但是长期以来，在贵金属冶金领域资金投入不足，技术创新体系不健全，造成我国在贵金属领域的应用基础研究、共性技术开发等方面与国外贵金属同行存在着较大的差距。

　　总之，我国贵金属面临资源匮乏、成分复杂、品位低下以及富集技术水平落后的局面，成为我国贵金属产业发展的重大瓶颈，严重制约着我国贵金属产业可持续发展。在高新技术产业发展对铂族金属需求快速增加的同时，铂族金属二次资源的供给量也越来越多，所以解决二次资源循环再生利用、大幅度提高资源供给对社会经济发展的保障能力，对我国贵金属产业的可持续发展具有重要的现实意义。

5.2　贵金属二次资源主要来源

　　贵金属以其合金、化合物的形式存在于有色金属材料，它主要用作功能材料。随着科技不断发展，其应用领域不断扩大，用量迅速增加，按用途和应用领域可以划分为 18 类[3]：贵金属复合材料、贵金属镀层、贵金属薄膜材料、贵金属药物、贵金属催化剂、贵金属浆料、贵金属电极材料、贵金属粉末材料、贵金属测温材料、贵金属电接触材料、贵金属电阻材料、贵金属饰品、贵金属牙科材料等。概括起来，大宗的贵金属废料可划分为三个模块：固体废料、液体废料和优质废料。其主要来源可以分为催化剂废料、电子废料、饰品及医疗业废料、玻璃工业废料等。

1.催化剂废料

　　贵金属由于 d 电子轨道未填满，表面易吸附反应物，有益于形成中间"活性化合物"，因此具有较高的催化活性，常用贵金属催化剂元素是铂、钯、铑、银、钌。贵金属催化剂分为均相催化用和多相催化用两大类，其中多相催化用占 80%~90%，其形态主要有：①金属丝网态催化剂，如铂网、铂合金网和银网等；②多孔无机载体负载金属态催化剂，如 Pt/Al_2O_3、Pd/C、Ag/Al_2O_3、$PtPd/Al_2O_3$ 等，广泛应用于化学和石油化学工业；③负载型催化剂，如汽车废气净化催化剂，大量使用 Pt、Pd、Rh 作活性剂；④均相催化剂，如氯化钯、氯化铑、羟基铑、醋酸钯等。

　　汽车工业是铂、钯、铑的重要应用领域，主要作为汽车排气净化催化剂，通常以堇青石等为载体，涂覆有以氧化铝为主的活性层和贵金属作活性催化剂组分，此外也以金属为载体以提高催化剂的抗振动能力。随着汽车数量不断增加和对汽车尾气排放标准的提高，汽车尾气净化方面的贵金属催化剂消耗量逐年上升。目前，全世界汽车催化剂年消耗的铂金属占总消耗量的 30%~42%、钯金属占 56%~76%、铑金属占 95%~98%，都在各自的消耗量中居首位[4]。总体而言，这类废料回收量大，所含金属单一，杂质少，较易收集和处理，因此成为铂族金属重要的二次资源。

全世界 85%以上的化学工业都与催化剂有关，而贵金属则是非常优良的催化剂。如在硝酸、硫酸工业和化肥生产中，铂铑或铂钯铑催化网起着至关重要的作用，硝酸制备过程中的氨气氧化反应依靠铂铑或铂钯铑催化网的催化作用，铂催化网在使用过程中极少量要进入硝酸产品中而损失，少量落入反应塔底成为炉灰，同时一些有害物质会在高温下渗入合金丝中，使其催化效能降低。因此使用一定时间后的废旧铂网需进行再生处理，成为一项重要的铂族金属二次资源。

在石油工业中，许多化学反应也要依靠贵金属催化剂才能够完成，如加氢、裂解等反应。如石油重整催化剂有负载 Pt-Re、Pt-Ir、Pt-Sn 催化剂，对铂族金属的需求量很大。石油化工催化剂的载体主要是氧化铝、活性炭、硅藻土或沸石等，其中前两者的用量最多。

此外，许多精细化工中也需要大量的贵金属催化剂，如医药、农药、香料、染料等。这些催化剂以 Pd 为主，其次是 Pt。一些有机化工产品如乙酸、丁醇等的生产中则用 Rh 作催化剂。

2.电子废料[5, 6]

电子废料是指在制造电子元器件过程中产生的废品、残料以及报废电子产品。此类废料主要包括：①电接触材料，如银基电接触材料、金基电接触材料、铂基电接触材料、钯基电接触材料；②电阻材料，如铂基电阻材料 PtIr10、钯基电阻材料 PdAg40、金钯基电阻材料等；③电子浆料，主要应用的是金浆料、银浆料、钌浆料等，通过丝网漏印而涂覆于陶瓷基体上，经烧结而形成导电体等，其中用量最大的为银浆料和钌浆料。除此之外还有导线、电池等。

电子废料的特点是在载体上镀有贵金属薄层或在局部复合有贵金属。美国环境保护署估计美国每年的电子废弃物为 2.1 亿 t，占城市垃圾的 1%。欧盟每年废弃电子设备高达 600～800 万 t，占城市垃圾的 4%，且每年以 16%～28%的速度增长，是城市垃圾增长速度的 3～5 倍[7]，其中仅德国每年即达 150 万 t，瑞典也达11 万 t[8]。当前，中国大陆废旧计算机的淘汰量为 500 万台/年以上，中国台湾产生的废旧计算机量大约为 30 万台/年。据统计，1t 的废旧电池可从中提炼约 100g黄金，而普通的含金矿砂品位为几克到几十克，因此废旧电池回收具有相当高的回收价值。从废旧电器(包括计算机、电视机、电冰箱、洗衣机以及手机等)中回收贵金属，是今后贵金属回收市场的又一主要趋势，在计算机、手机等追求小型化、微型化过程中，黄金是电子线路上必不可少的材料。出于资源利用和环保的需要，通信产品工厂纷纷引进专用拆解设备，从解体的旧计算机、手机等散件中挑选出含金元件进行回收。

3.饰品及医疗业废料

金银的消费主要为珠宝首饰，约占用量的 80%，其次为工业装饰、货币、纪念币、电子、牙科、电镀、钢笔和钟表等。据统计，目前世界黄金消费量达 3235.1t，其中首饰业共消费黄金 2840.3t，占 87.8%。进入 21 世纪以来，中国的年黄金消费总量一直在 210t 左右徘徊，2004 年中国内地黄金消费总量增长了 3%，达到 213.2t，位于印度消费 855.2t、美国 409.5t、沙特 228t 之后，排名世界第四[9]。此外，在首饰或装饰品的加工过程中，产生了一定的废料、研磨粉、粉尘，或者是电镀或化学镀时产生的电镀液、阳极泥等，这类废料中贵金属含量较高，杂质元素较少，其主要回收形态有固体、粉末、溶液和淤泥，是回收贵金属中的优质废料。

贵金属在医疗业主要应用是用作牙科材料及抗癌和治疗风湿性关节炎药物。牙科材料多含金、银、钯及其合金。金主要以单质的形式存在，或者作为合金的主要成分并添加少量贱金属或铂族金属。由于此类材料的使用周期较长及其不可再生性，目前尚未处于重要地位。

4.玻璃工业废料

铂元素在高温大气和熔融玻璃中化学稳定性较高，不与熔融玻璃反应，因此铂可用于制造光学玻璃、LCD 玻璃、晶体玻璃及各种玻璃纤维，特别是玻璃工业所需的坩埚及拉制玻璃纤维所用的贵金属合金坩埚、漏板等。长时间在高温环境下使用，铂和铑会腐蚀耐火材料渗透到玻璃渣中，受腐蚀的材料或渣中贵金属需要进行回收。熔化玻璃用的铂坩埚，或以钯为芯层弥散强化铂及铂-铑合金为外层的三层复合材料坩埚等，工业中测温用的热电偶，各种分析部门熔解样品用的铂坩埚、铂舟、铂器皿等，这类材料及器皿使用一段时间后就废弃，其品位高、杂质少，回收方法简单，为优质二次资源。

5.3　从贵金属固体废料中富集贵金属

5.3.1　火法富集技术

火法富集是利用高温加热使非金属物质挥发或在贵金属二次资源物料中添加一定的捕集剂进行高温熔炼，将贵金属捕集于熔体中，与非金属物质进一步分离富集。目前主要有焚烧-熔炼工艺、高温氧化-熔炼工艺、等离子熔炼、电弧熔炼等，火法富集技术多以铁、铜、铅、镍、硫作捕集剂[10-14]。火法富集工艺简单、适用范围广、回收率高，但火法冶炼过程中会产生大量有害气体，能耗高，设备昂贵，利用率低。

1.铅捕集

铅是金、银及铂、钯的良好捕集剂，但对于稀有铂族金属捕集则不一样[2]。用铅作捕集剂，设备为鼓风炉或电炉。在还原气氛中，铅化合物被还原为粗铅，在此过程中捕集贵金属，经过造渣处理实现粗铅与渣分离。获得的粗铅在灰吹炉或转炉中选择性氧化使贵金属富集。或将熔炼获得的粗铅经电熔，分别得到铅锭或阳极泥，实现贵金属的富集。用铅富集贵金属，处理周期较长，且易形成氧化物挥发，对操作人员和周边环境的危害很大。此外，铅与铑不互溶，需要依靠铂钯协同铅捕集铑，铑的回收率偏低。

2.铜捕集

用铜作捕集剂捕集铂族金属一般在电弧炉中进行。将废料、铜或者其铜的氧化物和还原剂在高温下进行还原熔炼，得到含贵金属的铜合金，与渣分离。山田耕司等[15]采用铜捕集法，将待处理的含铂族元素原料、含氧化铜的材料、熔剂组分及还原剂一起装入封闭电炉中，使之熔化，实现渣与金属分离，从炉体的排渣口放出熔炼渣，渣中铂、钯和铑的含量分别为 0.7g/t、0.1g/t、0.1g/t。铜捕集铂族金属熔炼温度相对于铁而言较低，分离效果好，渣中铂族金属损失小，并且金属铜可以循环使用，但存在周期长和试剂消耗过大、损失大、成本高等问题。

3.铁捕集

用铁作捕集剂的理论依据在于铂、钯、铑、钌、锇、铱等元素的亲铁性：在自然界中铂族金属常与铁共生；在高温下，铁与贵金属元素易形成连续共溶体。因此铁作为捕集剂具有原料易得、捕集效率高等特点。铁捕集通常采用等离子法进行熔炼富集。

等离子熔炼法是利用等离子电弧提供的高温热源，在立式等离子熔炼炉内，于 1500℃以上温度，对喷射入炉的粉状物料高温熔炼，促使炉料成分熔化、造渣等反应加速，仅需几分钟即可完成难处理物料的熔炼过程。此法具有熔炼温度高，传热、传质快，反应气氛强烈的特点。在等离子炉内进行熔炼富集，产出铁与铂族金属的合金化捕集物，而后采用酸溶解铁，进一步富集贵金属。昆明贵金属研究所 Chen 等[16]提出一种处理陶瓷型载体等离子熔炼新工艺，其 Pt 和 Pd 回收率达到99%以上，Rh 的回收率达到98%。Texas Gulf 公司建成了 3MW 的等离子熔炼炉，用于从汽车尾气废催化剂中回收铂族金属，年铂族金属生产能力超过 2t。利用等离子枪发射出高温的等离子焰将物料加热熔化，熔体温度为 1500～1650℃，铂族金属被富集到熔融的铁中，与渣分离，铁水经水淬制粒后用硫酸和盐酸溶解铁，最终使汽车催化剂中 1～2kg/t 的铂族金属富集，捕集物料中的品位提高 5%～7%，回收率达到 90% 以上，最终炉渣中的铂族金属品位小于 5g/t。

等离子熔炼生产效率高，无废水、废气污染，发展潜力大。但其熔炼温度高，对设备要求特殊；熔炼渣黏度大，富集了稀贵金属的铁合金较难与渣分离；在 1600℃ 熔炼温度下，部分 SiO_2 被还原，生成的高硅铁具有极强的抗酸、碱性质，后续处理困难；此外，等离子熔炼法目前还存在等离子枪使用寿命短、高温对耐火材料侵蚀严重等问题，尚需要进一步解决。

4. 锍捕集

重有色金属硫化物与贵金属具有相似晶格结构和相近晶格半径，它们也可以在广泛成分范围形成连续固溶体合金硫[17]。造锍熔炼捕集是在电炉内完成的，富集比较高、直收率高。缺点是熔炼过程中产生含二氧化硫的烟气，治理较困难；产出的合金物料采用常压或加压酸浸出，产生的硫化氢气体较难治理；可采用电熔或氧化浸出，但流程较长。

5. 氯化气相挥发法

氯化气相挥发法可以分为气相挥发铂族金属和气相挥发载体两种。其理论根据是铂族金属或载体能够选择性氯化形成易挥发的氯化物，经过低温冷凝处理达到与载体分离目的，实现贵金属的富集。

氯化气相挥发铂族金属是把载有铂族金属的废催化剂与氯化盐混合，通入氯气加热，铂族金属氯化后挥发，再用溶液或吸附剂吸附。氯化气相挥发载体一般用来处理载体为氧化铝的物料，把废催化剂与碳混合，Al_2O_3 转化成 $AlCl_3$ 挥发，载体残留物由重力过程富集回收[18, 19]。

氯化挥发回收法具有工艺较简单、试剂费用低、载体可复用等优点。但由于其腐蚀性强，对设备要求高，并需处理有毒的氯气等缺点，限制了该项技术的发展。

6. 还原-磨选法

还原-磨选法是一种集火法与选矿于一体的高效富集贵金属的方法，利用磁性物质对贵金属进行捕集，然后磁选富集，从而得到贵金属富集物。贵研铂业范兴祥等[20]公开了一种从低品位贵金属物料中富集贵金属的方法，将低品位贵金属烟尘与捕集剂、还原剂和添加剂按一定比例混合后加入黏结剂制成球团，然后对球团进行还原、磨选获得含贵金属合金，而后采用稀酸选择性浸出合金中贱金属，获得贵金属富集物，最终弃渣中含贵金属小于 1.2g/t，贵金属直收率大于 99.2%。还原-磨选法是一种共性的处理技术，能够处理种类繁多、品位和性质差异大的二次资源物料，但其还原过程需与空气隔绝防止氧化，增加了富集过程的复杂性。

5.3.2 湿法富集技术

湿法富集是采用酸浸、碱浸或其他方法处理贵金属二次资源物料，使贵金属或贱金属以离子形式进入溶液，达到分离贱金属和富集贵金属的目的，此方法废气排放少，提取贵金属后的残留物较易处理，经济效应显著，但贵金属的浸出液只能作用在暴露的金属表面，当金属被覆盖或被包裹在陶瓷中时回收效率低，且浸出液及残渣具有腐蚀性和毒性，容易造成更为严重的二次污染。

1.载体溶解法

载体溶解法是利用贱金属与活性组分对某种试剂反应活性的差异，将载体选择性溶解使之进入溶液，贵金属留在残渣中，包括酸溶或碱溶解载体。

de Sá Pinheiro 等[21]提出利用含氟离子与载体结合形成配合物的原理，在添加双氧水和无机酸溶液的条件下溶解废催化剂载体，用此方法处理 Pt/Al$_2$O$_3$ 和 PtSn/Al$_2$O$_3$ 废催化剂，载体的浸出率达到 99%以上，Pt 富集在残渣中。Eugenia 等[22]在专利中提出用硫酸处理 Pt/Al$_2$O$_3$ 废催化剂，将载体 Al$_2$O$_3$ 溶解，而后在通入氯气的前提下，用浓盐酸溶铂，从而富集铂。

载体溶解法可以分为酸法和碱法。酸法是应用比较广泛的方法，具有铂族金属回收率高，处理费用比较低等特点。采用碱法溶解载体，一般需加压处理，对设备要求高，且固液分离比较困难，因此在工业中应用不多。

2.活性组分溶解法

活性组分溶解法利用溶剂溶解二次资源中的贵金属组分，使其转入溶液，再从溶液中提取贵金属。

在 Pt 网催化氨氧化过程中，部分 Pt 进入粉尘中。Barakat 等[23]利用王水处理含 Pt 粉尘，将 Pt 溶解在王水中，然后利用氯化铵沉淀法或者三辛胺萃取的方法处理含铂溶液得到固体沉淀物，经焙烧后得到纯度为 97.5%铂粉。杨志平等[24]尝试对含钯物料不焙烧而直接进行浸出，实验流程为：用 90℃左右的王水、HCl+NaClO$_3$ 溶液进行浸出，浸出率可达 97%，然后用 HCl+NaClO$_3$+NaCl 混合溶液作浸出剂，在常温不搅拌情况下浸出钯，浸出 24h 后，钯浸出率大于 96%。黄昆等[25]采用加氧压碱浸预处理，氰化浸出贵金属，加氧压碱浸预处理去除废催化剂表面积碳、油污等有害物，消除废催化剂载体对铂族金属的包裹，有利于其后续氰化浸出。经加压碱浸预处理后，铂族金属氰化浸出率分别可达到 Pt 96%、Pd 98%、Rh 92%。

活性组分溶解法浸出贵金属时，由于贵金属能够吸附在载体上，降低其回收率，若不能合理回收，将造成很大的浪费，此外还存在铂族金属提取率不稳定、铑的回收率不高等问题。

3.全溶解法

全溶解法是将载体和活性组分在较强的浸出条件和氧化气氛下一并溶解，然后从溶液中提取贵金属的方法。

催化剂中的铂族金属活性组分在有氧化剂和一定浓度的 Cl^- 溶液中，容易被氧化形成可溶性的氯络酸。李耀威等[26]采用湿法浸出废汽车催化剂中的铂族金属，考察 $HCl-H_2SO_4-NaClO_3$ 体系浸出过程中几个因素对铂族金属浸出率的影响。实验结果表明：废催化剂液固比 5∶1，HCl 4mol/L，H_2SO_4 6mol/L，$NaClO_3$ 0.13mol/L，在 95℃条件下反应 2h，铂族金属浸出率分别可达到 Pd 99%、Pt 97%、Rh 85%。该方法也适合用于回收其他废催化剂中的铂族金属。张方宇等[27]以硫酸为介质，在氯化气氛中，溶解载体和铂族金属，然后采用离子交换法吸附铂，此工艺处理 1kg 级多批实验，铂的一段浸出率大于 98%，铂交换率为 99.95%。

全溶解法可保证铂族金属的高回收率，但酸耗大，处理成本高。对于汽车催化剂，只适合于处理载体为 $\gamma-Al_2O_3$ 的催化剂，且尾液的后续处理复杂。

5.3.3　从贵金属液体废料中富集贵金属

贵金属溶液的主要来源有：贵金属在使用过程中产生的贵金属溶液和废液，如电镀液、镀件过程洗涤水等；贵金属在回收过程中产生的贵金属溶液和废液，如浸出液及回收工艺过程中的洗水、废液等。贵金属在富集过程中最终都要转化为溶液，需进一步分离富集，才能够进行提纯和精炼。溶液中的贵金属含量不一，并且其他杂质元素含量较高，目前较为常见的方法有置换–还原沉淀法、溶剂萃取法、离子交换法、吸附分离法、液膜法。

1.置换–还原沉淀法

置换–还原沉淀法是指利用还原剂(锌粉、铝粉、铁粉等)或沉淀剂(硫化钠、硫氢化钠等)从溶液中置换或沉积贵金属。

金慧华等[28]提出将含钯废料首先经氧化焙烧去掉有机物，焙烧后的含钯物料经 1：2 的盐酸溶解，然后经置换或用丁基黄药沉淀即可得到钯，沉钯后其回收率可达 99%以上。杨志平等[24]采用置换法提取钯，在常温浸出得到的浸出液中，钯浓度为 500mg/L，酸度约为 2.5mol/L，采用铁板置换法回收溶液中的钯，经过 16h 的常温置换，母液中钯浓度降为 1～2mg/L，钯回收率达 99.6%，置换物中钯含量约为 70%～80%。张正红[29]将废催化剂经高温处理，加入还原剂还原，得到金属钯，然后用王水溶钯，钯的浸出率达到 99%以上，液固分离后，滤液中加入沉淀剂沉淀出粗钯，钯的回收率大于 95%。

置换-还原沉淀法是应用比较早的技术，但其操作过程烦琐，在目前贵金属提取过程中应用越来越少。

2.溶剂萃取法

溶剂萃取法基于贵金属与萃取剂可以结合生成易溶于有机溶剂的螯合物，利用其在有机溶剂和水相中溶解度的差异从而从溶液中提取贵金属。萃取法具有选择性好、回收率高、设备简单、操作简便快速、易于实现自动化等特点。常见的贵金属萃取剂有含硫萃取剂、胺类萃取剂、含磷萃取剂等。

含硫萃取剂主要是来自石油的硫醚和亚砜，两者萃取机理有所差别，硫醚主要是通过硫原子配对贵金属进行萃取，而亚砜是通过氧原子配对实现的。文献[30]研究亚砜 MSO 的萃取分离铂钯性能，结果表明亚砜 MSO 的萃钯能力很强，萃取易达到平衡，当$[H^+]>2.0mol/L$ 时，钯的萃取率为 90%。亚砜 MSO 只有在高酸度、MSO 浓度较高条件下，铂的萃取率才较大，控制料液的酸度和 MSO 浓度，可有效地分离钯与铂。陈剑波[31]介绍了一种新型萃取剂——丁基苯并噻唑硫醚(简称 SN) 对钯、铂的萃取性能：以 CCl_4 作稀释剂，$\varphi(SN)=12\%$、$c(HCl)=3mol/L$，萃取时间为 10min，相比 O/W=1：1[①]，可以有效分离钯和铂，且钯的一次萃取率可高达 99%，铂的萃取率仅为 1.4%。

胺类萃取剂可以分为伯胺、仲胺、叔胺和季铵盐等。Kolkar 等[32]利用 N-n-辛基苯胺二甲苯溶液萃取 Ir(III)，当溶液 pH 达到 8.5 时，铱萃取率达到 98%以上，实现了 Ir 的高效回收。

含磷类萃取剂主要有磷酸三丁酯(TBP)、三烷基氧化磷和三苯基氧化磷等，陈淑群等[33]用苯基硫脲-磷酸三丁酯体系对 Pd(I)、Pt(IV)、Rh(III)进行连续萃取分离，在盐酸介质中，控制不同萃取条件将 Pd(I)、Pt(IV)、Rh(III)按顺序定量分离，最终回收率达到 98%以上。

溶剂萃取法具有高效、分离效果好、快速连续操作等优点，但存在萃取容量小和萃取剂循环使用等问题，限制了该法在贵金属回收工业中的应用。

---

① O—萃取有机相；W—萃取水相。

3.离子交换法

离子交换法是利用离子交换树脂中离子交换基团与溶液中的贵金属离子接触后发生交换，从而提取贵金属的方法。离子交换树脂是一种在交联聚合物结构中含有离子交换基团的功能高分子材料，目前用于贵金属提取的树脂主要有阳离子交换树脂、阴离子交换树脂和螯合树脂。

闫英桃等[34]研究了 D001 型大孔强酸性阳离子交换树脂从 H_2SO_4-Tu(硫脲)溶液中回收 Au(I)、Ag(I)的性能。结果表明：在 pH≈2.0 时，树脂对 $Au(Tu)^{2+}$、$Ag(Tu)^{2+}$有良好的吸附性能，Au 和 Ag 的交换容量分别为 61.18mg/g-R[①]和 99.11mg/g-R。甘树才等[35]研究了 DT-1016 型阴离子交换树脂对超痕量 Au、Pt、Pd 的吸附性能及条件，在 0.025mol/L 的 HCl 介质中，流出速度为 0.5～1.0mL/min 时，Au、Pt 和 Pd 的回收效果最佳，其吸附率分别为 99.72%、99.60% 和 97.95%。鲍长利等[36]采用磺基苯偶氮变色酸(SPCA)作为螯合剂制备相应的螯合基团，从而形成树脂，实验研究 SPCA 螯合形成树脂的分析特性及其各种条件对分离回收和测定的影响，实验结果表明：SPCA 螯合形成树脂能在 pH<5 的盐酸溶液中稳定存在，并在 pH 为 1.0 时 SPCA 树脂将微量铂和钯的氯络阴离子进行交换并与常见的金属离子分离，采用酸性硫脲溶液定量洗脱，铂、钯的回收率大于 94%。

离子交换法具有选择性好、分离效率高、设备与操作简单等优点，且离子交换树脂吸附选择性好、物理化学稳定性高、易再生、可重复使用。但对吸附环境 pH 要求高，不易洗脱。随着对离子交换树脂的不断研究，改进性能，离子交换树脂回收贵金属的技术将得到更广泛的应用。

4.吸附分离法

吸附分离法是利用活性炭或螯合树脂等有选择性的吸附流体中的一个或几个组分，从而使组分从混合物中分离的方法。常用吸附分离的吸附剂主要有活性炭、螯合树脂和微生物吸附剂三种类型。

目前全球约 50%金产量采用活性炭吸附工艺生产。活性炭多孔、比表面积大、吸附效率高，但是选择性差，且不能重复使用[37]。郭淑仙等[38]通过对活性炭表面官能团改性来吸附 Pt 和 Pd，用 Dim116 炭(氨水活化)和 TU60 炭(氢氧化钠活化)吸附 Pt 和 Pd，Pt 和 Pd 的吸附率约达 94%。活性炭纤维具有优越的氧化还原吸附特性，曾戎等[39]利用剑麻基活性炭纤维与硝酸银溶液反应，将银引入纤维中，此外用其他基体的活性炭纤维也可以吸附贵金属离子。

---

① 表示 R 型树脂每克吸附量。

　　螯合树脂可分为硫脲型螯合树脂、壳聚糖型螯合树脂、苯乙烯-二乙烯基苯聚合物型螯合树脂等。螯合树脂具有选择性好、吸附容量大、能重复使用的优点，但是制备较复杂，成本较高[37]。Atia[40]利用环硫氯丙烷和甲醛与硫脲及其衍生物反应合成了高分子主链上含硫脲结构的树脂 BS-HCHO，Ag(I)、Au(III)的吸附量分别达到 8.25mol/g、3.63mol/g。Fujiwara 等[41]首次将氨基酸作为交联剂合成了壳聚糖交联 L2 赖氨酸树脂(LMCCR)，该树脂对 Pt(IV)、Pd(II)和 Au(III)的饱和吸附容量分别为 129.26mg/g、109.47mg/g 和 70.34mg/g。

　　微生物吸附贵金属具有很好前景，能耗低且不污染环境，但微生物对环境要求高，易失活，其浸取速率也较低。

5.液膜法

　　液膜法是始于 20 世纪 60 年代的一项分离技术，它吸取溶剂萃取的优点，但又与溶剂萃取法不同，属于非平衡态动力传质过程，液膜法实现萃取与反萃取的"内耦合"，可以逆浓度梯度迁移溶质，特别适宜于贵金属的提取。液膜类型有乳状型液膜、支撑型液膜和大块型液膜，以及我国自己提出的静电式准液膜[42]。

　　支撑型液膜是由固体高分子多孔物质和含有萃取剂的溶液组成，由于液膜溶液的良好选择性，这类液膜多用作分离金属离子。何鼎胜[43]研究了转速、pH、三正辛胺浓度、正辛醇、表面活性剂和 Cl 浓度对 TOA(三正辛胺)作载体的支撑液膜提取钯的影响，结果表明，该支撑液膜体系能有效回收钯。乳状液型液膜具有传质表面积大、膜的厚度较薄、处理物料量大、传质速率快等特点。金美芳等[44]提出自动分散乳化液膜连续逆流分离提金工艺，该工艺流程能有效地将含金 1～3mg/L 的贵液富集 50 倍，同时使排放液中的游离氰根离子浓度低于 0.5mg/L，且膜相可以循环使用近 40 次，其提取率几乎不受影响，此法不仅可以高效回收贵液中的金，还能有效降低生产成本。

　　液膜法具有传质动力大、所需分离级数少、试剂消耗量小和选择性好等特点，但目前仍然存在液膜溶胀、膜稳定性和破乳技术等问题，阻碍了液膜法在工业化生产中的应用。

5.4　还原热力学研究

5.4.1　热力学计算方法

　　通过计算反应的标准吉布斯自由能判定反应的自发进行程度。当 $\Delta G_T^\theta = 0$ 时，反应达到平衡；当 $\Delta G_T^\theta < 0$ 时，用于自发的不可逆过程。标准吉布斯自由能计算采

用物质吉布斯自由能函数法，应用标准反应热和标准反应熵的差经典算法求得[45]。根据热力学第二定律，等温等压条件下

$$\Delta G_T^\theta = \Delta H_T^\theta - t\Delta S_T^\theta \tag{5-1}$$

式中，上标"θ"为标准状态，即固体、液体为纯物质，气体为 101kPa；ΔG_T^θ 为反应的标准吉布斯自由能变化；ΔH_T^θ 为反应的标准焓变化；ΔS_T^θ 为反应的标准熵变化；T 为热力学温度。

已知

$$\Delta H_T^\theta = \Delta H_{298}^\theta + \int_{298}^T \Delta C_p \mathrm{d}T \tag{5-2}$$

式(5-2)中 ΔC_p 为生成物与反应物的热容差，即

$$\Delta C_p = \left(\sum C_p\right)_{生成物} - \left(\sum C_p\right)_{反应物} \tag{5-3}$$

而

$$C_p = a_0 + a_1 T + a_2 T^2 (或 a_{-2} T^{-2}) \tag{5-4}$$

故

$$\Delta C_p = \Delta a_0 + \Delta a_1 T + \Delta a_2 T^2 + \Delta a_{-2} T^{-2} \tag{5-5}$$

对于热容 C_p 的三项式在高温下一般常用 $a_0 + a_1 T + a_2 T^2$ 式。

式(5-2)中

$$\Delta H_{298}^\theta = \left(\sum \Delta H_{298}^\theta\right)_{生成物} - \left(\sum \Delta H_{298}^\theta\right)_{反应物} \tag{5-6}$$

已知

$$\Delta S_T^\theta = \Delta S_{298}^\theta + \int_{298}^T \frac{\Delta C_p}{T} \mathrm{d}T \tag{5-7}$$

式(5-7)中

$$\Delta S_{298}^\theta = \left(\sum \Delta S_{298}^\theta\right)_{生成物} - \left(\sum \Delta S_{298}^\theta\right)_{反应物} \tag{5-8}$$

将式(5-2)、式(5-7)代入式(5-1)：

$$\begin{aligned} \Delta G_T^\theta &= \Delta H_{298}^\theta - T\Delta S_{298}^\theta + \left[\int_{298}^T \Delta C_p \mathrm{d}T - T\int_{298}^T \frac{\Delta C_p}{T}\mathrm{d}T\right] \\ &= \Delta H_{298}^\theta - T\Delta S_{298}^\theta - T\left[-\frac{1}{T}\int_{298}^T \Delta C_p \mathrm{d}T - \int_{298}^T \frac{1}{T}\Delta C_p \mathrm{d}T\right] \end{aligned} \tag{5-9}$$

根据分部积分法公式 $\int u\mathrm{d}v = uv - \int v\mathrm{d}u$，设 $v = \dfrac{1}{T}$，则 $\mathrm{d}v = \mathrm{d}T / T^2$，设 $u = \int \Delta C_p \mathrm{d}T$，则 $\mathrm{d}u = \Delta C_p \mathrm{d}T$，则式(5-9)可改变为

$$\Delta G_T^\theta = \Delta H_{298}^\theta - T\Delta S_{298}^\theta - T\left[\int_{298}^T\int_{298}^T \Delta C_p dT \cdot \frac{dT}{T^2}\right]$$

$$= \Delta H_{298}^\theta - T\Delta S_{298}^\theta - T\left[\int_{298}^T \frac{dT}{T^2}\int_{298}^T \Delta C_p dT\right] \tag{5-10}$$

将式(5-5)代入式(5-10)：

$$\Delta G_T^\theta = \Delta H_{298}^\theta - T\Delta S_{298}^\theta - T\left[\int_{298}^T \frac{dT}{T^2}\int_{298}^T \Delta a_0 + \Delta a_1 T + \Delta a_2 T^2 + \Delta a_{-2} T^{-2} dT\right] \tag{5-11}$$

将式(5-11)展开得

$$\Delta G_T^\theta = \Delta H_{298}^\theta - T\Delta S_{298}^\theta - T\left[\Delta a_0\int_{298}^T \frac{dT}{T^2}\int_{298}^T dT + \Delta a_1\int_{298}^T \frac{dT}{T^2}\int_{298}^T T dT\right.$$

$$+ \Delta a_2\int_{298}^T \frac{dT}{T^2}\int_{298}^T T^2 dT + \Delta a_{-2}\int_{298}^T \frac{dT}{T^2}\int_{298}^T T^{-2}dT$$

$$= \Delta H_{298}^\theta - T\Delta S_{298}^\theta - T\left[\Delta a_0\left(\ln\frac{T}{298} + \frac{298}{T} - 1\right) + \Delta a_1\left(\frac{T}{2} + \frac{298^2}{2T} - 298\right)\right.$$

$$\left.+ \Delta a_2\left(\frac{T^2}{6} - \frac{298^2}{2} + \frac{298^8}{3T}\right) + \Delta a_{-2}\times\frac{1}{2}\left(\frac{1}{298} - \frac{1}{T}\right)^2\right] \tag{5-12}$$

式(5-12)中括号内各项仅与温度有关，以 M_0、M_1、M_2、M_{-2} 代之，则可得

$$\Delta G_T^\theta = \Delta H_{298}^\theta - T\Delta S_{298}^\theta - T[\Delta a_0 M_0 + \Delta a_1 M_1 + \Delta a_2 M_2 + \Delta a_{-2}M_{-2}] \tag{5-13}$$

式(5-13)中反应物和生成物的 ΔH_{298}^θ、ΔS_{298}^θ、a_0、a_2 或 a_{-2} 皆可由热力学数据表中查出，各温度下的 M_0、M_1、M_2、M_{-2} 也可由表查出。查出上述数值后，根据式(5-13)即可求出反应的 ΔG^θ。

根据方程 $\Delta G_T = \Delta G_T^\theta + RT\ln K^\theta$，当反应达到平衡时，$\Delta G_T = 0$，可求出反应平衡常数 K^θ，则可得到：

$$\ln K^\theta = -\Delta G_T^\theta / RT \tag{5-14}$$

5.4.2 铁氧化物还原热力学

本研究中还原剂为煤粉，铁氧化物用还原剂碳还原，铁氧化物被还原为金属铁，分两步进行，首先是 CO 还原氧化物，其次是反应生成物 CO_2 与 C 发生气化反应：

$$MeO+CO \Longrightarrow Me+CO_2 \tag{5-15}$$

$$C+CO_2 \Longrightarrow 2CO \tag{5-16}$$

铁氧化物被 CO 还原是逐级进行的，当温度高于 570℃时，分三个阶段完成：

$$Fe_2O_3 \longrightarrow Fe_3O_4 \longrightarrow FeO \longrightarrow Fe$$

以下为用 CO 还原铁氧化物的反应：

$$3Fe_2O_3+CO \Longrightarrow 2Fe_3O_4+CO_2 \tag{5-17}$$

$$Fe_3O_4+CO =\!\!=\!\!= 3FeO+CO_2 \tag{5-18}$$

$$FeO+CO =\!\!=\!\!= Fe+CO_2 \tag{5-19}$$

$$\frac{1}{4}Fe_3O_4 + CO =\!\!=\!\!= \frac{3}{4}Fe + CO_2 \tag{5-20}$$

CO 还原铁氧化物反应物与生成物中气体成分摩尔数相同，反应前后气体体积不变，因而压力对反应平衡无影响，故反应自由度 f=组分数-相数+1=3-3+1=1。因此影响反应平衡的因素只有温度和气相成分。

由式(5-14)可得

$$\ln\frac{P_{CO_2}}{P_{CO}} = -\Delta G_T^\theta / RT \tag{5-21}$$

由式(5-21)可以看出，各反应气相组成比的对数与 $\frac{1}{T}$ 呈直线关系。根据式(5-13)及式(5-21)，查表代入数据，可求出碳还原氧化铁各反应平衡关系式，如表 5-1 所示。

表 5-1　固体碳还原铁氧化物平衡关系式

序号	反应方程式	$\Delta G_T^\theta - T$ 关系式	平衡关系式
1	$3Fe_2O_3+CO=2Fe_3O_4+CO_2$	$\Delta G_T^\theta = -52131 - 41.0T$	$\ln\frac{P_{CO_2}}{P_{CO}} = \frac{6270.3}{T} + 4.93$
2	$Fe_3O_4+CO=3FeO+CO_2$	$\Delta G_T^\theta = 35380 - 40.16T$	$\ln\frac{P_{CO_2}}{P_{CO}} = -\frac{4255.5}{T} + 4.83$
3	$\frac{1}{4}Fe_3O_4 + CO = \frac{3}{4}Fe + CO_2$	$\Delta G_T^\theta = -9832 + 8.58T$	$\ln\frac{P_{CO_2}}{P_{CO}} = \frac{1182.6}{T} - 1.03$
4	$FeO+CO=Fe+CO_2$	$\Delta G_T^\theta = -22800 + 24.26T$	$\ln\frac{P_{CO_2}}{P_{CO}} = \frac{2742.4}{T} - 2.92$
5	$C+CO_2=2CO$	$\Delta G_T^\theta = 170700 - 174.47T$	$\ln\frac{P_{CO_2}}{P_{CO_2} \cdot P^\theta} = -\frac{20531.6}{T} + 20.99$

根据由表 5-1 得到的铁氧化物反应平衡关系式和固体碳气化反应平衡关系式，绘制气相平衡曲线，如图 5-1 中(1)～(5)所示。

由图 5-1 可以看出，温度升高有利于碳的气化反应，碳的气化平衡曲线(5)将坐标平面分为两个区，上部为 CO_2 稳定区，下部为 CO 稳定区。在 400～1000℃范围内，碳的气化反应很敏感，温度低于 400℃，几乎全部生成 CO_2。温度高于1000℃，气化反应很完全，几乎全部生成 CO。因此，固体碳还原氧化铁，在温度高于 1000℃以上，体系中主要是 CO，几乎无 CO_2。

铁氧化物还原气相平衡曲线(2)和(4)与固体碳气化反应平衡曲线(5)相交于 T_1(647℃)、T_2(685℃)两点，根据热力学反应原理，在一定温度下，当气相浓度

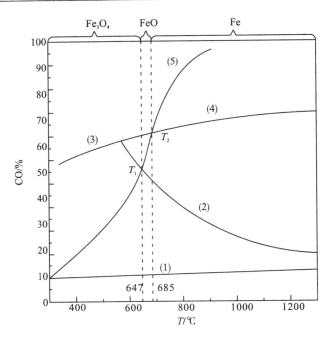

图 5-1　固体碳还原铁氧化物的气相平衡图

高于气相平衡图中某一反应曲线的气相浓度时，该反应能够正向进行，即在平衡曲线以上区域为该还原反应产物稳定区。由图 5-1 可知，固体碳还原铁氧化物可划分为三个稳定区域，在温度大于 T_2 以上时，体系中气相 CO 浓度高于铁氧化物还原反应平衡气相浓度，铁氧化物最终被还原为金属铁，因此为金属 Fe 的稳定区；温度低于 T_1 以下为 Fe_3O_4 的稳定区，因碳的气化平衡曲线低于铁氧化物还原曲线，仅高于平衡曲线(1)，故反应向着生成 Fe_3O_4 方向进行；在 T_1 与 T_2 之间，体系中 CO 浓度高于平衡曲线(2)低于(4)，即体系 CO 浓度仅高于 Fe_3O_4 还原为 FeO 的 CO 浓度，低于 FeO 还原为金属铁的 CO 浓度，因此在此温度区间内，体系中 CO 仅能满足将铁氧化物还原为 FeO，故为 FeO 稳定区。因此只有温度高于 T_2(685℃)，铁氧化物才能全部转化为 Fe。

5.4.3　小结

铁氧化物还原由两部分组成：CO 还原铁氧化物和碳的气化反应。由铁氧化物还原热力学可知，当温度高于 570℃时，铁氧化物被 CO 还原是逐级进行的，分三个阶段完成：$Fe_2O_3 \rightarrow Fe_3O_4 \rightarrow FeO \rightarrow Fe$。固体碳还原铁氧化物可划分为三个稳定区域，温度低于 647℃为 Fe_3O_4 稳定区，温度大于 685℃为金属铁稳定区域，温度介于 647℃和 685℃为 FeO 稳定区，温度高于 685℃时，铁氧化物才能还原为 Fe。

5.5　还原-磨选法实验研究

5.5.1　原料分析

1.贵金属二次物料

由于铂族金属对汽车尾气特有的净化能力，每年超过 60%的铂、钯、铑都用于生产汽车尾气净化催化剂。尽管很多机构都在研究新型催化剂来取代或减少铂族金属的使用，但随着汽车数量的增加和环保标准的提高，铂族金属的需求还会进一步增长。用于汽车催化剂的铂族金属是一座"可循环再生的铂矿"。由于铂族金属资源稀少、价格昂贵，从汽车尾气废催化剂中回收铂族金属十分重要，各国政府也很重视，世界上著名的贵金属精炼厂都有汽车尾气废催化剂的回收业务。在中国未来数年中，随着装有尾气净化装置的汽车开始大量进入报废期，将产生大批的含铂族金属的汽车尾气失效催化剂，由于环保要求越来越严格，对铂族金属回收技术也提出更高的要求。

本研究采用王水湿法浸出汽车尾气失效催化剂得到的残渣，残渣由于浸出不完全，尚有部分铂、钯和铑残留于渣中，为典型低品位贵金属二次物料，残渣化学分析见表 5-2。从表中可以看出残渣中主要成分，SiO_2 含量为 48.3%，Al_2O_3 含量为 14.9%，S 含量为 5.32%，此外，MgO 含量为 0.56%，其中铂族金属 Pt 含量为 86.15g/t，Pd 含量为 24.88g/t，Rh 含量为 42.4g/t。

表 5-2　残渣化学分析

成分	Pt	Pd	Rh	S	SiO_2	Al_2O_3	MgO	CaO	Fe
含量	86.15	24.88	42.4	5.32	48.3	14.9	0.56	0.025	0.06

注：Pt、Pd 和 Rh 单位为 g/t，其余成分单位为%。

2.捕集剂

本研究所采用的捕集剂为铁矿，其 X 衍射分析如图 5-2 所示，从图可以看出其铁矿主要成分为磁铁矿、赤铁矿和二氧化硅，为典型的氧化矿。对铁矿化学元素分析如表 5-3 所示，从表可以看出铁矿中含铁 57.42%，二氧化硅含量为 9.26%，其他成分含量较低，Al_2O_3 含量为 2.15%，CaO 含量为 1.84%。

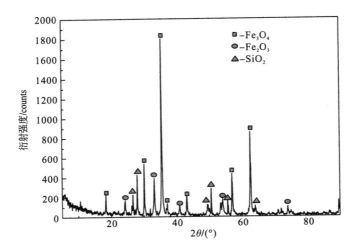

图 5-2　铁矿 X 射线衍射谱

表 5-3　铁矿化学成分分析

成分	Fe	SiO$_2$	S	Al$_2$O$_3$	MgO	CaO
含量/%	57.42	9.26	0.036	2.15	0.78	1.84

3.还原剂

本研究采用的还原剂为煤粉，煤粉为铁矿直接还原提供热量和还原气氛。为使含碳球团达到一个较好的成球效果，0.075mm 占 74.42%。对煤粉进行 X 衍射分析，结果见图 5-3，从图中可以看出煤粉中含有一定量 Si、Al 和 Mg。表 5-4 为还

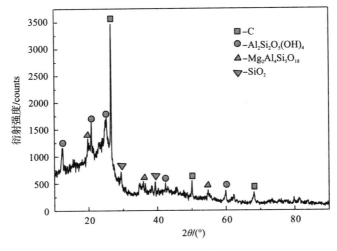

图 5-3　煤粉 X 衍射图谱

表 5-4　煤粉工业分析及化学组成

分析	成分	含量/%
工业分析	固定碳(cd)	67.41
	挥发分(Vdaf)	9.26
	灰分	23.33
	水分	3.27
灰分成分分析	SiO_2	47.08
	Al_2O_3	35.14
	MgO	2.43
	CaO	0.41
	Fe_2O_3	8.68
挥发分成分分析	CO_2	5.1
	O_2	0.3
	CO	27.3
	H_2	10.54
	CH_4	3.0

原煤粉工业分析及化学组成，从表可以看出还原煤粉固定碳含量高和灰分低，是良好的还原剂，煤粉中固定碳含量为 67.41%，灰分中 SiO_2 含量为 47.08%，Al_2O_3 含量为 35.14%，其他组分含量较低。

4.化学试剂

本研究所用的化学试剂有添加剂氧化钙、碳酸氢铵、盐酸和硫酸，均为分析纯。

5.5.2　实验简介

1.实验流程

实验流程如图 5-4 所示，铁矿配入添加剂、煤粉以及含贵金属残渣，混匀后造球、烘干，将球团置于坩埚中，在电阻炉内还原，还原后取出球团破碎、球磨，然后湿式分选，得到含贵金属铁精粉。

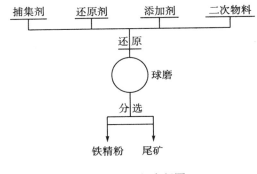

图 5-4   工艺流程图

2.实验方法

1)球团制备

取一定量铁精矿，其粒度小于 0.075mm，按一定比例配入还原剂、添加剂及贵金属废料(固体废料)，混匀，加入 10%左右水分润湿，制备直径为 10mm 左右的球团，将制备好的球团置于烘箱内烘干。

2)还原

将烘干后球团置于石墨坩埚内，表面覆盖一层厚度为 2cm 煤粉，当电阻炉内达到一定温度后，将石墨坩埚放入电阻炉内，在炉温达到设定温度后保温一定时间，从电阻炉内取出坩埚，表面再次覆盖一层煤粉，防止球团二次氧化，然后自然冷却至室温。

3)磨选

将球团从石墨坩埚中取出，用颚式破碎机将其破碎、粗磨，取一定量粉末，置于湿式球磨机内，在球磨一定时间后取出，球磨浓度为 50%，然后利用磁选或重选实现金属铁与脉石的分离，得到含贵金属的铁精粉。

3.评价指标

本研究以铁矿中铁回收率、贵金属回收率、铁粉品位、贵金属品位和贵金属富集比为主要指标。

(1)铁矿中铁回收率测定方法：铁粉质量乘以品位与原矿质量乘以品位的比值。

$$铁矿中铁回收率 = \frac{m_2\eta_2}{m_2\eta_1} \times 100\% \qquad (5-22)$$

式中，m_1 为铁矿质量；m_2 为铁粉质量；η_1 为铁矿品位；η_2 为铁粉品位。

(2) 贵金属回收率测定方法：富集物质量乘以贵金属品位与含贵金属物料乘以品位的比值。

$$贵金属回收率 = \frac{m_3 \eta_3}{m_4 \eta_4} \times 100\% \tag{5-23}$$

式中，m_3 为富集物质量；m_4 为含贵金属物料质量；η_3 为富集物中贵金属品位；η_4 为含贵金属物料中贵金属品位。

或：1 减去尾矿质量乘以贵金属品位与含贵金属物料乘以品位的比值。

$$贵金属回收率 = 1 - \frac{m_5 \eta_5}{m_4 \eta_4} \times 100\% \tag{5-24}$$

式中：m_5 为尾矿质量；m_4 为含贵金属物料质量；η_5 为尾矿中贵金属品位；η_4 为含贵金属物料中贵金属品位。

(3) 贵金属富集比测定方法：富集物品位与含贵金属物料品位的比值。

$$贵金属富集比 = \frac{\eta_3}{\eta_4} \times 100\% \tag{5-25}$$

式中，η_3 为富集物中贵金属品位；η_4 为含贵金属物料中贵金属品位。

4.矿物组成研究方法

采用 X 射线衍射仪、光学显微镜、扫描电镜和能谱仪对矿物物相组成进行分析研究。X 射线衍射分析主要是对试样中矿物结构进行定性分析，确定物质由哪些相组成。光学显微镜、扫描电镜(SEM)和能谱仪是微观检测设备，能有效地观察产物的微观形貌，研究产物的晶体粒度和镶嵌分布情况，同时对产物中某一特定部分进行能谱分析，确定其主要成分。

5.实验仪器及设备

实验主要仪器及设备见表 5-5。

表 5-5　实验设备一览表

仪器名称	型号	厂家
箱式电阻炉	SSX2-12-16	上海意丰电炉有限公司
锥形球磨机	XMQ-Φ240×90	武汉探矿机械厂
颚式破碎机	LMZ120	国营南昌化验制样机厂
摇床	LYN(S)-1100×500	武汉探矿机械厂
鼓形弱磁选机	XCRS-Φ400×240	武汉探矿机械厂
显微镜	Leica DM4000M	德国徕卡公司
X 射线衍射仪	D/max-2200	日本理学公司

仪器名称	型号	厂家
电子扫描显微镜	S-3400N	日立高新技术国际贸易有限公司
原子吸收光谱仪	Z-2300	日立高新技术国际贸易有限公司

5.5.3 还原实验研究

1.还原温度的影响

还原温度的高低直接影响着铁氧化物还原及金属铁捕集贵金属效果，铁氧化物在直接还原过程中的还原剂为碳，还原反应是由铁氧化物的 CO 还原和碳的气化两个反应共同完成，CO 直接还原铁氧化物，生成的 CO_2 与碳作用产生 CO。碳的气化反应需在较高温度下进行，以保证反应完全和提供足够的 CO 还原铁氧化物。

在铁矿与残渣配比为 1.5：1、还原时间为 6h、还原剂用量为 9%、添加剂用量 10%、湿式分选条件下，研究不同还原温度对铁及贵金属回收率的影响，实验结果如图 5-5 所示。

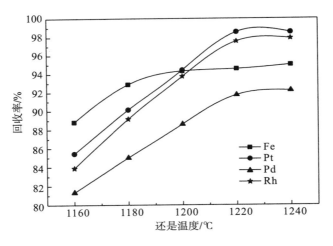

图 5-5　还原温度对铁及贵金属回收率的影响

从图 5-5 可以看出，在 1160～1220℃温度范围内，随着温度提高，铁及铂、钯、铑回收率上升较快，由此可见，温度对含碳球团还原和金属铁捕集贵金属的影响效果明显。在温度为 1180℃时，铁回收率为 92.87%，随温度进一步升高，铁回收率提升幅度不大，趋于稳定，但贵金属回收率仍在上升，这是因为温度对铁晶粒聚集和长大影响较大，随温度升高铁的扩散加速，有利于金属铁的凝聚，并在金属铁扩散凝聚过程中有效捕集贵金属。在温度为 1180℃时，虽然铁回收率趋于稳定，但此温度下铁晶粒较小，不利于铁晶粒捕集贵金属。在温度达到 1220℃时，Pt、Pd 和 Rh 回收率分别为 98.56%、91.72%和 97.55%，随温度升高贵金属回收率趋于平稳，说明该温度对铁晶粒长大并对捕集贵金属有利。但温度过高会造成球团黏结和过熔现象，抑制碳气化反应的内扩散运动，影响还原的进行。温度实验研究表明，还原温度为 1220℃时有利于铁氧化物还原和捕集贵金属。

2.还原时间的影响

还原时间决定了在一定还原温度下铁矿还原程度和对贵金属捕集效果，在铁矿与残渣配比为 1.5∶1、还原温度为 1220℃、还原剂配比为 9%、添加剂配比 10%、湿式分选条件下，研究不同还原时间对铁及贵金属回收率的影响，实验结果如图 5-6 所示。

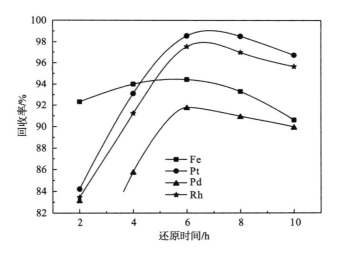

图 5-6　还原时间对铁及贵金属回收率的影响

从图 5-6 可以看出，铁及贵金属回收率随还原时间的增加先升后降，在还原时间为 6h 时达到峰值，铁回收率为 94.43%，Pt 回收率为 98.56%，Pd 回收率为 91.72%，Rh 回收率为 97.55%，这是因为还原时间过短不利于还原反应充分进行，铁晶粒也得不到有效生长，对捕集贵金属和分选不利。还原时间过长，煤粉燃烧殆尽，还原气氛减弱，氧化气氛增强，被还原的金属铁被氧化，铁与贵金属合金因氧化而分离，经球磨和分选，被氧化的金属铁和分离的贵金属进入尾矿，导致金属铁和贵金属回收率降低。为保证较高回收率和捕集效果，将还原时间定为 6h。

3.还原剂配比的影响

本研究所采用的还原剂为煤粉，在铁矿与残渣配比为 1.5：1、还原温度为 1220℃、还原时间 6h、添加剂配比 10%、湿式分选条件下，研究不同煤粉配比对还原效果的影响，实验结果如图 5-7 所示。

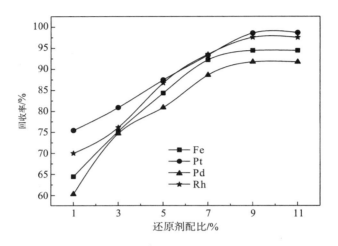

图 5-7　还原剂配比对铁及贵金属回收率的影响

从图 5-7 中可以看出，随着煤粉配比的增加，铁及贵金属回收率都有所增加，在煤粉配比为 9% 时，铁及贵金属回收率达到较好指标，进一步增加煤粉用量对还原效果并无明显促进。从煤粉配比为 1% 增加到 9%，铁及贵金属回收率增加了 30% 左右，煤粉配比过低，不利于还原反应充分，进而影响对贵金属的捕集，因此导致铁及贵金属回收率较低。但煤粉配比过高则影响金属铁晶粒聚集、长大，导致金属颗粒较小。只有煤粉配比适当，才能保证铁矿还原充分，保持较大的金属晶粒，综合考虑将煤粉配比定为 9%。

4.添加剂配比的影响

本研究使用的捕集剂和贵金属残渣中主要含有铁氧化物、二氧化硅和铝氧化物，在还原温度高于 1200℃ 以上，铁氧化物具有较高活性，在还原反应发生的同时，铁氧化物与原料中的二氧化硅和铝氧化物发生固相反应，生成反应如下式所示：

$$2FeO+SiO_2 \Longrightarrow 2FeO \cdot SiO_2 \tag{5-26}$$

$$FeO+Al_2O_3 \Longrightarrow FeO \cdot Al_2O_3 \tag{5-27}$$

CaO 与 SiO_2 结合力大于 FeO 与 SiO_2 结合力，加入适量 CaO 可强化 CaO 与 SiO_2 结合，而 FeO 成为自由态，易被还原：

$$2FeO \cdot SiO_2 + 2CaO \Longrightarrow 2FeO + 2CaO \cdot SiO_2 \qquad (5\text{-}28)$$

$$FeO + CO \Longrightarrow Fe + CO_2 \qquad (5\text{-}29)$$

为进一步确定 CaO 配比对回收率的影响，在铁矿与残渣配比为 1.5：1、还原温度为 1220℃、还原时间 6h、还原剂配比 9%、湿式分选条件下，研究不同添加剂配比对还原效果的影响，实验结果如图 5-8 所示。

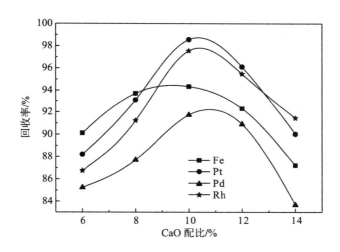

图 5-8　氧化钙配比对铁及贵金属回收率的影响

从图 5-8 中可以看出，CaO 对金属铁和贵金属回收率的影响存在一个峰值，在氧化钙配比为 10% 时，铁和贵金属回收率达到最高，添加剂配比从 10% 增加到 14% 时，铁与贵金属回收率降低了 10% 左右，加入适当 CaO 有利于取代 Fe_2SiO_4 中 FeO，降低 Fe_2SiO_4 开始还原温度，渣中 SiO_2 和 Al_2O_3 的含量也相对较多，铁氧化物与其发生固相反应增加渣中液相，有利于金属铁迁移、扩散和凝聚，CaO 加入量过大，渣中 Ca_2SiO_4 的含量增多，渣量增大使金属铁晶粒之间距离变大，不利于金属铁的迁移、扩散和凝聚。因此，加入适量 CaO 有利于铁晶粒成长，最佳氧化钙配比量为 10%。

5.铁矿与残渣配比的影响

在还原温度为 1220℃、还原时间 6h、还原剂配比 9%、添加剂配比 10%、湿式分选条件下，研究不同铁矿与残渣配比对还原效果的影响，实验结果如图 5-9 所示。

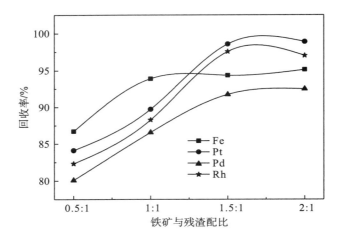

图 5-9   铁矿与残渣配比对铁及贵金属回收率的影响

从图 5-9 中可以看出，随着铁矿与残渣配比增大，铁和贵金属回收率都有提高，在配比增加到 1.5：1 后，各项指标提升幅度极其有限，从配比 0.5：1 提升到配比 1.5：1，铁回收率提高 7%左右，贵金属回收率提高 10%左右。配比量较小，不利于还原后得到的金属铁晶粒扩散和与贵金属有效接触，金属铁不能与贵金属形成合金或金属间化合物，进而影响捕集效果；配比量大，还原后金属铁晶粒扩散能力较小，有利于金属铁在还原后与贵金属充分接触，对捕集贵金属有利。在保证最佳还原指标的前提条件下，提高铁矿与残渣配比会造成还原过程中能耗增加，后期硫酸和盐酸浸出铁用量增加，相对引入更多杂质，降低贵金属富集比，因此在最佳还原指标前提条件下尽量减小铁矿与残渣的配比，综合考虑，确定铁矿与残渣配比为 1.5：1。

5.5.4　磨选实验研究

1.原料准备

选前准备是对固体物料进行有效分选的首要前提，每种分选方法都是利用物料中不同组分之间物理和化学性质差异进行的，物料在进行选别作业时，必须使其中的不同组分彼此解离。每一种分选方法都有其适宜的给料粒度，而原料粒度往往比较大。因此选别作业前，必须对原料进行破碎和磨矿作业，以使单体充分解离、粒度符合选别作业要求。

在最佳还原条件下，铁矿经还原、捕集贵金属后得到的还原球团主要为含贵金属铁合金及各种脉石，铁合金及脉石相互包裹在一起，球团较为坚硬，如图 5-10所示，不易直接球磨，因此需对还原后球团进行预处理，如破碎和磨矿。利用扫描电镜对还原后球团粒度进行分析，如图 5-11 所示。从图可以看出，还原后球团内金属铁粒度范围为 50～170μm，将还原后球团经颚式破碎机破碎，然后进行粗磨，对粗磨后还原产物进行粒度分析，见表 5-6。从表可以看出，经粗磨后还原产物粒度主要分布在+200 目，细粒级还原产物所占百分比较小。

图 5-10　还原后球团

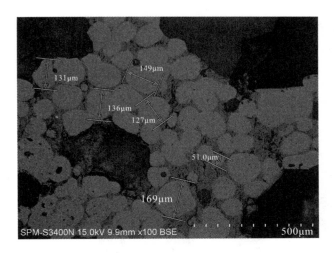

图 5-11　还原球团扫描电镜分析

表 5-6　粗磨还原产物粒度分析

粒度/目	+100	-100～200	-200～300	-300～400	-400
磨矿细度/%	40.12	26.87	3.77	9.77	19.44

　　为实现铁合金及脉石的解离，需对粗磨后还原产物球磨，磨矿细度影响单体解离程度和选别作业，同时要求金属铁颗粒足够大，避免过磨现象。在设备为XMQ-240×90 湿式球磨机、球磨浓度为 50% 的条件下，测定不同磨矿时间下的磨矿细度，实验结果见表 5-7。从表 5-7 中可以看出，随球磨时间增加，物料细度逐渐增加，在球磨时间达到 45min 后变化幅度较小。

表 5-7　时间与磨矿细度的关系

时间/min	磨矿细度/%				
	+100 目	-100～200 目	-200～300 目	-300～400 目	-400 目
15	25.53	30.66	5.02	12.54	26.25
30	10.65	32.49	6.5	15.14	35.18
45	5.1	26.41	7.77	24.6	36.12
60	4.3	23.75	8.67	26.40	36.88

2. 磁选工艺研究

1）球磨时间对粒度的影响

　　在磨矿浓度不变条件下，球磨时间对粒度的影响见图 5-12。从图 5-12 可知，球磨时间越长，粒度越细。当球磨时间为 15min 时，粒度 -48μm 占 38.79%，延长球磨时间为 45min，粒度 -48μm 占 58.87%。根据磁选要求，确定球磨时间为 45min。

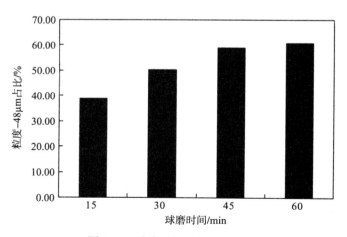

图 5-12　球磨时间对粒度的影响

2) 磨矿粒度

在磁场强度 1600Oe 条件下，研究磨矿粒度对磁选效果的影响，结果如表 5-8 所示。

表 5-8　磨矿粒度对磁选效果的影响

细度 (+48μm)/%	铁品位/%	铁收率/%	铂收率/%	钯收率/%	铑收率/%
61.21	81.51	97.33	97.99	95.61	98.51
49.68	84.24	94.89	98.01	93.31	97.29
41.13	88.54	92.43	98.56	91.72	97.55
39.22	87.06	92.27	96.45	89.67	96.89

从表 5-8 可以看出，磨矿粒度从+48μm 占 61.21%到+48μm 占 41.13%，铁品位提高 7.03%，随粒度减小铁粉品位趋于平衡，铁回收率呈现下降趋势，在粒度+48μm 占 39.22%时达到最低，贵金属回收率随粒度减小均有下降，但下降趋势不大。总体来看，铁与贵金属回收率较高，但金属铁品位较低，这是由于这种磁选机的磁性产物排出端距给料口较近，磁翻作用差，所以磁性产物质量不高。但非磁性产物排出口距给料口较远，增加磁性颗粒被吸附的机会，另外两种产物排出口的距离远，磁性颗粒混入非磁性物种的可能性小，所以这种磁选机对磁性颗粒的回收率高。金属铁品位高有利于后期铁粉酸浸，富集贵金属；品位较低对酸浸不利，导致贵金属富集比较低，综合考虑含贵金属铁粉后期处理，确定最佳粒度为+48μm 占 41.13%。

3) 磁选强度对铁品位及回收率的影响

为确定磁选最佳强度，研究不同磁场强度对磁选铁粉品位、回收率及贵金属回收率的影响，结果如图 5-13 所示。从图 5-13 可以看出，在磁场强度较小时铁品位较高，但铁粉及贵金属回收率较低，这是由于固体颗粒在通过磁场时，受磁场力和机械力(重力、摩擦和离心力等)作用，磁场强度较小导致磁场力较弱，颗粒较大的磁性物，机械力大于磁场力，则不能被吸附到圆筒上，细粒级磁性物在距离圆筒较远时，也以机械力占优势不能被吸附，因此导致回收率较低。随着磁场强度增加，大颗粒和距圆筒较远细微颗粒铁粉被吸附到圆筒上，但在吸附的同时会夹杂一部分脉石，由于磁翻作用差，不能有效和这部分脉石分离，导致铁粉品位有所下降，而铁粉及贵金属回收率均随磁场强度的增强而增大，在达到 1600Oe 时，随磁场强度的增强，铁粉品位及铁粉和贵金属回收率趋于稳定，因此确定磁场强度为 1600Oe。

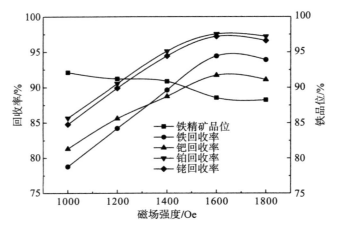

图 5-13　磁场强度对铁品位及回收率的影响

在最佳磁选条件下，即球磨浓度 50%、球磨时间 45min 和磁场强度 1600Oe，得到的铁粉指标为：铁回收率为 92.43%，铁含量为 88.54%，铂含量为 110.4g/t，钯含量为 27.3g/t，铑含量为 52.1g/t。

3.摇床分选方法研究

摇床选矿是细粒物料主要重选方法之一，通过摇床选矿可以获得较高铁粉品位。实验流程见图 5-14 和图 5-15，其中，图 5-14 流程为球磨精选工艺，可得到

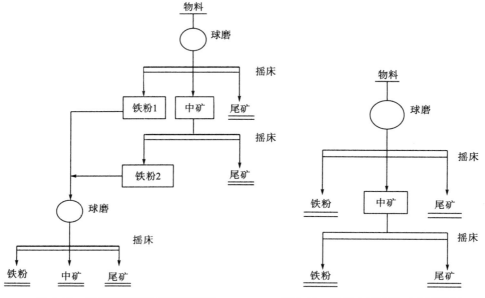

图 5-14　摇床实验精选工艺流程图　　　　图 5-15　摇床实验粗选工艺流程图

高品位的铁粉，图 5-15 为较为简单的球磨粗选工艺，铁收率较图 5-14 高，但铁的品位不高。影响摇床分选的主要因素有冲程、冲次、冲洗水、床面坡度和物料性质，在球磨时间 45min 条件下，物料在-0.074mm 约占 70%，为细粒物料，因此摇床选矿采用小冲程、大冲次，以加强振动松散。本研究摇床选矿主要参数为：冲程 11～13mm，冲次 300 次/min，床面坡度 3°～5°。

图 5-16 为摇床选矿过程中矿粒分带图，从图 5-16 中可以看出，矿粒分带明显，白色部分为铁粉，灰色部分为脉石。小颗粒铁粉具有较小横向速度和较大纵向速度，偏离摇床倾角较小，趋于精矿端；脉石密度比铁粉小，具有较大横向速度和较小纵向速度，偏离摇床倾角较大，趋于尾矿端；大颗粒铁粉，因其比重较大导致纵向速度减小，趋于中矿端。

图 5-16　摇床选矿矿粒分带图

表 5-9 为摇床分选得到的铁粉指标，铁收率为 91.83%，品位为 96.55%，Pt、Pd 和 Rh 收率分别为 96.66%、90.72%和 94.84%。利用 X 衍射对铁粉进行物相分析，结果见图 5-17。从图 5-17 可以得到，图谱上主要衍射峰为铁特征峰，由此可知，铁粉主要组分为金属铁，其他组分含量很低，铁与脉石有效分离，摇床分选效果明显。

表 5-9　摇床分选实验结果

成分	Fe	Pt	Pd	Rh
品位	96.55	114.3	30.7	55.7
收率/%	91.83	96.66	90.72	94.84

注：其中铁品位单位为%，铂族金属品位单位为 g/t。

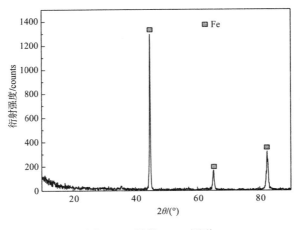

图 5-17　铁粉 XRD 图谱

4.磁选与摇床选矿实验对比

在最佳磁选和摇床选矿条件下，得到的铁粉指标列入表 5-10，通过表中数据可知，磁选和摇床选矿得到的铁粉收率并不高，主要原因是铁矿在还原捕集贵金属过程中，铁氧化物一部分转变为氧化亚铁和铁橄榄石等，这部分物料无磁性和比重较小，在分选过程中进入尾矿，导致铁收率较低。相比磁选，摇床分选得到的铁粉及贵金属品位较高，但收率相对较低，这是由于摇床选矿产率较低，但分选效果较好。磁选产率较高，磁选过程中夹杂较多脉石，产率较高，分选效果差。考虑后续酸浸富集贵金属工艺，金属铁品位越高越有利于酸浸富集贵金属，为提高贵金属富集比，应尽量保持较高铁粉品位，因此本章节研究摇床分选方法。

表 5-10　磁选和摇床选矿得到的铁粉指标

	Fe 品位	Fe 收率	Pt 品位	Pt 收率	Pd 品位	Pd 收率	Rh 品位	Rh 收率
磁选	88.54	92.43	102.4	98.56	24.3	91.72	49.1	97.55
摇选	96.55	90.83	114.3	96.66	30.7	90.72	55.7	94.84

注：收率单位为%，铁品位单位为%，贵金属品位为 g/t。

5.6　还原-磨选过程机理研究

5.6.1　显微结构研究

通过对还原热力学和还原制度的研究，确立最佳还原指标，为进一步了解不同还原条件下各球团显微结构变化，本节采用电子显微镜对还原球团进行分析。

在铁精矿与残渣配比 1.5：1、还原温度 1220℃、还原时间 6h、还原剂配比 9%、添加剂配比 10%条件下，获得焙烧后的还原球团，还原球团显微结构见图 5-18。对该图分析可知，白色部分为金属铁，黑色部分为气孔，灰色部分为脉石，金属铁颗粒较大，并与渣相呈现物理镶嵌分布，易于通过磨矿实现单体解离，再经过湿式分选回收金属铁，实现金属铁与渣相分离。

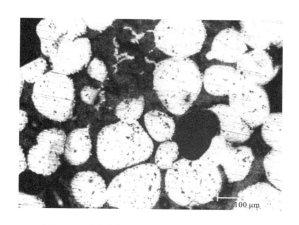

图 5-18　最佳条件下焙烧产物的显微结构

5.6.2　还原温度对铁晶粒长大的影响

固定条件：铁精矿与残渣配比为 1.5：1，还原时间为 6h，还原剂用量为 9%，添加剂用量为 10%。图 5-19 和图 5-20 分别为 1100℃和 1220℃下铁矿还原后微观

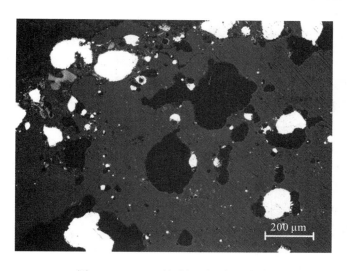

图 5-19　1100℃铁矿还原后微观结构

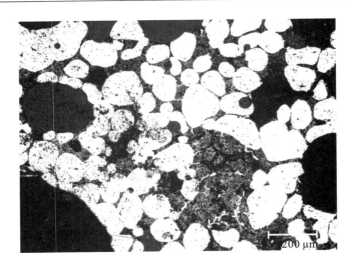

图 5-20   1220℃铁矿还原后微观结构

结构，从图中分析可知，白色球团颗粒主要组成为金属铁，黑色部分为气孔，灰色部分为脉石。温度是影响铁晶粒长大的关键因素，随温度升高，铁的扩散迁移和渗碳加速，使熔点降低。从图 5-20 可以看出，在其他条件相同、还原温度在 1100℃下开始出现细粒级的白色铁晶粒，尺寸较小，多数铁晶粒被灰色脉石部分包裹，较大颗粒状铁晶粒较少且比较分散，在还原温度 1220℃时，还原球团中铁晶粒比 1100℃时多，并且铁晶粒尺寸也较大。

5.6.3   添加剂对铁晶粒长大的影响

固定条件：铁精矿与残渣配比为 1.5∶1，还原温度为 1220℃，还原时间为 6h，还原剂用量为 9%。图 5-21～图 5-23 分别为未添加 CaO、添加 10%CaO 和添加 40%CaO 铁矿还原后扫描电镜得到的形貌图，从图可以看出，添加 10%CaO 后，铁晶粒比未添加 CaO 还原后球团铁晶粒多，并且分布比未添加 CaO 还原球团密集，由此可知添加一定量 CaO 有助于铁晶粒生长。但当添加过量 CaO 后，渣相中熔点升高，金属铁晶粒扩散困难，球团内部黏结变弱，当 CaO 含量大于 40%时出现粉化现象，这是由于亚稳态 β-Ca_2SiO_4 向稳态 γ-Ca_2SiO_4 转变，两种状态 Ca_2SiO_4 密度不同造成体积膨胀，引起还原球团内的其他矿物一起粉化，此外球团中含有少量 CaO，在冷却过程中吸收水分生成 $Ca(OH)_2$，在还原球团内部产生膨胀压力，导致球团粉化。

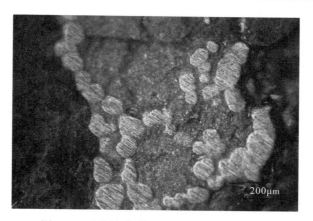

图 5-21　未添加氧化钙铁矿还原后微观结构

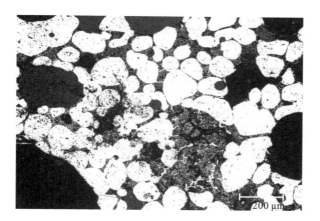

图 5-22　添加 10%氧化钙铁矿还原后微观结构

图 5-23　添加 40%CaO 铁矿还原后球团

5.6.4　还原过程中铁晶粒长大行为及特点

对铁氧化物还原热力学分析可知，在还原气氛下，铁氧化物直接还原为金属铁在热力学上是自发进行的。此时，系统的体自由能减少，同时新形成的铁相与铁氧化物之间形成新的界面，引起系统界面自由能增加。另外，FeO→Fe 固态相变伴有体积变化，引起晶格能增加，在铁氧化物还原的同时还伴随着铁铝硅复合物的形成。铁晶粒生长可以分为两阶段：形核和长大。

(1) 形核。形核主要分为两部分：①固-固反应界面，该部分主要是暴露在铁矿外面的铁氧化物与煤粉接触发生反应，生成少量铁原子；②固-气反应界面，固体碳逐渐反应生成 CO，CO 含量增加后，吸附于矿粒表面，通过传质与矿物内部的铁氧化物反应，由于 CO 气体比 C 更容易扩散进入矿物内部，故铁氧化物还原主要由 CO 还原完成，此时产生大量铁原子。两部分铁原子通过扩散方式凝聚在一起形成晶粒。

(2) 长大。晶粒长大是由于界面能量下降，即界面存在能差值，该阶段晶粒长大分为两种情况：正常长大和二次长大。前者驱动力是由两相吉布斯自由能差提供，颗粒越大界面自由能越低，其特点是长大速率比较均匀，长大过程中晶粒尺寸分布及形状分布几乎不变化；晶粒二次长大是由于较大铁晶粒存在，曲率半径较大，能量较高，颗粒周围的溶质浓度小，进而形成驱动力。最小铁颗粒向最大铁颗粒方向扩散，小颗粒缩小消失，由此小晶粒不断长成大颗粒。

5.6.5　物相变化研究

本研究所采用的捕集剂铁矿主要为铁氧化物和少量二氧化硅，贵金属残渣中主要组分为氧化铝、二氧化硅和硫，为进一步了解还原过程中各物相变化，本节采用 X 衍射和扫描电镜能谱对还原焙烧后产物各物相变化进行分析。

图 5-24 为最佳条件下焙烧产物 XRD 图谱，由图 5-24 可知，铁矿配残渣经还原焙烧后，铁矿中铁氧化物已经不存在，转变为金属铁、硫化亚铁和铁橄榄石等，由此可见铁矿还原焙烧效果明显。

本次实验还原温度为 1220℃，所以铁氧化物还原是按顺序逐级反应进行的，其顺序为

$$Fe_2O_3 \longrightarrow Fe_3O_4 \longrightarrow FeO \longrightarrow Fe$$

在还原气氛中，高价铁氧化物向低价氧化物还原的同时，二氧化硅和氧化铝等与低价氧化物之间发生固相反应，所谓的固相反应是指物料在熔化之前，两种固相发生接触反应并产生另外一种固相，此体系固相反应为

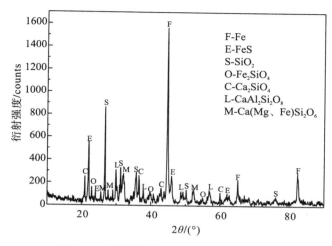

图 5-24　最佳条件下焙烧产物 XRD 图谱

$$2FeO+SiO_2 =\!\!=\!\!= 2FeO\cdot SiO_2 \tag{5-30}$$

$$FeO+Al_2O_3 =\!\!=\!\!= FeO\cdot Al_2O_3 \tag{5-31}$$

此固相反应生成铁橄榄石和铁尖晶石，阻碍铁氧化物进一步还原，但产物为低熔点化合物，对铁晶粒迁移扩散有利。CaO 与 SiO$_2$ 结合力大于 FeO 与 SiO$_2$ 结合力，加入适量 CaO 后，可促进硅酸铁分解，增加铁氧化物活度。其主要反应式为

$$2FeO\cdot SiO_2+2CaO =\!\!=\!\!= 2CaO\cdot SiO_2 \tag{5-32}$$

$$2CaO+SiO_2 =\!\!=\!\!= 2CaO\cdot SiO_2 \tag{5-33}$$

$$CaO+Al_2O_3+2SiO_2 =\!\!=\!\!= CaO\cdot Al_2O_3\cdot 2SiO_2 \tag{5-34}$$

$$CaO+FeO(MgO)+2SiO_2 =\!\!=\!\!= Ca(Mg、Fe)Si_2O_6 \tag{5-35}$$

贵金属残渣中含有一定硫元素，在还原气氛中硫元素不能被氧化为二氧化硫气体而除去，因此残留在球团内部，硫元素与金属铁在球团内接触，反应生成硫化亚铁，其反应式为

$$Fe+S =\!\!=\!\!= FeS \tag{5-36}$$

为进一步了解球团内物相变化，通过扫描电镜和能谱分析确认还原产物物相及分布状况，结果见图 5-25 和图 5-26。从图 5-25 可以看出，铁晶粒聚集长大，并与脉石分离，还原产物主要分为三个区域，黑色部分为区域 1，白色部分为区域 2，灰色部分为区域 3，通过能谱对不同区域的产物进行分析。对区域 1 能谱分析可知，区域 1 为脉石，脉石中元素组成较为复杂，主要元素为 Si、Ca、Al、Mg、O 和 Fe，但 Fe 含量相对较低，说明该区域主要物相是由二氧化硅、氧化钙和氧化铝组成的复盐和少量铁酸盐类，结合上述物相分析可知，该区域物相为硅酸钙、硅酸铁、铁铝或铁钙镁硅酸盐或盐类氧化物；对区域 2 分析可知，其衍射峰仅为金属铁，元素铁含量为 100%；对区域 3 分析可知，其衍射峰主要为 Fe 和 S，元素含量为 67.79% 和 30.54%，其他元素含量都小于 1%，说明该区域主要物相为铁的硫化物。

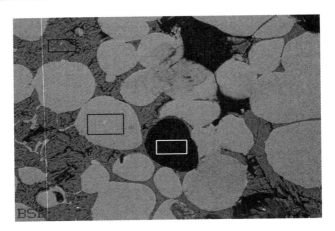

图 5-25　还原产物 SEM 微观形貌及能谱分析区域

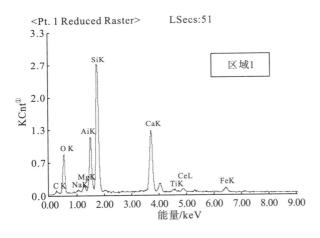

元素	wt%	at%
O	02.07	03.91
Na	01.17	01.53
Mg	02.07	02.58
Al	17.63	19.75
Si	49.71	53.50
Ca	20.10	15.16
Fe	02.42	01.31

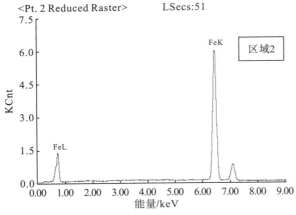

元素	wt%	at%
Fe	100.00	100.00

_____

① KCnt 表示信号强度，即 1000counts，K 表示 1000。

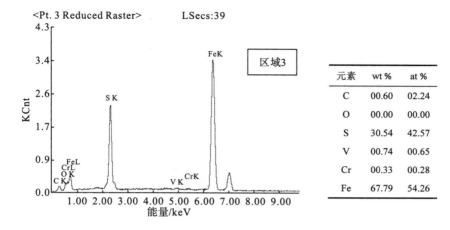

图 5-26　还原产物能谱分析结果

通过上述能谱分析和扫描电镜能谱分析可以确定，在还原气氛中，铁氧化物大部分被还原为金属铁，另外少量铁以硫化亚铁和复盐的形式进入脉石，与金属铁分离。

5.6.6　金属铁捕集贵金属机理分析

本研究利用铁矿配入煤粉和含贵金属残渣，煤粉还原铁氧化物为金属铁，铁晶粒在形核和长大过程中捕集贵金属，通过对还原制度的研究确立还原温度为1220℃，在铁氧化物直接还原过程中渗碳含量为 0.2%～1.2%。

本书认为铁氧化物在还原为金属铁后捕集贵金属的原理基于以下两点。

(1)贵金属元素电负性高、标准电极电位较正，因此在还原过程中，贵金属化合物优先于铁氧化物被还原，微量贵金属早先一步转化为原子态或原子团簇。铁氧化物被还原为金属铁后，球团内分为金属铁和脉石两部分，金属铁与脉石中化合物化学键结合方式不同，其黏度、密度和表面张力也不相同。对于贵金属原子或合金原子簇，它们价电子不可能与脉石中电子形成键合，但可以与金属铁中自由电子键合在一起，使体系中自由焓降低，脉石中残留的贵金属原子，它们也将靠热扩散力的推动而进入金属相。

(2)图 5-27、图 5-28、图 5-29、图 5-30 分别为铁-碳、铁-铑、铁-钯和铁-铂合金相图。由图 5-27 可知，在 1220℃时，含碳量为 0.2%～1.2%，金属铁为 γ-Fe，面心立方晶格，与铂族金属 Pt、Pd 和 Rh 具有相同的晶体结构和接近的晶格半径，由相似相溶原理可知，铂族金属 Pt、Pd 和 Rh 可与金属铁形成连续固溶体或金属间化合物。从图 5-28～图 5-30 也可以看出，在 1220℃时，金属铁与铂族金属 Pt、

Pd 和 Rh 在此温度可形成连续 γ 固溶体合金 γ-(Fe, Pt)、γ-(Fe, Pd) 和 γ-(Fe, Rh)，铁晶粒在扩散凝聚长大过程中，金属铁会与贵金属充分接触，甚至包裹贵金属，从而可以有效提升捕集效果。

综上两点，经铁氧化物还原后得到的金属铁在扩散凝聚长大过程中，能够有效捕集贵金属 Pt、Pd 和 Rh。

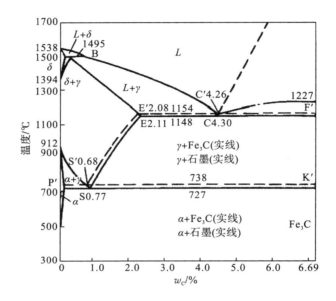

图 5-27　铁-碳合金相图

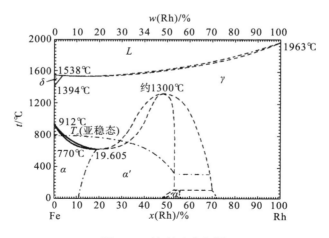

图 5-28　铁-铑合金相图

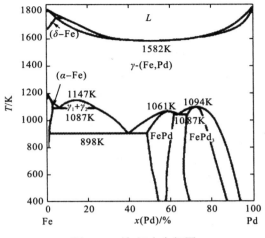

图 5-29　铁-钯合金相图

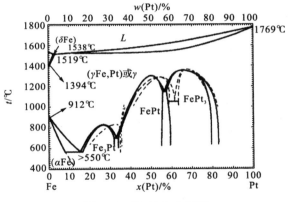

图 5-30　铁-铂合金相图

5.7　酸浸实验研究

5.7.1　实验原料

在最佳还原-磨选条件下得到铁精粉，对其进行化学分析，结果如表 5-11 所示，从表中可知，铁粉中除金属铁外，还含有少量硫和二氧化硅。

表 5-11　铁粉化学成分分析

成分	Fe	Pt	Pd	Rh	SiO$_2$	Al$_2$O$_3$	S	CaO
含量	96.55	114.3	30.7	55.7	1.05	<1	1.9	<1

注：其中铂族金属单位为 g/t，其余成分单位为%。

5.7.2　探索实验

为进一步富集贵金属，采用硫酸或盐酸浸出贱金属富集贵金属方案，由于铂、钯和铑不溶于硫酸或盐酸，留在浸出渣中，从而达到贵与贱分离和富集贵金属的目的。

根据表 5-11 中铁粉化学成分分析，提出三种酸浸方案，主要目的为浸出铁，三种方案分别为硫酸浸出、盐酸浸出和两段浸出，其中第一段浸出为硫酸浸出，第二段浸出为盐酸浸出，以铁的浸出率和酸浸渣比为指标，研究不同酸浸效果。实验结果见表 5-12，通过对三种方法的对比可知，硫酸浸出比盐酸浸出效果好，但硫酸浸出杂质元素效果较差，可以看出两段浸出杂质元素效果最佳，富集比较高，因此确定先利用硫酸浸出，后用盐酸浸出的实验方案。

表 5-12　不同酸浸方法对浸出效果的影响

方法	25%盐酸	30%硫酸	硫酸、盐酸
铁浸出率/%	91.6	96.45	99.13
富集比/%	11.9	17.46	202.1

5.7.3　一段硫酸浸出实验

1.液固比的影响

在浸出温度为 65℃、硫酸初始浓度为 30%、时间为 90min、搅拌速率为 250r/min 条件下，实验研究不同液固比对金属铁浸出率的影响，实验结果见图 5-31。

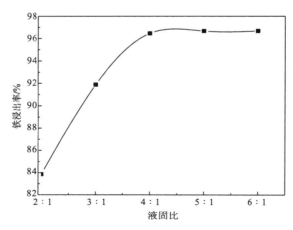

图 5-31　液固比对铁浸出率的影响

从图 5-31 可以看出，液固比在 2：1～4：1 时，铁的浸出率随液固比增大而升高，这是由于增大液固比使浸出液黏度降低，扩散条件改善，同时液固比增大，固液接触机会增大，反应速率提高。液固比为 4：1 时，铁的浸出率为 96.45%，继续增加液固比浸出率变化不大，反而因浸出液的增加浸出槽体积加大，增加设备投资，因此本实验将浸出液固比确定为 4：1。

2.浸出温度的影响

在液固比为 4：1、硫酸浓度为 30%，时间为 90min，搅拌速度为 250r/min 条件下，实验研究不同温度对铁浸出率的影响，实验结果如图 5-32 所示。

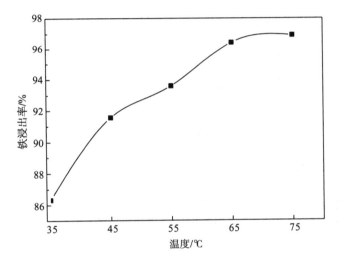

图 5-32　温度对铁浸出率的影响

从图 5-32 可以看出，温度对浸出率的影响非常明显，这是因为温度对化学反应速率和扩散速率都有影响。随着温度的升高，硫酸的分子运动加快，活化分子数增多，有效碰撞次数增加，有效提高反应速率。在温度为 35℃时铁的浸出率为 86.33%，而在温度为 65℃时，铁的浸出率为 96.45%，增加了近 10%，铁的浸出率随温度增长幅度非常明显，但在温度达到 65℃后，铁浸出率上升幅度不大，趋于稳定，因此确定温度为 65℃。

3.硫酸浓度的影响

在液固体积比为 4：1、温度为 65℃、时间为 90min、搅拌速度为 250r/min 条件下,实验研究不同浓度对铁浸出率的影响,实验结果如图 5-33 所示。从图 5-33

可以看出，硫酸浓度越高越有利于铁的浸出，这是因为随硫酸浓度升高，单位体积内增加铁粉与硫酸的接触，提高反应速率。在硫酸浓度低于 30%时，随浓度的增大，铁浸出率升高幅度较大，在硫酸浓度大于 30%时，铁浸出率上升幅度减缓，趋于稳定，综合考虑，浓度越高对设备要求越高，因此选择硫酸浓度为 30%。

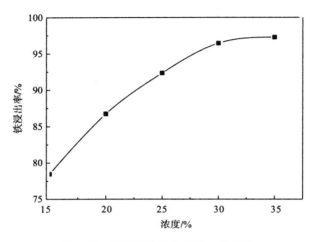

图 5-33　硫酸浓度对铁浸出率的影响

4.搅拌速度的影响

在液固比为 4∶1、温度为 65℃、浓度为 30%、时间为 90min 条件下，研究不同搅拌速度对铁浸出率的影响，实验结果如图 5-34 所示。

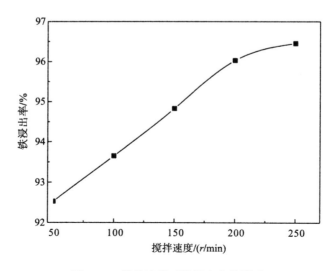

图 5-34　搅拌速度对铁浸出率的影响

由图 5-34 可知，随搅拌速度的增加，铁的浸出率由 92.53%提升到 96.45%，提高了 4%，铁的浸出率变化不大，这是由于在硫酸与金属铁刚开始反应时，产生大量的气泡，金属铁颗粒附着在气泡上，随气泡一块向上运动，上升到液面气泡破裂，铁粒下降，气泡的作用相当于搅拌的效果，随着反应的进行，铁粉含量逐渐减少，气体产生量也随之较少，搅拌的影响效果逐渐增强。在搅拌速度为 250r/min 时，铁的浸出率达到 96.45%，继续增加搅拌速度，铁回收率提高范围不大，因此本实验将搅拌速度定为 250r/min。

5.时间的影响

在液固比为 4∶1、温度为 65℃、浓度为 30%、搅拌速度为 250r/min 条件下，研究时间对铁浸出率的影响，结果如图 5-35 所示。

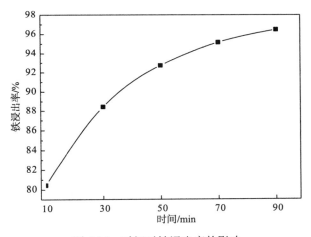

图 5-35　时间对铁浸出率的影响

由图 5-35 可知，铁浸出率在反应初期增长幅度表现尤为明显，延长时间能有效提高物料与硫酸接触的时间，进行充分反应。在浸出时间达到 70min 时，铁的浸出率上升放缓，在 90min 时，铁浸出率达到 96%以上，继续增加时间，铁浸出率提升幅度不大，但能耗增加，因此将时间定为 90min。

5.7.4　浸出渣分析

在最佳硫酸浸出条件下，得到硫酸浸出渣，对其进行成分分析，结果见表 5-13。从表中可以看出，浸出渣中主要为 Fe 和 S，含量为 60.59%和 31.2%，对硫酸浸出液中贵金属含量进行分析，溶液中贵金属含量均低于 0.0005g/L，铁粉与硫酸浸出渣比为 17.43。

表 5-13　硫酸浸出渣成分分析

元素	Fe	S	Pt	Pd	Rh
含量	60.59	31.2	1995.6	536	972.5

注：贵金属含量单位为 g/t，其余含量单位为%。

　　利用 X 衍射（XRD）对硫酸浸出渣物相分析，结果见图 5-36。从图 5-36 可以看出，XRD 衍射图谱上只有一条主要衍射峰，为 FeS 衍射峰，说明浸出渣中主要物相为 FeS，另外还含有少量 Fe 和 SiO_2。

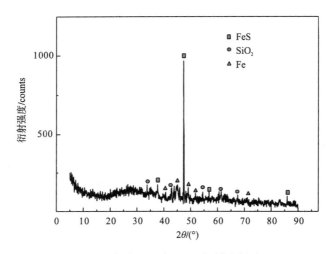

图 5-36　硫酸浸出渣 XRD 衍射分析结果

5.7.5　二段盐酸浸出实验

　　为进一步富集贵金属，需对浸出渣进一步溶解，由以上分析可知，硫酸浸出渣中主要成分为 FeS，易溶于盐酸溶液，因此采用盐酸继续溶解，最终获得贵金属富集物，本节研究采用盐酸浓度为 25%，浸出时间 3h，对盐酸浸出渣进行光谱分析，分析结果见表 5-14，盐酸浸出液中贵金属含量均小于 0.003g/L。

表 5-14　盐酸浸出渣化学分析

元素	Al	Si	S	Ca	Fe	Mg	P	Cl	O
含量	5.19	7.06	2.79	4.6	1.45	1.29	5.82	1.2	64.4

元素	Pt	Pd	Rh
含量	2.31	0.36	1.04

注：贵金属含量单位为 g/t，其余含量单位为%。

从表 5-14 中可知，最终贵金属富集物 Pt 含量为 2.31%，Pd 含量为 0.36%，Rh 含量为 1.04%，从原料到最终富集物，贵金属铂、钯、铑富集比分别为 268、144.7 和 245.3，回收率分别为 96.16%、90.52%、93.35%。

5.7.6　浸出液综合利用

酸浸液主要为 Fe^{2+}，可制备氧化铁红作为捕集剂，实现浸出液的综合利用。把含铁离子溶液加入到预先配置好的碳酸氢氨溶液中，进行中和反应，反应式为

$$Fe^{2+} + CO_3^{2-} = FeCO_3 \downarrow \tag{5-37}$$

控制 pH 在 6.4～6.7，温度低于 45℃，静置 1h 后会有大量沉淀产生，再进行抽滤、烘干。将烘干后的沉淀倒入坩埚中，将坩埚放入马弗炉，在 850℃下焙烧 2h，保温 1h，得到氧化铁红，生成氧化铁红的方程式为

$$FeCO_3 \longrightarrow Fe_2O_3 \tag{5-38}$$

5.8　硫酸浸出动力学研究

5.8.1　动力学模型

本反应属于液固多相反应过程，反应过程中合金物料中主要金属元素铁与硫酸反应而溶解，其他难溶金属沉积在渣中，可见在反应过程中无固体产物层产生，为液-固反应的无固体产物层的浸出反应，反应过程由三个步骤完成：①硫酸由溶液主体通过液相边界层扩散到反应物铁粉表面；②界面化学反应，包括硫酸在铁粉表面上吸附，被吸附的硫酸与铁粉反应，产物在固体表面脱附；③产物从固体表面扩散到溶液。

反应过程中保持反应物浓度恒定，则球形颗粒在浸出过程中的动力学方程为

$$1-(1-a)^{1/3} = K_c t \tag{5-39}$$

$$K_c = Mk'C / b\rho\gamma \tag{5-40}$$

式中，a 为合金物料在反应时间 t 内的反应分数；t 为浸出时间，单位为 min；M 为反应物 A 相对原（分）子质量，单位为 g；C 为溶液中 B 的浓度，单位为 mol/L；b 为反应物 B 的化学计量系数 $[A(s)+B(aq) \rightarrow C(aq)]$；$\rho$ 为球形颗粒的密度，单位为 g/cm^3；γ 为球形颗粒的初始直径，单位为 cm；k' 为表面化学反应速率常数；K_c 为化学控制速率常数。

对于无固体产物层的浸出反应，无论反应过程是处于扩散控制还是处于界面化学控制，速率方程(5-39)均适用。反应过程受界面化学控制时，温度对反应速

率有显著的影响，而搅拌强度则影响不大；反应过程受扩散控制时，搅拌强度对反应速率影响较大，而温度影响较小。

实验方法：称取一定量的原料，置于水浴加热反应器皿中，所有浸出实验液固比为 400：1(体积/重量)，尽量确保浸出体系的液固比比较大，保持硫酸浓度在浸出过程中近似不变。按相同的时间间隔分别取五个样品进行化学分析，确定浸出液中的 Fe^{2+} 的浓度，并计算出铁的浸出率。

5.8.2　实验结果与讨论

1.硫酸浓度对浸出的影响

在浸出温度 65℃、搅拌速率为 250r/min、液固比 400：1 条件下，分别取硫酸浓度为 0.1mol/L、0.2mol/L、0.3mol/L、0.4mol/L、0.5mol/L，进行不同硫酸浓度对铁浸出对比实验，实验结果见图 5-37。通过图 5-37 可以看出，随硫酸浓度的升高，铁浸出率增大，在浸出 10min 后，硫酸浓度为 0.1mol/L、0.2mol/L、0.3mol/L、0.4mol/L、0.5mol/L，铁浸出率分别为 70.57%、76.48%、85.25%、91.25% 和 96.84%。

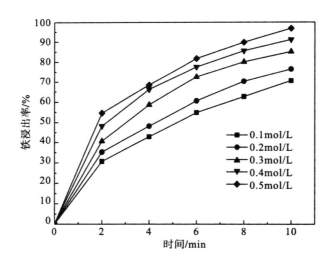

图 5-37　硫酸浓度对铁浸出率的影响

根据图 5-37 中铁浸出率数据，以 $1-(1-a)^{1/3}$ 对 t 作图，a 为铁浸出率，结果如图 5-38 所示，其直线通过原点，由此得到硫酸浓度为 0.1mol/L、0.2mol/L、0.3mol/L、0.4mol/L、0.5mol/L 时的表观速率常数 K_c 分别为 0.03592、0.04158、0.05225、0.06061 和 0.07023，其线性相关系数均大于 0.98。

n 级速率公式可以表示为

$$V = -\frac{\mathrm{d}C}{\mathrm{d}t} = KC^n \tag{5-41}$$

取对数得 $-\ln K = \ln V + n\ln C$，以 $-\ln K$ 对 $\ln C$ 作图得到图 5-39，由此得反应方程为 $-\ln K = -0.41823\ln C + 2.42096$，因此反应级数为 0.67559。

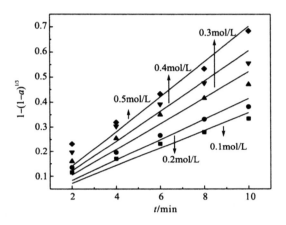

图 5-38　$1-(1-a)^{1/3}$ 与时间 t 的关系图

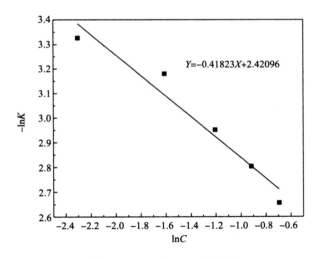

图 5-39　$-\ln K$ 与 $\ln C$ 关系图

2.浸出温度对浸出的影响

在硫酸浓度为 0.3mol/L、搅拌速率为 250r/min、液固比为 400 ∶ 1 条件下，分别取浸出温度为 35℃、45℃、55℃、65℃和 75℃，进行不同浸出温度对铁浸出对比实验，实验结果见图 5-40。通过图 5-40 可以看出，随浸出温度的升高，铁浸出率增大，在浸出 10min 后，浸出温度为 35℃、45℃、55℃、65℃和 75℃，铁浸出率分别为 27.73%、66.08%、75.57%、85.25%和 96.26%。

以 $1-(1-a)^{1/3}$ 对时间 t 作图，见图 5-41，得到不同温度（35℃、45℃、55℃、65℃、75℃）下表观速率常数 K，分别为 0.01034、0.03172、0.03819、0.05289、0.07475。

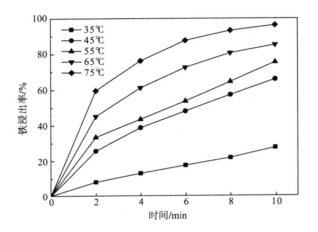

图 5-40 浸出温度对铁浸出率的影响

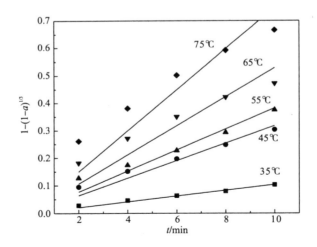

图 5-41 不同浸出温度下 $1-(1-a)^{1/3}$ 与时间 t 的关系图

根据 Arrhenius 定理：

$$\frac{\mathrm{d}\ln K}{\mathrm{d}T} = \frac{E_\mathrm{a}}{RT^2} \tag{5-42}$$

式中，E_a 为表观活化能，J/mol；K 为表观速率常数；T 为温度，K；R 为气体常数，$R=8.34J/(mol·K)$。

对上述公式积分得 $\ln K = -\dfrac{E_a}{RT} + C$，以 $\ln K$ 对 $1000/T$ 作图，见图 5-42，则可得到方程 $\ln K = -4.83656/T + 11.40216$，因此 $E_a/R = 4.83656$，由此得到浸出反应的表观活化能 $E_a = 40.21kJ/mol$，因此硫酸浸出为界面化学反应控制。

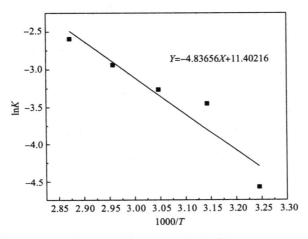

图 5-42　$\ln K$ 与 $1000/T$ 关系图

5.9　小　　结

通过考查还原-磨选工艺参数对铁及贵金属回收率的影响和相关理论分析，得到如下结论。

(1) 针对还原-磨选工艺，研究了还原温度、还原时间、添加剂配比、还原剂配比、残渣与捕集剂配比、球磨浓度和磨选法对指标的影响，确定最佳工艺参数：还原焙烧温度 1220℃，还原时间 6h，煤粉配比 9%，添加剂配比 10%，铁矿与残渣配比 1.5：1。在磨选作业中确定了球磨时间 45min，采用摇床分选的方法，摇床选矿采用小冲程、大冲次，以加强振动松散，主要参数为冲程 11～13mm、冲次 300 次/min、床面坡度 3°～5°。

(2) 由还原产物微观结构可知，低温下铁晶粒尺寸较小，多数被灰色脉石部分包裹且比较分散，提高还原温度有助于铁晶粒的扩散凝聚，高温下形成铁晶粒，分布广泛且数量较多。无添加剂时，铁晶粒扩散凝聚受阻，铁晶粒较少，添加一定量 CaO 后，有助于铁晶粒生长，但当添加过量 CaO 后，渣相中熔点升高，金属铁晶粒扩散困难，球团内部黏结变弱，添加 CaO 含量为 40% 时，还原球团出现自粉化现象。

(3) 对还原球团物相变化研究可知，在还原气氛中，铁氧化物大部分被还原为金属铁，另外少量铁以硫化亚铁和复盐的形式进入脉石，与金属铁分离。脉石中 SiO_2、Al_2O_3、CaO 和 FeO 之间发生固相反应，生成硅酸钙、硅酸铁、铁铝或铁钙镁硅酸盐或盐类氧化物。

(5) 贵金属化合物优先于铁氧化物被还原，转化为原子态或原子团簇，与金属铁中自由电子键合在一起，使体系中自由焓降低，它们也将依靠热扩散力的推动而进入金属相。在 1220℃时，金属铁为面心立方晶格，与铂族金属 Pt、Pd 和 Rh 具有相同的晶体结构和接近的晶格半径，铂族金属 Pt、Pd 和 Rh 与金属铁形成连续固溶体或金属间化合物。

(6) 还原球团金属铁粒粒度范围为 50～170μm，选别作业前先经破碎、球磨处理，在球磨浓度 50% 条件下，球磨 45min 可实现单体解离。磁选可以提高铁粉及贵金属回收率，但品位较低，摇床选矿可以提高铁粉品位，但收率相对要低，金属铁品位越高越有利于酸浸贱金属富集贵金属，为达到贵金属较高富集比，选择摇床分选方法。

酸浸实验小结：

(1) 实验方案确定先用硫酸浸出，后用盐酸浸出，硫酸浸出最佳条件：浸出温度为 65℃，硫酸初始浓度为 30%，时间为 90min，搅拌速率为 250r/min，液固比为 4∶1。在最佳浸出条件下铁浸出率为 96.45%，溶液中贵金属含量低于 0.0005g/L，利用 X 衍射对硫酸浸出渣分析，主要物相为硫化亚铁。

(2) 采用盐酸进一步浸出硫酸浸出渣，盐酸浓度为 25%，时间 3h，最终得到贵金属富集物 Pt 含量为 2.31%、Pd 含量为 0.36%、Rh 含量为 1.04%，从原料到最终富集物，贵金属铂、钯、铑富集比分别为 268、144.7 和 245.3，回收率分别为 96.16%、90.52%、93.35%。

(3) 对硫酸浸出动力学研究可知，硫酸浸出为界面化学反应控制，反应级数为 0.67559，表观活化能为 40.21kJ/mol。

5.10　还原-磨选-酸浸法处理失效有机铑催化剂

5.10.1　失效有机铑催化剂

铂族金属铑具有活性高、选择性强和寿命长等特点。在化工催化方面有着重要的意义，广泛应用于石油、医药和精细化工等领域。铑易与有机物形成配合物，主要是羰基铑和三苯基铑、三苯基氧基膦或三丁基膦形成的复合配合物，广泛应用于均相催化剂，对于有机合成过程的氢化、羰基加成、酰氢化等反应极具活性，如丙烯生产正丁醛的生产工艺中，一氯三苯膦铑作为特效催化剂。但由于在催化过程中，各种高沸点的副产物及其原料中的杂质使部分催化剂失活。

失效有机铑催化剂结构较为稳定，一般处理方法不能有效富集铑，目前富集方法主要可以分为火法和湿法。火法富集[46]方法主要是将废铑催化剂在高温下煅烧，熔融，得到铑灰、铑粉等不溶物，然后进一步得到粗铑，缺点是焚烧过程中不可避免造成铑的流失，低含量铑的溶液不能直接焚烧，而要浓缩到一定浓度后，添加贱金属或碱土金属的碳酸盐等去焚烧。在此工艺流程中，能源消耗大，且由于没有除掉高含量的三苯基膦不可避免地在焚烧过程中有很大的环保压力，整个工艺操作烦琐，工艺复杂，操作费用较高。湿法是转化铑的存在形式，并以水溶性化合物的形式存在，然后提取。但因铑的有机磷化合物很稳定，造成回收率不高，且回收产物中铑含量很低。湿法富集包括萃取法[47]、还原法[48]、蒸馏法[49]、吸附法[50]、离子交换法[51]等。

5.10.2　处理有机铑废液

本研究采用含铑有机废液，废液中含有乙酰丙酮、酒精、乙酰丙酮铑等有机物，由有机相和水相组成，铑含量为 0.34g/L（或 309g/t）。

5.10.3　实验流程

实验流程如图 5-43 所示，铁精矿配入添加剂、煤粉以及含铑废液，混匀后造球、烘干，将球团在电阻炉内还原，焙烧产物经球磨后选分，得到含贵金属铁精粉，浸出金属铁后得到含贵金属富集物。浸出液中加入配置好碳酸氢铵溶液，将固体产物焙烧得到铁红，可作为捕集剂。

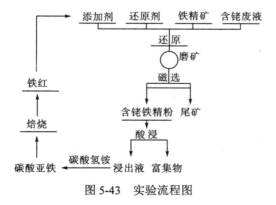

图 5-43　实验流程图

5.10.4　还原实验研究

1.不同铁矿对捕集效果的影响

采用菱铁矿和铁精矿进行对比实验，固定条件：还原温度为1200℃，煤粉配比为5%，添加剂配比为8%，铁矿与含铑废液固液比5∶3，磨选。实验结果见表5-15。从表 5-15 可以看出，铁矿品位对铑回收率影响较大，采用铁精矿，经还原捕集铑分选后，铁回收率为 94.43%，铑回收率为 96.53%，而采用低品位菱铁矿铁回收率为 83.04%，铑回收率仅为 81.82%，这是因为铁矿品位较小，脉石会阻碍还原后的金属铁晶粒扩散聚集长大，导致铁晶粒较小，金属铁不能充分与铑接触，从而不能有效捕集铑。此外，在磨选过程中，金属铁粒过细，部分以金属铁的形式进入尾矿中，导致磨选效果差和回收率低。综上因素，选择品位较高的铁矿作为捕集剂。

表 5-15　不同铁矿对捕集效果的影响　　　　　　　　　　　　　（单位：%）

	铁矿品位	铁精粉品位	铁回收率	铑回收率
菱铁矿	24.15	92.43	83.04	81.82
铁精矿	57.42	96.22	94.43	96.53

2.还原温度对铑回收率的影响

还原温度直接影响铁矿还原和捕集效果，固定条件：在添加剂配比为铁矿含量的8%，煤粉配比为铁矿含量的9%，还原时间为6h和铁精矿与含铑废液固液比为5∶3，湿式分选。实验研究不同温度对铑回收率的影响，结果见图5-44。从图5-44

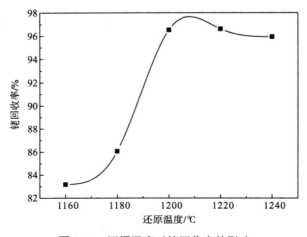

图 5-44　还原温度对铑回收率的影响

可以看出，还原温度在 1160～1200℃ 范围时，随着温度升高，铑回收率提高很快。在 1140℃时，铑回收率仅 83.18%，温度提高到 1200℃时，铑回收率提高到 96.53%，提高 13% 左右。这是因为温度对铁晶粒聚集和长大影响较大，随温度升高铁的扩散加速，有利于金属铁的凝聚，并在金属铁扩散凝聚过程中有效捕集铑，还原后球团如小铁球，较为坚硬，对铂族金属铑捕集效果和后续分选效果最佳，由此可见，该温度对含金属铁还原和捕集影响效果明显。综上，将还原温度定为 1200℃。

3.还原时间对铑回收率的影响

固定条件：添加剂配比为铁矿含量的 8%，煤粉配比为铁矿含量的 9%，铁矿与含铑废液固液比 5∶3，还原温度为 1200℃，湿式分选。实验研究不同还原时间对铑回收率的影响，结果见图 5-45。从图 5-45 可以看出，铑回收率随着还原时间的增加而提高，在还原时间为 4h 时，铑回收率为 86.55%，时间增加到 6～10h 时铑回收率基本不变，当时间大于 10h 之后，铑回收率会随着时间的延长而下降，说明随着还原时间的延长，球团再氧化严重，且再氧化有加速的趋势。这是因为随着时间的增长煤粉消耗殆尽，还原性气氛减弱，氧化性气氛增强，部分金属被氧化为氧化物导致对铑捕集效果降低。因此还原温度不易过短和过长，综合两者因素，将还原时间定为 6h。

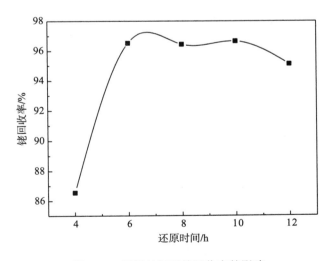

图 5-45 还原时间对铑回收率的影响

4.还原剂用量对铑回收率的影响

固定条件：添加剂配比为铁矿含量的 8%，铁矿与含铑废液固液比 5：3，温度为 1200℃，还原时间为 6h，湿式分选。实验研究不同煤粉配比对铑回收率的影响，结果见图 5-46。煤粉配比影响反应气氛，配比量过小则不利于反应完全，配比量过高则会给还原矿带入更多的灰分，影响铁晶粒的长大。从图 5-46 可以看出，煤粉配比过低，不利于金属铁的充分还原，进而影响对贵金属的捕集，煤粉配比也不易过高，过高则影响还原出的金属铁聚集、生长，导致金属颗粒较小。只有煤粉配比适当，才能保证铁精矿充分还原和保持较大的金属晶粒，综合考虑，将煤粉配比定为 9%。

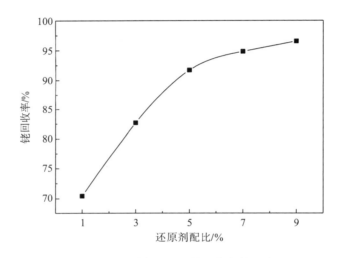

图 5-46　还原剂配比对铑回收率的影响

5.添加剂配比对铑回收率的影响

固定条件：煤粉配比为铁矿含量的 9%，还原时间为 6h，铁矿与含铑废液固液比为 5：3，还原温度为 1200℃，还原时间 6h，湿式分选。实验研究不同添加剂(CaO)配比对铑回收率的影响，结果见图 5-47。从图 5-47 可以看出，氧化钙对铑回收率的影响存在一个峰值，在氧化钙配比为 8%时，铑回收率达到最高。加入适当 CaO 有利于取代 Fe_2SiO_4 中 FeO，降低 Fe_2SiO_4 开始还原温度，渣中 SiO_2 和 Al_2O_3 的含量也相对较多，铁氧化物与其发生固相反应，增加渣中液相，有利于金属铁迁移、扩散和凝聚。加入 CaO 量过大，渣中 Ca_2SiO_4 的含量增多，渣量增大使金属铁晶粒之间距离变大，不利于金属铁的迁移、扩散和凝聚，此外，氧化钙配比过大会减少还原剂与铁精矿接触面积，对还原不利。因此确定氧化钙配比为 8%。

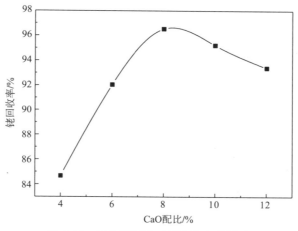

图 5-47　氧化钙配比对铑回收率的影响

5.10.5　磨选实验研究

在最佳还原条件下得到还原球团，金属铁与脉石相互镶嵌在一起，如图 5-48 所示，白色部分为金属铁，灰色部分为脉石，黑色部分为气孔。为达到最佳分选效果，需将金属铁与脉石分离，因此需将还原球团进行破碎、粗磨和球磨，结合第 3 章内容，确立摇床选矿的实验方法，设备为 LYN(S)-1100×500 型。

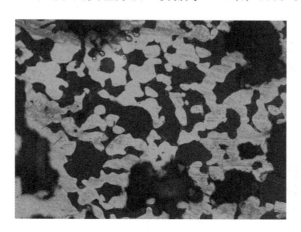

图 5-48　最佳条件下焙烧产物的显微结构

为实现金属铁及脉石的解离，需对粗磨后还原产物进行球磨，磨矿细度影响单体解离程度和选别作业，颗粒过大，则不能使金属铁与脉石充分解离，导致选别作业后铁粉品位较低。同时要求金属铁颗粒不能太小，过小则在选别作业过程中，铁晶粒不能有效同脉石分离，导致铁粉回收率过低，因此要避免过磨现象。

　　球磨时间直接影响单体解离程度和磨矿细度，因此本节研究不同球磨时间对球磨细度、铁品位及铁和铑回收率影响。固定条件：球磨浓度为 50%，摇床选矿采用小冲程、大冲次，以加强振动松散，摇床选矿主要参数为冲程 11～13mm、冲次 300 次/min、床面坡度 3°～5°。实验结果见表 5-16。

表 5-16　球磨时间对摇床选矿效果的影响

球磨时间/min	磨矿粒度(+48μm)/%	铁粉品位/%	铁回收率/%	铑回收率/%
0	70.79	83.97	98.74	98.26
15	61.21	89.91	97.89	97.71
30	49.68	92.51	95.74	97.29
45	41.13	96.22	94.43	96.53
60	39.22	96.24	93.27	94.89

　　从表 5-16 可以看出，随球磨时间增加，磨矿粒度逐渐变小。在粗磨的情况下，铁精矿和铑的回收率较高，但金属铁粒不能与脉石充分解离，导致铁粉品位较低。球磨时间短，会获得铂族金属铑较高回收率，但相应的铁粉品位较低，金属铁不能有效地与脉石分离，不利于后期酸浸处理。球磨时间过长，会出现过磨现象，铁粒过细，随脉石进入尾矿中，导致回收率降低。在球磨 45min 后，铁粉品位基本维持不变，但铁与铑回收率仍在下降，综合考虑含铑铁粉后期处理及其回收率，确定最佳球磨时间为 45min。

　　在最佳条件下，对选别作业后得到的铁粉，利用 X 衍射进行物相分析，结果见图 5-49，从图 5-49 可以得到，铁粉主要物相为铁，分选效果明显。对铁粉进行化学分析可知，铁含量为 96.22%，铑含量为 103.6g/t。

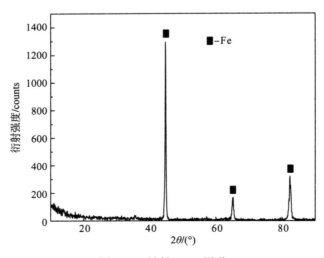

图 5-49　铁粉 XRD 图谱

5.10.6 酸浸实验研究

结合第 4 章酸浸实验, 确定最佳浸出方案为一段硫酸浸出, 二段盐酸浸出。最终得到贵金属富集物。在硫酸浓度为 30%、浸出温度为 65℃、浸出时间为 90min、搅拌速度为 250r/min 条件下, 得到的硫酸浸出渣中铑含量为 6995.9g/t, 硫酸浸出液中铑含量低于 0.0005g/L。

对浸出渣进一步采用盐酸浸出, 在盐酸浓度为 25%、浸出时间 3h 条件下, 对盐酸浸出渣化学分析结果见表 5-17, 盐酸浸出液中贵金属含量均小于 0.003g/L。

表 5-17 盐酸浸出渣化学分析

成分	Si	Al	Ca	Ti	Fe	Mg	Rh	Cl
含量/%	35.15	11.13	1.48	4.18	2.08	2.64	1.76	3.05

经盐酸浸出后得到最终富集物, 从表 5-17 中可知, 最终富集物主要为 Si、Al、Ca 等, 其中铑(Rh)含量为 1.76%, 从原料到最终富集物, 贵金属铑富集比为 57, 回收率为 96%。

5.10.7 小结

本节以含铑有机废料为研究对象, 系统研究还原过程对指标的影响、磨选和酸浸工艺, 得出结论如下[52, 53]:

(1)通过还原焙烧工艺研究, 含铁量较高的铁精矿对铑捕集效果要优于含铁量较低的菱铁矿捕集效果, 实验条件: 还原温度为 1200℃, 还原时间为 6h, 煤粉配比为 9%, 添加剂配比为 8%。

(2)通过摇床选矿实现铁粉与脉石分离, 确定球磨时间为 45min, 摇床选矿采用小冲程、大冲次, 摇床选矿主要参数为冲程 11~13mm、冲次 300 次/min、床面坡度 3°~5°, 最终得到铁粉品位为 96.22%, 铑含量为 103.6g/t。

(3)酸浸实验采用一段硫酸浸出、二段盐酸浸出的实验方案。实验条件: 硫酸浓度为 30%, 浸出温度为 65℃, 浸出时间为 90min, 搅拌速度为 250r/min。得到硫酸浸出渣中铑含量为 6995.9g/t, 硫酸浸出液中铑含量低于 0.0005g/L。在盐酸浓度为 25%、浸出时间 3h、铑含量为 1.76%条件下, 盐酸浸出液中贵金属含量均小于 0.003g/L, 从原料到最终富集物, 贵金属铑富集比为 57, 回收率为 96%。

5.11 处理复杂低品位贵金属废料

5.11.1 目的及意义

复杂低品位贵金属废料为一种难直接提取贵金属的典型贵金属二次资源，现行的湿法处理难以取得经济效应，需采用预富集再湿法提取的工艺路线。目前，从国内外的研究情况来看，低品位贵金属废料富集技术主要包括火法和湿法技术。火法富集技术是将低品位贵金属二次资源物料添加一定的捕集剂进行高温熔炼，使低品位贵金属富集在一般金属中，再用传统方法加以回收。如等离子熔炼铁捕集[54, 55]，电炉熔炼铁捕集[56-60]，电炉熔炼铅、镍、铜捕集[61]，碱熔富集[62]。湿法富集技术分为两类：用酸或其他化学试剂浸出贵金属与载体分离，从溶液中提取贵金属；用酸或碱液浸出载体将稀贵金属富集在渣中，如酸溶[62-72]、碱浸[73]、氰化[74]、生物[75-78]、超临界法[79]、离子交换[80]、碘化法[81]、吸附法[82-85]。火法富集技术多以铁、铜、铅、镍、硫作捕集剂，湿法富集技术即将贵金属二次资源物料采用酸浸出，使稀贵金属以离子形式进入溶液，然后从溶液中提取贵金属。这些处理技术均存在技术、经济、环保、成本等问题，因此研究能耗低、经济、高效、环境友好的低品位贵金属二次资源富集技术具有重要意义。作者提出低品位贵金属二次资源原料配入捕集剂铁氧化物、还原剂、添加剂、黏结剂混合并润磨，混匀后制团、还原、磨选、选择性酸浸出铁等工序富集贵金属的工艺路线。该工艺流程简单、原料适应性强、环境友好、对设备要求不高，且磨选获得的含贵金属还原铁粉活性高，容易选择性浸出铁，富集比高，具有潜在的产业化应用前景。

5.11.2 实验原料分析

实验原料来自全国有色企业生产过程中产生的含贵金属烟尘，含硫 3.48%，分析结果见表 5-18。

表 5-18 含贵金属烟尘化学成分

元素	Pt	Pd	Au	Rh	Ru
含量/(g/t)	41.16	12.81	20.95	1.28	5.90

实验捕集剂铁氧化物含铁 57.12%，衍射分析结果见图 5-50，其成分见表 5-19。

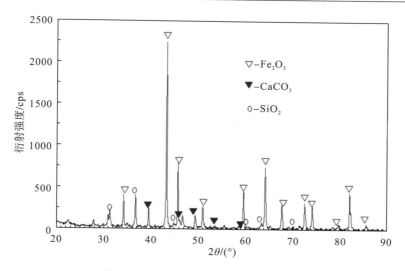

图 5-50　捕集剂铁氧化物的 XRD 图谱

表 5-19　捕集剂化学分析

成分	Fe	SiO₂	S	Al₂O₃	MgO	CaO
含量/%	57.42	9.26	0.036	2.15	0.78	1.84

实验涉及的主要设备有 QDJ288-2 型球蛋成型机(河南省巩义市老城振华机械厂)、粉碎机(LMZ120 型连续进料式振动磨矿机,产址:国营南昌化验制样机厂)、湿法球磨设备(XMQ-Φ240×90,功率 0.55kW,产址:武汉探矿机械厂)、高温电阻炉(型号为 SSX2-12-16,功率 12kW,额定温度 1600℃,产址:上海意丰电炉有限公司)、XCRS-Φ400×240 电磁湿法多用鼓形弱磁选机(产址:武汉探矿机械厂)。

试剂:工业级羧甲基纤维素钠、分析纯硫酸、天津市化学试剂厂生产的分析纯次氯酸钠、含固定碳 85% 的焦粉。

5.11.3　实验原理及流程

1.实验原理

在 1150~1250℃还原过程中,贵金属先于铁还原出来,铁氧化物后还原出来处于微熔状态,微量贵金属进入铁金属相中实现捕集,并在催化剂作用下铁晶粒聚集和长大,形成适合后续磨选的铁晶粒,经磨选获得含贵金属合金粉末。经稀酸选择性浸出铁,得到贵金属富集物。

2.实验方法

将低品位贵金属烟尘与捕集剂、还原剂、添加剂和黏结剂按一定比例混合并润磨，然后采用球蛋成型机制成球团，烘干后置于还原炉中进行还原。对还原产物进行磨选，获得含贵金属铁合金粉末。磨选目的是使还原产物经球磨、磁选，实现含贵金属合金粉末与脉石分离，便于后续溶酸。采用稀酸选择性浸出含贵金属合金粉末的铁，浸出结束后，经过滤、洗涤和烘干，便获得贵金属富集物。溶酸的目的是使含贵金属合金粉末被选择性溶解，实现贵金属富集。本研究所采用的工艺流程如图 5-51 所示。

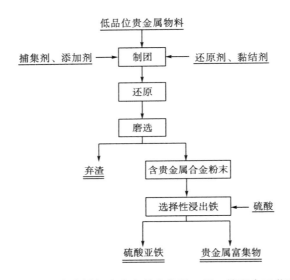

图 5-51　低品位贵金属烟尘中高效富集铂、钯、铑和金工艺流程图

3.实验过程

还原在高温还原炉中进行，其目的是加入的铁捕集剂在还原过程中生成金属铁晶粒并捕集贵金属，形成含贵金属铁晶粒。称取含贵金属烟尘 600g，铁矿配比为烟尘重量的 50%，还原剂(含固定碳 82.19%)配比为烟尘重量的 5%，添加剂配比为烟尘重量的 5%，采用三维混料机混匀，加入黏结剂(羧甲基纤维素 0.05%)润磨，利用球蛋成型机制成 25mm×25mm×20mm 球形，烘干，在高温电阻炉中进行还原，通氮气保护，还原温度 1200℃，还原时间 2h，还原结束后采用水冷，避免二次氧化。经 90℃ 干燥，得到 1005.5g 还原产物，测定还原产物的金属化率。在确定的还原条件下，还原产物的金属化率为 94.18%，还原产物中贵金属含量为：Pt 19.8g/t，Pd 6.0g/t，Rh 0.80g/t，Au 10.3g/t，Ru 3.94g/t。

5.11.4　实验结果

实验条件：称取还原产物 900g，控制磨矿浓度为 50%，球磨时间 1.0h，采用湿式强磁选机进行磁选，磁选强度 1500Oe，获得含贵金属合金粉末和磨选尾渣。贵金属总含量为 165.0g，其中 Pt 134.7g/t，Pd 37.3g/t，Rh 5.2g/t，Au 66.7g/t，Ru 25.8g/t。磨选尾渣 767.6g，其贵金属含量为：Pt 0.6g/t，Pd 0.4g/t，Rh 0.1g/t，Au 0.5g/t，Ru 0.3g/t。磨选尾渣稀贵金属总含量 1.5g/t，说明从还原到磨选工序的贵金属收率高。采用 XRD 对含贵金属合金粉末进行表征，结果见图 5-52。从图 5-52 可以看出，主要物相为金属铁相，含有少量的碳粉和硫化亚铁，主要原因是还原过程中为还原气氛，原料中的硫与铁生成硫化亚铁。

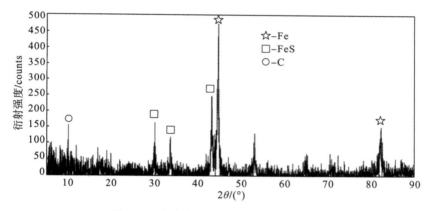

图 5-52　含贵金属合金粉末的 XRD 图谱

实验条件为浸出时间 4h、浸出温度 90℃、液固比 6∶1、搅拌速度 250r/min、硫酸浓度 30%，经过滤和洗涤，获得贵金属富集物。富集物含贵金属总量为 11922g/t，其中，Pt 6027g/t、Pd 1831g/t、Rh 170g/t、Au 3011g/t、Ru 883g/t。从原料到酸溶，贵金属的富集比约 145.21，直收率 99.2%，浸出液中铂、钯、铑和金含量均小于 0.0008g/L，贵金属没有分散。采用 XRD 对富集物进行表征，结果见图 5-53。从图 5-53 可以看出，主要物相为硫化铁、二氧化硅和碳粉。

为进一步提高贵金属的富集比，实验采用加硫酸和双氧水氧化浸出，若采用盐酸和双氧水或盐酸和氯酸钠氧化浸出会产生氯气，溶解贵金属，污染环境，造成贵金属分散。浸出条件为浸出时间 2h、浸出温度 90℃、液固比 6∶1、搅拌速度 250r/min、硫酸浓度 30%、双氧水用量为富集物重量的 2 倍，经过滤和洗涤，获得贵金属富集物，含贵金属总量为 28925g/t，其中，Pt 14697g/t、Pd 4529g/t、Rh 380g/t、Au 7085g/t、Ru 2234g/t。从原料到酸溶，贵金属的富集比约 352.31，直收率 98.8%，浸出液中铂、钯、铑和金含量均小于 0.0006g/L，贵金属没有分散。

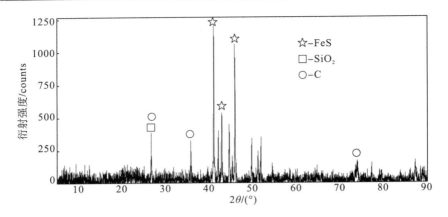

图 5-53   含贵金属合金粉末的 XRD 图谱

针对汽车失效催化剂经酸溶解提取大量贵金属后的残渣进行实验，残渣含 Pt 28.4.0g/t，Pd 105.2g/t。实验条件：铁矿配比为低品位贵金属废料的 50%、还原剂配比为低品位贵金属废料的 5%，添加剂为低品位贵金属废料 5%，制成 25mm× 25mm×20mm 球团，还原温度为 1200℃，还原时间为 2h，磁选强度 1500Oe，浸出时间 4h，浸出温度为 90℃，凝固比 6：1，搅拌速度为 250r/min，硫酸浓度为 30%。获得富集物中贵金属总含量为 20583.9g/t，其中，Pt 4260.5g/t，Pd 1632.4g/t，富集比约 154，直收率超过 99.1%。

针对国内某有色企业产生的低品位贵金属废料进行实验，废料贵金属总含量 361.4g/t，其中，Pt 66.4g/t，Pd 97.2g/t，Rh 6.9g/t，Au 22.4g/t，Ru 168.5g/t。实验条件：铁矿配比为低品位贵金属废料的 50%、还原剂配比为低品位贵金属废料的 5%，添加剂为低品位贵金属废料 5%，制成 25mm×25mm×20mm 球团，还原温度为 1200℃，还原时间为 2h，磁选强度 1500Oe，浸出时间 4h，浸出温度为 90℃，凝固比 6：1，搅拌速度为 250r/min，硫酸浓度为 30%。获得富集物中贵金属总含量为 57824.5g/t，其中，Pt 10491.1g/t、Pd 15649.2g/t、Rh 1117.8g/t、Au 3494.4g/t、Ru 27072.2g/t，富集比约 160，直收率 99.2%，滤液贵金属小于 0.0005g/L，贵金属无分散。

针对铑含量为 0.8g/L 的有机铑废液，采用每升废液加含铁 25%的低品位铁矿 1000g，石灰石 250g，煤粉 15g，混匀并制成球团烘干，在 1200℃还原 8h，经磨选获得含铑还原铁粉，含铑 4215g/t。浓度为采用 25%的稀硫酸加热选择性溶解铁，获得含铑富集物，其含铑 18942g/t，收率为 86.48%，为有机铑废液利用提供一种新方法。

低品位贵金属二次资源原料与铁氧化物、还原剂、添加剂、黏结剂混合并润磨，混匀后制团，在还原气氛中还原，对还原产物进行磨选，获得含贵金属合金粉末，选择性酸浸出含贵金属合金粉末中铁，经过滤和洗涤，获得贵金属富集物，

得到的结论如下:

(1)实验结果表明,提出的工艺路线是可行的。

(2)在确定的工艺制度下,还原过程中铁能高效捕集稀贵金属,经磨选获得含贵金属合金粉末,酸溶性好,酸溶后贵金属富集比高,具有潜在的产业化应用前景。

(3)采用本书提出的技术路线处理其他物料,贵金属富集比高,不失为一种贵金属的富集共性技术。

5.12 本 章 小 结

本章主要介绍了还原-磨选新技术富集贵金属二次资源的应用,包括复杂贵金属物料、含铑失效催化剂等,得到了处理技术工艺参数。

参 考 文 献

[1]姚田玉, 杨立, 郭邻生. 贵金属冶金学[M]. 辽宁: 东北大学出版社, 1993.

[2]王永录, 刘正华. 金银及铂族金属再生回收[M]. 长沙: 中南大学出版社, 2005.

[3]中国百科全书编委会. 中国冶金百科全书·金属材料[M]. 北京: 冶金工业出版社, 2001.

[4]张凤霞, 程佑法, 张志刚, 等. 二次资源贵金属回收及检测方法进展[J]. 黄金科学技术, 2010, 18(4): 75-79.

[5]胡志鹏, 我国贵金属废料回收产业发展综述[J]. 有色设备, 2005(3): 41-43.

[6]陈艳, 胡显智. 电子废料中贵金属的回收和利用[J]. 中国矿业, 2006, 15(12): 101-103.

[7]Boghe D, Electronic scrap: A growing resource[J]. Precious Metals, 2001(7): 212-24.

[8]Brandl H, Bosshard R, Wegmann M. Computer-munching microbes: Metal leaching from electronic scrap by bacteria and fungi[J]. Hydrometallurgy, 2001, 59(2-3): 319-326.

[9]向磊. 我国贵金属回收产业发展综述[N]. 世界有色金属, 2007(6): 29-31.

[10]Dawson R J, Kelsall G H. Recovery of platinum group metals from secondary materials I. Palladium dissolution in iodide solutions[J]. Journal of Applied Electrochemistry, 2007, 37(1): 3-14.

[11]Parga J R, Valenzuela J L, Francisco C T. Pressure cyanide leaching for precious metals recovery[J]. JOM, 2007, 59(10): 43-47.

[12]吴晓峰, 汪云华, 童伟峰. 湿-火联合法从汽车尾气失效催化剂中提取铂族金属新技术研究[J]. 贵金属, 2010, 31(4): 24-28.

[13]吴晓峰, 汪云华, 范兴祥, 等. 贵金属提取冶金技术现状及发展趋势[J]. 贵金属, 2007, 28(4): 63-68.

[14]Xiong Y, Adhikari C R, Kawakita H, et al. Selective recovery of precious metals by persimmon waste chemically

modified with dimethylamine[J]. Bioresource Technology, 2009, 100 (18): 4083-4089.

[15] 山田耕司, 狄野正彦, 江泽信泰, 等. 回收铂族元素的方法和装置: 1675385A[P]. 2005.

[16] Chen J, Xie M J. Recovering platinum-group metals from collector material obtained by plasma fusion[C]// Proceeding of the 4th East-Asia Resources Recycling Technologies Conference. Kunming: Yunnan Science and Technology Publisher, 1997: 662-665.

[17] 刘时杰. 铂族金属矿冶学[M]. 北京: 冶金工业出版社, 2001: 167.

[18] 黄焜, 陈景. 从失效汽车尾气净化催化转化器中回收铂族金属的研究进展[J]. 有色金属, 2004, 56 (1): 70-77.

[19] 金和玉. 从电子废料中回收贵金属[J]. 金属再生, 1991 (4): 20-22.

[20] 范兴祥, 吴跃东, 董海刚, 等. 一种从低品位贵金属物料中富集贵金属的方法: 102534244A[P]. 2012.

[21] de Sá Pinheiro A A, de Lima T S, Campos P C, et al. Recovery of platinum from spent catalysts in a fluoride-containing medium[J]. Hydrometallurgy, 2004, 74 (1): 77-84.

[22] Eugenia G, Dumitru G, Gabriel N, et al. Recovery of platinum and other constituents from the spent catalysts of platinum: RO79013B[P]. 1982.

[23] Barakat M A, Mahmoud M H H. Recovery of platinum from spent catalyst[J]. Hydrometallurgy, 2004, 72 (3): 179-184.

[24] 杨志平, 唐宝彬, 陈亮. 常温柱浸法从废催化剂中回收钯[J]. 湿法冶金, 2006, 25 (1): 36-38.

[25] 黄昆, 陈景, 陈奕然, 等. 加压碱浸处理氰化浸出法回收汽车废催化剂中的贵金属[J]. 中国有色金属学报, 2006, 16 (2): 363-368.

[26] 李耀威, 戚锡堆. 废汽车催化剂中铂族金属的浸出研究[J]. 华南师范大学学报, 2008, 53 (2): 84-87.

[27] 张方宇, 李庸华. 从废催化剂中回收铂的工艺研究[J]. 中国物资再生, 1993 (6): 13-15.

[28] 金慧华, 王艳红. 从废催化剂中回收钯[J]. 有色矿冶, 1997 (3): 52-53.

[29] 张正红. 废催化剂中钯的分离与提纯[J]. 矿冶, 2002, 11 (3): 60-62.

[30] 潘路, 古国榜. 合成亚砜 MSO 萃取分离钯与铂的性能[J]. 湿法冶金, 2004, 23 (3): 144-146.

[31] 陈剑波. 新型硫醚萃取剂萃取分离钯、铂的性能[J]. 矿冶工程, 2006, 26 (1): 61-64.

[32] Kolkar S S, Anuse M A. Solvent extraction separation of iridium (III) from rhodium (III) by N-n-octylaniline[J]. Journal of Analytical Chemistry, 2002, 57 (12): 10-71.

[33] 陈淑群, 郑小萍, 容庆新. 用苯基硫脲-磷酸三丁酯体系连续萃取分离钯 (II)、铂 (IV)、铑 (III) [J]. 分析化学, 1997, 25 (6): 667-670.

[34] 闫英桃, 刘建, 谢华. D001 树脂对酸性硫脲溶液中金银的交换性能研究[J]. 离子交换与吸附, 1998, 14 (1): 53-58.

[35] 甘树才, 来雅文, 段太成, 等. DT-1016 型阴离子交换树脂分离富集金、铂、钯[J]. 岩矿测试, 2002, 21 (2): 113-116.

[36] 鲍长利, 赵淑杰, 刘广民, 等. 对磺基苯偶氮变色酸螯合形成树脂分离富集微量铂和钯[J]. 分析化学, 2002, 30 (2): 198-201.

[37] 李飞, 鲍长利, 张建会. 贵金属吸附预富集的新进展[J]. 冶金分析, 2008, 28 (10): 43-48.

[38] 郭淑仙, 胡汉, 朱云. 改性活性炭吸附铂和钯的研究[J]. 贵金属, 2002, 23 (2): 11-15.

[39] 曾戎, 岳中仁, 曾汉民. 活性碳纤维对贵金属的吸附[J]. 材料研究学报, 1998, 12(2): 203-206.

[40] Atia A A. Adsorption of silver(I) and gold(III) on resins derived from bisthiourea and application to retrieval of silver ions from processed photo films[J]. Hydrometallurgy, 2005, 80(1): 98-106.

[41] Fujiwara K, Ramesh A, Maki T, et al. Adsorption of platinum(IV), palladium(II) and gold(III) from aqueous solutions onto L-lysine modified crosslinked chitosan resin[J]. Journal of Hazardous Materials, 2007, 146(1): 39-50.

[42] 莫启武. 液膜法在贵金属分离富集中的应用[J]. 贵金属, 1996, 17(2): 46-49.

[43] 何鼎胜. 支撑液膜提取钯[J]. 膜科学与技术, 1989, 9(4): 44-47.

[44] 金美芳, 温铁军, 林立, 等. 乳化液膜提金的研究[J]. 水处理技术, 1992, 18(6): 374-382.

[45] 傅崇说. 有色冶金原理[M]. 北京: 冶金工业出版社, 1993.

[46] 杨春吉, 王桂芝, 李玉龙, 等. 一种从羰基合成反应废铑催化剂中回收铑的方法: 1414125[P]. 2003.

[47] 白中育, 顾宝龙, 金美荣. 粗铑及含铑量高的合金废料的溶解与提纯: 87105623[P]. 1989.

[48] 朱永善. 玻纤漏板中 PtRhAu 合金废料的提纯[J]. 贵金属, 1983, 4(3): 24.

[49] Rapp P. 从羰基化反应剩余物中回收铑的方法: 93103475. 2[P]. 1993.

[50] 张文, 王荣华, 温福山, 等. 从烯烃氢甲酰化废催化液中回收铑[J]. 石油化工, 1981(12): 8-10.

[51] Kononova O N, Melnikov A M, Borisova T V, et al. Simultaneous ion exchange recovery of platinum and rhodium from chloride solutions[J]. Hydrometallurgy, 2011(105): 341-349.

[52] 范兴祥, 董海刚, 付光强, 等. 一种从含铑有机废催化剂中富集铑的方法: 中国, 201210308143. X[P]. 2012.

[53] 付光强, 范兴祥, 董海刚, 等. 从失效有机铑催化剂中富集铑的新工艺研究[J]. 稀有金属材料与工程, 2014, 46(3): 1423-1426.

[54] Chiang K C, Chen K L, Chun C Y, et al. Recovery of spent alumina-supported platinum catalyst and reduction of platinum oxide via plasma sintering technique[J]. Journal of the Taiwan Institute of Chemical Engineers, 2011, 42(1): 158-165.

[55] Bousa M, Kurilla P, Vesely F. PGM catalysts treatment in plasma heated reactors[A]// IPM I 32th International Precious Metals Conference. 2008.

[56] 吴晓峰, 汪云华, 童伟峰. 湿-火联合法从汽车尾气失效催化剂中提取铂族金属新技术研究[J]. 贵金属, 2010, 31(4): 24-28.

[57] 吴晓峰, 汪云华, 范兴祥, 等. 贵金属提取冶金技术现状及发展趋势[J]. 贵金属, 2007, 28(4): 63-68.

[58] 汪云华, 吴晓峰. 铂族金属二次资源回收技术现状及发展动态[J]. 贵金属, 2011, 32(1): 76-81.

[59] 汪云华, 吴晓峰, 童伟峰, 等. 矿相重构从汽车催化剂中提取铂钯铑的方法: 200910094112. 7[P]. 2009.

[60] 吴晓峰, 汪云华, 童伟峰, 等. 湿-火联合法从汽车催化剂中提取贵金属的方法: 200910094317. 5[P]. 2009.

[61] 陈景. 火法冶金中贱金属及锍捕集贵金属原理的讨论[J]. 中国工程科学, 2007, 9(5): 11-16.

[62] Jr B S, Afonso J. Processing of spent platinum-based catalysts via fusion with potassium hydrogenosulfate[J]. Journal of Hazardous Materials, 2010, 184(1-3): 717-723.

[63] Park Y J, Fray D J. Recovery of high purity precious metals from printed circuit boards[J]. Journal of Hazardous Materials, 2009, 164(2/3): 1152-1158.

[64] Lu W J, Lu Y M, Liu F, et al. Extraction of gold(III) from hydrochloric acid solutions by CTAB/n-heptane/iso-amyl

alcohol/Na₂SO₃ microemulsion[J]. Journal of Hazardous Materials, 2011, 186(2/3): 2166-2170.

[65]Parajuli D, Inoue K, Kawakita H. Recovery of precious metals using lignophenol compounds[J]. Minerals Engineering, 2008, 21(1): 61-64.

[66]Kononova O N, Leyman T A, Melnikov A M, et al. Ion exchange recovery of platinum from chloride solutions[J]. Hydrometallurgy, 2010, 100(3-4): 161-167.

[67]Schoeman E, Bradshaw S M, Akdogan G, et al. The elution of platinum and palladium cyanide from strong base anion exchange resins[J]. International Journal of Mineral Processing, 2017, 162: 19-26.

[68]Baghalha M, Gh H K, Mortahe H R. Kinetics of platinum extraction from spent reforming catalysts in aqua-regia solutions[J]. Hydrometallurgy, 2009, 95(3-4): 247-253.

[69]Reddy R B, Raju B, Lee J Y, et al. Process for the separation and recovery of palladium and platinum from spent automobile catalyst leach liquor using LIX 84I and Alamine 336[J]. Journal of Hazardous Materials, 2010, 180(1-3): 253-258.

[70]Chand R, Watari T, Inoue K. Selective adsorption of precious metals from hydrochloric acid solutions using porous carbon prepared from barley straw and rice husk[J]. Minerals Engineering, 2009, 22(15): 1277-1282.

[71]Marinho R S, Silva C N, Afonso J C, et al. Recovery of platinum, tin and indium from spent catalysts in chloride medium using strong basic anion exchange resins[J]. Journal of Hazardous Materials, 2011, 192(3): 1155-1160.

[72]Marinho R S, Afonso J C, Cunha J W S D. Recovery of platinum from spent catalysts by liquid-liquid extraction in chloride medium[J]. Journal of Hazardous Materials, 2010, 179(1-3): 488-494.

[73]Bratskaya S Y, Volk A S, Ivano V V, et al. A new approach to precious metals recovery from brown coals: Correlation of recovery efficacy with the mechanism of metal-humic interactions[J]. Geochimicaet Cosmochimica Acta, 2009, 73(9): 3301-3310.

[74]Parga J R, Valenzuela J L, Francisco C T. Pressure cyanide leaching for precious metals recovery[J]. JOM, 2007, 59(10): 43-47.

[75]Xiong Y, Adhikari C R, Kawakita H, et al. Selective recovery of precious metals by persimmon waste chemically modified with dimethylamine[J]. Bioresource Technology, 2009, 100(18): 4083-4089.

[76]Murray A J, Mikheenko I P, Goralska E, et al. Biorecovery of platinum group metals from secondary sources[J]. Advanced Materials Research, 2007(20-21): 651-654.

[77]Macaskie L E, Creamer N J, Essa A M M, et al. A new approach for the recovery of precious metals from solution and from leachates derived from electronic scrap[J]. Biotechnology and Bioengineering, 2007, 96(4): 631-639.

[78]Murray A J, Mikheenko I P, Goralska E, et al. Biorecovery of platinum group metals from secondary sources[J]. Advanced Materials Research, 2007(20-21): 651-654.

[79]Iwao S, El-Fatah S A, Furukawa F, et al. Recovery of palladium from spent catalyst with supercritical CO₂ and chelating agent[J]. The Journal of Supercritical Fluids, 2007, 42(2): 200-204.

[80]Lam Y L, Yang D, Chan C Y. Use of water-compatible polystyrene-polyglycidol resins for the separation and recovery of dissolved precious metal salts[J]. Industrial & Engineering Chemistry Research, 2009, 48(10): 4975-4979.

[81] Dawson R J. Recovery of platinum group metals from secondary materials. I. Palladium dissolution in iodide solutions [J]. Journal of Applied Electrochemistry, 2007, 37(1): 3-14.

[82] Adhikari C R, Parajuli D, Inoue K. Recovery of precious metals by using chemically modified waste paper [J]. New Journal of Chemistry, 2008, 32(9): 1634-1641.

[83] Syed S. Recovery of gold from secondary sources-A review [J]. Hydrometallurgy, 2012(115-116): 30-51.

[84] Adhikari C R, Parajuli D, Kawakita H. Recovery and separation of precious metals using waste paper [J]. Chemistry Letters, 2007, 36(10): 1255.

[85] Nilanjana D. Recovery of precious metals through biosorption-A review [J]. Hydrometallurgy, 2010, 103(1-4): 180-189.

后　记

改革开放 40 多年以来，我国在钢铁和有色两大产业成绩斐然，无论是从装备上还是技术上都有极大提升，有色和钢铁产量及其消费量均稳居全球首位。但随着钢铁和有色矿产资源大量开发及使用，资源枯竭已成为共识，钢铁和有色资源的有效供给成为这两大产业发展的瓶颈之一；再者，近 40 年有色冶金大规模生产已产生大量的冶炼渣，至今没有得到有效利用，大量的历史冶炼渣堆存面临着巨大的环保压力。还原-磨选新技术或许可成为破解低品位难选矿产资源和有色冶炼渣综合利用的重要途径之一，并有望获得以下应用：

(1) 难选冶的低品位矿产资源，如菱铁矿、红土镍矿、高铁铝土矿等，低品位菱铁矿有望经过还原-磨选技术处理得到高品位铁精矿。红土镍矿经还原-磨选技术处理可以得到含镍高的镍钴铁合金粉，采用酸浸可使镍精矿中镍、钴和铁进入溶液，采用萃取可实现镍和钴分离，摒弃了传统红土镍矿直接熔炼为镍铁产品，继而用于炼不锈钢而造成昂贵的钴金属浪费问题；高铁铝土矿经还原-磨选技术处理可以得到铁精矿和高品位铝土矿，实现了铁与铝的综合利用。还原-磨选技术对类似的资源开发具有借鉴作用。

(2) 有色冶炼渣，如铜冶炼渣、铅冶炼渣、镍冶炼渣等，这些渣含铁 25%～35%，经过还原-磨选技术可以得到铁精矿，其尾渣可以作为建材原料，但获得的铁精矿尚需要进一步处理除去有害杂质方可用于炼铁原料。

(3) 低品位贵金属二次资源，如烟尘、残渣、固体废弃物等，对此类资源配入铁矿，以铁作为捕集剂，经还原-磨选技术处理可以得到含铁微合金，经过选择性溶解铁，可以得到贵金属精矿，后续提取贵金属较为容易。试剂消耗大大降低，减排效应显著，不失为一种低品位贵金属二次资源高效富集贵金属的新技术，具有潜在的应用前景。

(4) 钢铁企业烟尘，主要含铁、二氧化硅、氧化钙、碳等，其次含少量锌、铅、铟等有色金属。采用还原-磨选技术，可从还原过程中收集有色金属元素，还原渣采用磨选可得到铁粉和磨选渣，实现全组分高值化回收，为钢铁企业烟尘综合回收技术典型应用，已实现产业化数十年，已取得显著经济效益。

还原-磨选新技术为一门交叉学科，涉及冶金、选矿、建材等专业，尚需进行深度和系统的理论研究，组建横跨三个专业的技术研发团队对加速还原-磨选新技术产业化应用具有重要意义。